JN299017

復刻
反射望遠鏡の作り方
―設計・鏡面研磨・マウンチング―

星野 次郎 著

恒星社厚生閣

はじめに

　現在では，反射望遠鏡の実物を見ることなしに自作するといったことは稀なことでしょう．
　私の少年の頃には，反射望遠鏡はおろか，屈折天体望遠鏡でさえ実物を見ることは地方ではほとんどできませんでした．
　私などは実物を全く見ることをしないで数台の反射望遠鏡を自作しました．
　今では専門の月刊誌が発行され，小さな町の眼鏡店にまで天体望遠鏡が店頭に飾られていて，知識を得ることが大変便利になりました．
　その反面，地上の夜光の氾濫と空気の汚れは，ますます星の姿を夜空から消し去っている．
　こうした環境の中にあって，星を愛し，より良くこれを見つめようと情熱をもやすアマチュアはその数を増しさえしています．
　こうしてアマチュアの望む望遠鏡は，その口径を増大させ，質的向上が望まれています．
　本書はこうした要求にお応えすべく，数年前からその改訂を求められておりました．
　ことに最近では光学部品やマウンチング資材の全てに渉って，種々の製品が出現し，自作に便利となってきたことは私たちアマチュアにはこのうえなくうれしいことです．
　従って本書は，前著の改訂とはいいながらこうした諸資材等の変化をもととしたため，ごく一部を除いては内容の異なったものとなってしまいました．
　このため，書き改めては又書きなおしをすることもしばしばでした．
　恒星社の御厚意に満ちた寛容をよいことにしまして，新版が遅れたことをおわびいたします．
　前回もそうでしたが，今回も，どこまで説明したら良いのであろうかという

自分では決定し難い壁に直面することがしばしばでした．しかしともかく結末はつけました．このため各部門のアンバランスが生じていることでしょう．

　この点筆者の浅学を深くおわびいたします．

　今回はことにアマチュア同志の心温る厚意に満ちた御支援をおしみなくいただきました．

　この感激は，私の今までの人生には比類のないほど強いものでした．このために乏しいものではあっても自分の経験を基とした記事を書いて，その御好意にこたえるべきであると思いました．

　従って，記述中には在来の通念と異なるものや強められた主張等があると思いますが，上述の理由により敢えて自らの考えに忠実たらんとした筆者の微意をおゆるしいただきたい．

　　　　　　　　　　　　昭和 48 年 10 月

　　　　　　　　　　　　　　　　　　星野　次郎

目 次

はじめに

I 反射望遠鏡
第1章　反射望遠鏡の歴史…2
第2章　反射望遠鏡の型式…3
第3章　設計の基礎…8
　第1　望遠鏡の能力…8
　第2　パラボラ鏡の特質…15

II 反射鏡の製作
第1章　反射鏡材…20
　第1　反射鏡材の種類…20
　第2　鏡材の口径, 厚さ及び盤用ガラス…25
　第3　鏡材ガラスの外形加工…27
第2章　研磨材…31
　第1　研磨砂…31
　第2　ピッチ盤研磨用粉…35
　第3　研磨用ピッチ…39
　第4　ピッチの添加物…41
第3章　鏡面の製作…44
　砂ずり
　　第1　研磨運動…44
　　第2　作業準備…49
　　第3　荒ずり…51

第4　砂ずり中の焦点距離の計測…53

　　　第5　中ずり…56

　　　第6　仕上げずり…58

　　　第7　砂ずり中の事故…59

ピッチ盤

　　　第1　ピッチの調合…62

　　　第2　ピッチ盤の製作…67

　　　第3　ウッド系ピッチ盤…74

ピッチ研磨

　　　第1　ピッチ盤の研磨台への取り付け…78

　　　第2　研磨液の補給…78

　　　第3　研磨運動の開始…79

　　　第4　研磨加重…81

　　　第5　研磨液の補給の仕方…82

　　　第6　研磨続行中の検査…83

　　　第7　ピッチの条件に応じた研磨加重の増減…85

　　　第8　研磨中途でのピッチ面の型直し…86

　　　第9　研磨の中断…86

　　　第10　研磨速度…87

　　　第11　研磨の終り…87

　　　第12　研磨中途でのフーコーテスト…88

　　　第13　研磨作業についての一般的注意事項…89

フーコーテスト

　　　第1　テストの原理…89

　　　第2　フーコーテストの精度…90

　　　第3　テスト器具…91

　　　第4　テストの実際…95

　　　第5　影の実例…96

パラボラ鏡

- 第1　パラボラ鏡の影…98
- 第2　パラボラ鏡の収差…99
- 第3　帯測定…101
- 第4　鏡周及び中央部の曲率半径…106
- 第5　帯測定の留意事項…107

整　型

- 第1　球面を基準としたパラボラ化の基本方針…108
- 第2　横ずらし法…109
- 第3　横ずらしにおけるピッチ盤の端の密着状況と修正量の進み方…111
- 第4　ピッチ盤のコントロール…113
- 第5　各種鏡面の球面化…119
- 第6　整型時に使用する研磨材…135

その他

- 第1　整型時の鏡面の温度変化…137
- 第2　鏡面に要求される精度…139
- 第3　観測時の鏡形…141
- 第4　焦点距離…142
- 第5　整型完了後の鏡の処理…143
- 第6　フーコーテストの影の写真撮影…144

各種の鏡面テスト

- 第1　ロンキーテスト…146
- 第2　焦線テスト…148
- 第3　リッチーテスト…150
- 第4　その他の室内テスト…151
- 第5　星像テスト…151

鏡面メッキ

- 第1　銀メッキ…155
- 第2　アルミメッキ…158

第4章　平面鏡…160
ニュートン式反射望遠鏡用平面鏡
　　第1　楕円形平面鏡に必要な短径と厚さ…160
　　第2　平面鏡に必要な精度等…161
光学平面の製作
　　第1　使用するガラス材…161
　　第2　砂ずり…162
　　第3　ピッチ研磨…163
　　第4　基準平面によるテスト…164
　　第5　整　型…166
平面の楕円形加工
　　第1　厚ガラスの切り方…168
　　第2　厚ガラスの欠き取り…169
　　第3　特に厚いガラスの切り方…170
　　第4　外形の砂ずり加工…171
　　第5　最終のテスト…173
その他
　　第1　切り取り平面…174
　　第2　楕円形加工後の平面研磨…174
　　第3　貼付用ピッチ…175
　　第4　球面鏡を用いた平面テスト…176
　　第5　大型平面鏡の整型方法…177
　　第6　斜鏡用平面製作用の代用基準面の製作…177

Ⅲ　マウンチング
第1章　経緯台マウンチング…182
ニュートン式反射望遠鏡の鏡筒部
　　第1　鏡　筒…182
　　第2　主鏡セル…188

第3　主鏡セルの受金具と光軸修正装置…194
　　　第4　筒口補強枠…195
　　　第5　筒軸…196
　　　第6　接眼筒…196
　　　第7　平面鏡支持金具…201
　　　第8　ファインダー…207
　　　第9　ニュートン式反射望遠鏡の光軸修正…209
　　経緯台架台部
　　　第1　経緯台式架台…211
　　　第2　上下微動装置…215
　　　第3　経緯台用脚部…217
　　　第4　卓上型経緯台架台…220
第2章　塗　装…222
第3章　赤道儀…223
　　赤道儀のタイプ
　　ドイツタイプ赤道儀の設計
　　　第1　設計例…229
　　　第2　設計の順序…231
　　各部の設計と製作
　　　第1　赤道儀ヘッド部…232
　　　第2　鏡筒部…250
　　　第3　脚柱及び台部…252
　　　第4　20cm ニュートン式反射赤道儀…252
　　極軸駆動装置
　　　第1　常用時と恒星時…261
　　　第2　設計の基礎…262
　　　第3　実　例…262
　　　第4　シンクロナスモーター…263
　　　第5　減速ギヤ及び連継装置…264

第6　差動装置…266
　　　第7　2速度シンクロナスモーター…272
　赤道儀の設置
　　　第1　基　礎…273
　　　第2　極軸の調整…274
　赤道儀の調整
　　　第1　ゆるみの除去…276
　　　第2　星像追跡チェック…276
　赤道儀用備品
　　　第1　十字線入りアイピース…279
　　　第2　十字線の照明装置…280
　　　第3　ガイディング用望遠鏡…282
第4章　アイピース…287
第5章　観測室…290

IV　反射鏡使用各種望遠鏡の設計と製作

第1章　カセグレン…296
　　　第1　設　計…296
　　　第2　凸鏡の製作…299
　　　第3　主鏡の穴あけ…303
　　　第4　凸鏡及び主鏡セル…307
　　　第5　その他の凸鏡テスト…308
第2章　ドール・キルハムの鏡系…311
　　　第1　設　計…311
　　　第2　製　作…312
　　　第3　主鏡のナルテスト…313
第3章　グレゴリー…314
　　　第1　設　計…314
　　　第2　副鏡の収差の計算…315

第3　製　作…315
　　　第4　副鏡のナルテスト…316
　第4章　シュミットカメラ…316
　　　第1　構　造…316
　　　第2　C・Pの設計…317
　　　第3　主　鏡…320
　　　第4　C・Pの製作…320
　　　第5　C・Pのテスト…327
　　　第6　マウンチング…329
　　　第7　像面平坦化レンズ…331
　第5章　ライト・フェイセレの鏡系…332
　　　第1　構造及び特質…332
　　　第2　設　計…333
　　　第3　アスチグマチズムの量…334
　　　第4　主鏡の製作…335
　　　第5　C・Pの製作…335
　　　第6　ニュートン式構造の写真装置…336
　第6章　マクストフ式カメラ…336
　　　第1　設　計…337
　　　第2　製作その他…338
　第7章　ブラキタイプ反射望遠鏡…339
　　　第1　構成と特質…340
　　　第2　設　計…340
　　　第3　製　作…342
　　　第4　光軸修正…342

V　研磨機とその使い方

　第1章　研磨機の種類…344
　　　第1　ツアイスタイプ研磨機…344

   　第2　ヒンドルタイプ研磨機…346
   　第3　運動杆が弧を画くタイプ…348
   　第4　ポータータイプ研磨機…349
   　第5　簡単な研磨機…350
第2章　研磨機の製作例…350
第3章　回転研磨軸…352
   　第1　垂直回転軸…352
   　第2　水平回転軸…353
第4章　鉄皿及び鏡用座金…353
   　第1　鉄　皿…353
   　第2　座金（へた）…355
第5章　研磨機による上向き研磨…356
   　第1　上向き研磨による凹面作成…356
   　第2　ガラス製全面研磨盤…358
   　第3　ピッチ盤とピッチ磨き…361
   　第4　整　型…362
第6章　小口径鏡の機械研磨…363
付　録…365
索　引…367

編集部注…366
附　私と星野鏡(中野　繁)…370

I
反射望遠鏡

第1章　反射望遠鏡の歴史

　反射望遠鏡が初めて作られたのは，屈折望遠鏡の出現より約60年おくれて，1671年有名なアイザック・ニュートンにより考案され，彼自身により作られた金属反射鏡を主鏡とするもので，今日ニュートン式と呼ばれる反射望遠鏡であった．

　ニュートンの考案・製作と相前後して，その後地上用望遠鏡として賞用されたグレゴリー式及び現在用いられているカセグレン式の発明がなされた．

　当時対物レンズには色消レンズが発明されていなかったので，単レンズを用いていた．

　このため屈折望遠鏡は長大な焦点距離の単レンズを使用して色収差の害を極力さけるようにしていて，対物レンズは塔上に設置したりしたため，塔望遠鏡とか架空望遠鏡などの名称が付けられるほど不便このうえもないものであったが口径は十数cmを超えないものであった．

　これに対して反射望遠鏡は色収差が全く無く，筒も短くできるので，屈折をしのいで大きな口径の望遠鏡が多数作られた．

　当時の反射鏡は，いわゆる金属鏡時代で鏡材は銅と錫の合金で，錆びるとまた磨き直さねばならず，大変手数がかかるうえに反射率は低く（磨きたてで約65%），2面合わせると40%以下の光しか焦点に集まらないものであった．

　こうして金属反射鏡の時代が18世紀の半ばすぎまで続いた．

　この間特に著名な天体用反射望遠鏡の作者はウイリアム・ハーセルであり，一生の間に2000個もの反射鏡を磨いたといわれる．

　1757年のドロンドによる色消レンズの発明は，1～2年で磨き直しという大変な手数のかかる金属反射鏡を凌いで製作されるようになり，19世紀後半の大屈折機時代を迎えた．

　一方，反射鏡は1856年ごろガラス表面に化学的銀メッキ法が発明され，ガ

ラス表面渡銀鏡が出現した.

これとほぼ同じころ,フーコーが,現在でもフーコーテストと呼ばれる極めて簡便で有力な鏡面テスト法を考案し,良好な鏡面が製作されるようになり,反射鏡は再びその能力が見直された.

ガラス反射鏡は,光がガラス材中を通らないので粗質でよいので入手しやすく価格も安価であり,1面だけ磨けば良いのでアマチュアの自作に適しているところから,ニュートン式の眼視用反射望遠鏡がアマチュア天文家の間に流行し今日に到っている.

今世紀に入り,天文学上に写真術の導入とその発展から,主鏡にパラボラ面を用いた反射鏡では,主としてコマ収差の障害のため利用し得る写野が極めて狭小であるため,広い写野を得るための種々の考案が試みられていた.

1930年にドイツのシュミットは,屈折及び反射の利点を巧みに組み合わせて広い写野に渉ってコマ収差のない今日シュミット・カメラと呼ぶ画期的な光学系を考案し,彼自らの手でその第1号機が製作された.

その後,シュミット・カメラを母体として今日では種々の反射・屈折合成のいわゆるカタヂオプトリック光学系が発展し,現在35mm判カメラの望遠レンズにまで用いられている.

第2章　反射望遠鏡の型式

1　ニュートン式

対物鏡にパラボラ面を用い,球面収差を除去し筒内に生じる焦点を,筒内に置いた小平面鏡で筒外に取出して使用する型式で,考案者の名をつけてニュートン式(Newtonian)という.

ニュートン式は構造が簡明で作りやすく性能も良いものを作りやすいので,小口径の眼視用天体望遠鏡はほとんどがニュートン式である.

小平面鏡は,副鏡,第2鏡,斜鏡などとも呼ばれ,小口径鏡では平面鏡の代

4 反射望遠鏡の作り方

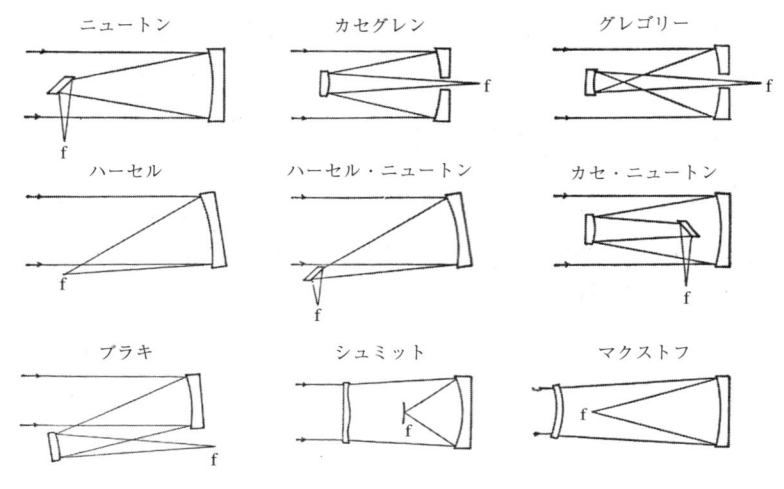

図1 反射望遠鏡の形式

りに小さな直角プリズムが使用されることもある．＊

図2 15cmニュートン式経緯台
代表的な英式反射緯台である．鏡は木辺成麿氏作，マウンチングは西村製作所 桑野 善之氏有

ニュートン式は接眼部が鏡筒の横に設けられていて，見える方向が異なるので初めての人には使いにくいところがある．

焦点距離が使用者の身長をこえて長くなると接眼部が高くなって使いにくくなる．

また赤道儀では，接眼部が見る方向によってその位置と方向が変るので，筒に回転装置を設ける必要がある等，大口径機には適さなくなる．

しかし小口径の経緯台式では接眼部が常に水平にのぞけて見やすい特長もある．

* ニュートンは小平面鏡の代りに小さな直角プリズムを用いた．

ニュートン式は構造が簡単で光軸修正など取扱いもやさしく，価格が安く自作しやすいので，本書もニュートン式を骨子として説明した．

主鏡或いは平面鏡までも自作するにも，或いは主鏡と平面鏡のみ完成品を購入して組み立てるにしても，ニュートン式はアマチュア向きにできていて，どこまでも簡単に作れる特長をもっている．

2　カセグレン式

1672年，フランスの数学者ギヨーム・カセグレンが考案した光学系で，彼自身は作らなかったという．

主鏡にはニュートン式の主鏡と同様凹面のパラボラ鏡である．

第2鏡は凸面で双曲線鏡であり，主鏡焦点距離が引き伸ばされ，通常穴をあけられた主鏡の後方に焦点を結ぶ．

こうして引き伸された焦点距離を，合成焦点距離またはカセグレン焦点距離という．

カセグレン式（Cassegrainian）は，接眼筒が屈折式と同じく筒の後方にあって接眼筒位置が低く，焦点距離に比して著しく筒長を短縮できる特長がある．

筒長の短縮は大口径機では大変有利な点である．

図3　25cmカセグレン式赤道儀　坂上　務氏有

ニュートン式にくらべて光学系，とくに凸鏡の製作が難しい．

このため凸鏡を球面として，主鏡をパラボラ面でなくして合成して球面収差を除く光学系が考察された．＊

本来のカセグレン式では，主鏡にはパラボラ鏡を用いて平行光線に対する球面収差を除き，凸鏡は収斂する光線に対する球面収差をそれぞれ独立して除去しているものである．

＊　考案者2人の名をつけて，ドール・キルハムの鏡系と呼ばれている．

またカセグレンと同じ型式ではあるが，主鏡，凸鏡を特別なカーブの組み合わせとして広い範囲に渉ってコマ収差の除去を行った鏡系がある．

この鏡系は，リッチーとクレティアンの協力で考案，製作されたので，リッチー・クレティアンの鏡系と呼ばれている．

3 カセ・ニュートン式

カセグレン式の一部改造タイプで，1851年にナスミスが考案したので，ナスミス式ともいう．

主鏡に穴を穿つことからのがれているが，構造上複雑で使用取扱が極めて煩雑であるので，小口径の眼視用には適さない．

天文台で用いる大口径機では，第3鏡より曲げられた光線を極軸中を通しクーデ式として分光に用いている．

4 グレゴリー式

グレゴリー式（Gregoryan）は英国の数学者ゼイムス・グレゴリーにより考案され，1663年に発表された．

主鏡には凹面のパラボラ鏡を，第2鏡には凹面の楕円面鏡を主鏡の焦点位置より外側に置いてそれぞれ独立に球面収差を除き，引き伸された合成焦点を穴をあけた主鏡の後方に取り出している．

グレゴリー式は正立像が見られるため，色消対物レンズがいまだ発明されていなかった当時としては．色がつかず，筒長も単レンズ対物鏡に比べると著しく短縮できるので，その後色消しレンズが発明されるまで，風景用として貴人たちに賞用された．

当時は主鏡，第2鏡ともに金属鏡であり，わずか2年前後で見えが悪くなるものであったが，それでも径7cm前後の小口径機が数多く製造されていた．

当時有名な製作者ゼームス・ショートは1400個も作ったといわれる．

彼の作品は光学系も相当良好であったうえに，マウンチングについてはそのデザインといい，加工の美さといい今日では芸術品といって憚からない．

グレゴリー式は第2鏡の製作がカセグレンに比べで精密な表面が作りやすいが，筒長が相当長くなるため今日天文用には使用されていない．

5 ハーセル式 (Herschelian)

　主鏡を傾けることによって焦点位置を筒外に出すもので有名なウイリアム・ハーセルの考案である．

　金属鏡の反射率が低いため当時にあっては不便を凌いで使用されていた．

　この式の最大の欠陥は光軸を大きくはずれて見るため強いコマ収差の影響を受け，また像は裏がえしに見えるので，ガラス渡銀鏡が出現した以降は用いられなくなった．

　しかし反射望遠鏡から第2鏡を除くことは大変望ましいので，この型式から発展したものがいくつか考案された．

6 ハーセル・ニュートン式

　わが国での反射鏡製作の基を開き，その後の反射望遠鏡流行に大きな貢献をした故中村要氏の考案である．

　主鏡は通常 F 15 を用い，口径 5cm から 7.5cm までのものが昭和初期に相当数作られ，メーカーによって製作販売されてもいた．

　口径が大きくなると実用しがたいのが最大の障害である．

7 ブラキ式

　ブラキ式（Brachyt type）は軸外反射望遠鏡（Oblique Reflector）ともいわれ，第2鏡を主鏡の光軸外に置き，筒内より第2鏡を除くと共に，第2鏡を凸面に作り，主鏡焦点距離の引伸しと鏡筒の短縮を行うもので，カセグレン式とハーセル式の混合発展型式である．

　1877年にフォルスター及びフリッシュの両名により作られた．

　主鏡と第2鏡は同じ曲率で作られ，非点収差を最小になるようにしており，第2鏡によるジフラクションの悪影響もないので，小口径鏡ではかなりの良像を示すといわれ，高倍率が得やすい理由もあって惑星面の観測者に少数ながら用いられている．

　この型式は短焦点では実用できず，口径が大きくなるとマウンチングや倍率が高くなりすぎる等で制約をうけるが，最大口径 30cm 級まで製作された．

　以上の他にも純反射系構造の望遠鏡もあるが特殊に過ぎるので略した．

8 シュミット・カメラ

シュミット・カメラ（Schmidt Camera）は主鏡には球面鏡を用い，その球心位置に薄いガラスで作った球面収差を除くための板（補正板という）を置いて，広い視野でコマ収差のない光学系で，1930年ドイツのベルンハルト・シュミットが考案し，自分でその試作を行った．

この反射鏡の利点を最大限まで生かした屈折との合成光学系は画期的な発明であって，天体写真の分野において，大口径で極めて明るく広い範囲に渉ってコマ収差のない写真対物鏡が得られるようになった．

この型式から発展した種々の反射と屈折を組み合わせた型式が出現した．これらの型式を総称してカタヂオプトリックという．

その代表的なひとつにマクストフ式がある．

第3章 設計の基礎

自作に先立ってまず設計の基礎となる光学上の数値等を示した．

第1 望遠鏡の能力

望遠鏡の実際の能力については，光学部品の精粗，マウンチングの良否，使用者の能力等で差が生じるが，ここでは眼視の能力について理論上の諸値をかかげた．

従ってここで述べている数値は反射，屈折のいずれにも当てはまるもので，純理論的なものである．

1 分解能 I

どれだけ細かなところまで見分け得るかについての能力を示すに用いる基準として，どれほど接近した2個の点や線条を分離できるかを角度で表わしたものを分解能という．

分解能は対物鏡の作る回折像の直径で制限され，また使用する光の波長に

よって定まる．

物理学上の分解能として

$$\text{分解能 } \theta = 1.22 \frac{\lambda}{D}$$

但し　$D=$ 対物鏡の有効口径

　　　$\lambda=$ 用いる光の波長

　　　$\theta=$ 分解能で，ラジアン値

例　有効口径150mm，波長5500Å（オングストローム）の場合の分解能 θ は
$$\theta = \frac{0.00055}{150}$$
$$= 0.000003\dot{6} \text{ ラジアン}$$

2　分解能　II　ドーズの限界

英国のアマチュア天文学者のドーズ牧師が実験的に定めた分解能をドーズの限界といい，実際上はこの数値が用いられることが多い．

$$\text{分解能 } \theta = \frac{4.56''}{D}$$

但し　$\theta=$ 角度の秒

　　　$D=$ 有効口径をインチで表わした値

すなわち，等光の2重星では，口径1インチ（25.4mm）の望遠鏡では，4.56″まで接近した2重星を分解できるとしたものである．

これを mm で表わすと次のようになる．

$$\theta = \frac{116''}{D\text{mm}}$$

例　有効口径 150mm の望遠鏡の分解能は，
$$\theta = \frac{116''}{150}$$
$$= 0.77\dot{3} \text{ 秒}$$

すなわち約0.78″となる．

分解能の数値は，近接した2光点の分離に関するものであり，その他の例，たとえば暗いバックに明るい線やその逆の場合などの例にはこの数値はあてはまらない．

こうした場合には上記の数値の半分くらいまで見えるといわれる．

3　集光力

対物鏡で集める光の量を肉眼を基準として表示することが一般に行われてい

て，望遠鏡の能力を表わす一つの表現法とされている．

$$集光力 \quad \kappa = \frac{D^2}{7^2}$$

但し D は対物鏡の有効口径を mm で表わした値で，肉眼の直径は 7mm にとって示される．

例　口径 60mm の対物鏡の集光力を κ とすれば

$$\kappa = \frac{60^2}{7^2}$$
$$= 73.5$$

わずか 60mm のレンズでも肉眼の 73 倍もの光を集める．

集光量は対物鏡の面積に比例する．従ってその直径の 2 乗に比例する．すなわち，口径が 2 倍となると像の明るさは 4 倍になる．

像の明るさは口径だけが関係し焦点距離は関係がないと星の観測についていわれる．このことは恒星は点像であって面積を持たないことと関連する．

もし面積を持った対象のときには，写真レンズの場合にいう F 数，すなわち口径比が小さい方が像は明るい．

しかし，この場合でも像の大きさを同じにすればその明るさは口径の 2 乗に比例する．

わたしたちが対象としているのは星であって風景ではないのであるから，こうした説明がされるのである．

4　限界等級

望遠鏡を用いて眼視で見える最も暗い星の等級をその望遠鏡に関する限界等級という．

限界等級は，肉眼で見える最も暗い星の等級を 6 等級とし，望遠鏡の集光力を等級に換算した値に 6 等を加えて求める．

すなわち星の 1 等級異なったときの光度の差は

$$\sqrt[5]{100} = 2.512$$

である．よって集光力の等級換算はこの数値で集光力の数値を割った商として求められる．

すなわち $\dfrac{D^2}{7^2} \times \dfrac{1}{2.512}$ となる．

これより限界等級を m とすれば，上式に 6 等級を加えて

$$m = \frac{D^2}{7^2} \times \frac{1}{2.512} + 6$$

$$= \log \frac{D^2}{7^2} \div 0.4 + 6$$

$$= 5 \log \frac{D}{7} + 6$$

さらにこれを整理して

$$m = 1.77 \times 5 \log D$$

但し D は対物鏡の有効口径を mm で表わした値である．

この限界等級は眼視の場合で写真鏡として用いるときにはこれと異なる．

以上1より4までの式で求めた数値について表1にまとめて示した．

表1 分解能，集光力，限界等級

口 径 cm	分 解 能 秒	集 光 力 肉眼＝1	限界等級 M
10	1.16	204	11.8
15	0.77	459	12.7
20	0.58	816	13.3
25	0.46	1,275	13.8
30	0.39	1,836	14.2
40	0.29	3,265	14.8
50	0.23	5,102	15.3

5 視野の明るさと射出瞳

肉眼で望遠鏡を通して見る視野の明るさは対物鏡の有効口径と倍率で定まるのである．

別の表現を用いれば，射出瞳径で定まるのであり，F数や焦点距離とは直接には関係がない．

望遠鏡の筒口を明るい方に向け，アイピースより眼を離してアイピースのレンズを見ると丸い白く明るい小円が見える．この小円はアイピースによって生じる対物鏡の像であって射出瞳（exit pupil）という．

射出瞳径を e とすれば

$$e = \frac{D}{M}$$

但し　D＝対物鏡の有効口径

$M=$ 使用するアイピースでの倍率

例　有効口径 100mm の対物鏡で焦点距離 1000mm，使用するアイピースの焦点距離 25mm，倍率 40 倍のときの射出瞳径は

$$e = \frac{100\text{mm}}{40}$$
$$= 2.5\text{mm}$$

すなわち直径 2.5mm となる．

同一望遠鏡では倍率を下げるほど射出瞳径は大きくなり，眼にはいる光束が太くなって視野は明るさを増す．

しかしこの明るさはどこまでも増すのではなく，観測者の瞳の径で光束は制限され，それ以上光束が太くなってもカットされるので視野の明るさが増すことはできない．

人の眼の瞳の径は年令によって開き方が異なる．その平均的な数値は表 2 のとおりである．

表 2　年令別平均瞳口径

年令別	20	30	40	50	60
瞳口径 mm	8	7	6	5	4

もちろん上記の値には個人差があるが，眼は生れたときから発達しないでむしろ後退するものといわれ，年令と共にほぼ上表のようになるものである．

6　望遠鏡の倍率

望遠鏡の倍率 M は次の(1)または(2)で定まる．

(1)　$M = \dfrac{f_1}{f_2}$

但し　$f_1 =$ 対物鏡の焦点距離

　　　$f_2 =$ アイピース（接眼レンズ）の焦点距離

(2)　$M = \dfrac{D}{e}$

但し　$D =$ 対物鏡の有効口径

　　　$e =$ アイピースのところに生じる射出瞳径

7　倍率と実視野

アイピースの視野に見えている実際の視野の広さを角度で計って 2θ，アイ

ピースの見かけの視野を同じく 2α, 倍率を M とすれば次の関係がある.
$$\tan\theta = \frac{\tan\alpha}{M}$$
　実視野はアイピースの見かけの視野が不明のときには, アイピースの視野の中心を星が端から端まで横ぎる時間を計って次の式で求めることができる.
$$2\theta = 15t\cos\delta$$
　但し t は恒星時で分を単位としたアイピースの視野中心を一端から他端へ恒星が横切るに要した時間である.

　δ はその恒星の赤緯である.

　また恒星時は次により常用時から求める.
$$恒星時 = 1.002738 \times 常用時$$
　例　しし座の α (レグルス) が 4 分 30 秒かかって視野を横切った.

　但し α 星の $\cos\delta = 0.9777832$

　これより
$$2\theta = 15 \times 4.5 \times 1.002738 \times 0.9777832 = 61.8'$$
　すなわち実視野は 1° 強となる.

　また逆に倍率と実視野がわかれば, 上式を用いてアイピースの見かけの広さがわかる.

　なお, 前述の関係式でわかるように, 視野を広くするにはアイピースの見かけの視野を広くするか倍率を下げるしかない.

　従って, 特定の倍率で視野を広くするにはアイピースの見かけの視野を広くするしかないのである.

8　有効倍率

　望遠鏡の倍率は, アイピースの焦点距離によって変えられるので, 高倍率, 低倍率ともにアイピースの選定で自由にえらべる.

　a. 有効最高倍率　望遠鏡は倍率のみ高くしても決してより良く見えるものではない.

　望遠鏡の分解能力はその対物鏡の有効口径で定まっているので, 倍率だけを高めたからといって, 分解能力には変りがなく, むしろ過剰な倍率を用いるとかえって見え方が悪くなる.

人の眼は通常角度1分の2点を見わける能力がある．従って対物鏡によって生じた像を角度の1分，すなわち60″まで拡大してやれば，その拡大像を人の眼は分離して見得るはずである．

実際には角度1分は人の眼の限度であるので，少なくともこれより大きな角度とするとずっと見やすくなるので，2倍の2分となるように対物鏡によって作られる像を拡大して眼に入れてやればよい．

この関係を式で示すと

$$M\text{max} = 120'' \div \frac{116''}{D\text{mm}}$$

但し　$M\text{max}$＝有効最高倍率

　　　$D\text{mm}$＝対物鏡の有効口径を mm で示した値

例　口径 100mm の対物鏡の場合

$$M\text{max} = 120'' \div \frac{116''}{100}$$

$$\fallingdotseq 100$$

すなわち約 100 倍を用いればよいこととなる．

簡単にいえば有効最高倍率は口径 1cm 当り 10 倍を使用すればよいということとなる．

しかし実際にはこれよりも高い倍率が使用されている．

ではどれくらい高い倍率が用いられるかというと，まず口径 1cm 当り 15 倍程度が実用上の限界と考えてよい．

光学面の精度が不良であると，1cm 当り 15 倍もの高倍率を用いると収差も共に強拡大され，かえって像の見え工合が悪くなる．

光学品が優良であれば，1cm 当り 20 倍を用いても像の乱れはないが，像は著しく暗く，射出瞳径が 0.5mm という小さな光束となるため，眼中の異物，主として廃棄細胞くずといわれるものの姿を浮き出させ，いわゆる飛蚊現象が生じてさらに見えにくくなる．

b. 有効最低倍率　対物鏡で集めた光を全て活用した最も低い倍率を有効最低倍率という．

これには射出瞳径を 7mm として算出した倍率を用いる．

前記 6—(2)項で説明したとおり

$$M = \frac{D}{e}$$

であるから，$e=7$mm を用いたときの倍率が有効最低倍率となる．

いま有効最低倍率を $M\min$ とすると

$$M\min = \frac{D}{7}$$

となる．これは対物鏡の口径 1cm 当り約 1.4 倍強である．

これより低い倍率が無効であるということではなく，ただこれより低い倍率を用いると眼の瞳口で光束がしぼられて，対物鏡の有効口径がしぼられて用いられることとなるのであり，効率が悪くなるということである．

口径が大きくなると，広視野の必要から口径のロスを敢えて承知で用いることも多い．

第 2　パラボラ鏡の特質

対物鏡として使用するパラボラ鏡は，表面反射鏡であるので，光がガラス材中を通過せず，従って光の分散が生じないので色収差は本質的に無く，球面収差及び歪曲収差は理論上除去されている．

しかしコマ収差，非点収差，像面湾曲収差が残存しており，このうちコマ収差が最も強い悪影響を与え，これで有効な視野が制限される．

コマ収差は中程度の F 数（F 8 〜 10）の眼視鏡ではあまり問題にはならないが，特殊な目的の広視野の短焦点鏡や，とくに写真用対物鏡として使用しようとするときに重大な障害となってくる．

1　コマ収差

パラボラ鏡のコマ収差は F 数の 2 乗に比例する．

収差の量は光軸から離れるに従って増加するが，光軸に縦方向（サヂッタル）と水平方向（タンデンシャル）で差があり，後者は前者の 2/3 の量である．

光軸に縦方向のコマ収差量を Mc とすると

$$Mc = \frac{3}{16} \cdot \frac{\alpha}{F^2}$$

但し　$F=$F 数で口径比である

　　　$\alpha=$視野半径を角度の秒で表わした値である．

Mc が分解能の値の数倍にも達すると，星像は点像ではなくなり，10数倍を超えるともはや不快に思うほど星像が大きく乱れる．

上式で算出したF数別の表を表3に示した．

表3　パラボラ鏡のコマ収差

F 数 別	視 野 別 コ マ 収 差 (cm)				備 考
	10′	30′	1°	2°	
10	0.56″	1.69″	3.38″	6.75″	
8	0.89	2.64	5.27	10.55	
6	1.56	4.69	9.38	18.75	
5	2.25	6.75	13.50	27.00	
4	3.52	10.55	21.09	42.19	
3	6.25	18.75	37.50	75.00	

パラボラ鏡は短焦点対物鏡として最も安価で製作しやすく，かつ有力なものではあるが，眼視用としてはほぼF5程度までが実用の限界であることが表でわかる．

彎曲収差も短焦点鏡では目立ってくるが，これが問題となる前にコマ収差が強く現われて実用を制限する．

2　第2鏡による障害

パラボラ鏡では焦点像が筒内に生じるのでこれを筒外に引き出さないと見ることができない．

ニュートン式の第2鏡は楕円形をした光学平面鏡であり，低倍率広視野を得ようとすると，必要な直径が増大する．

第2鏡は対物鏡の中央をその面積だけカットする．

従ってアイピースのところで射出瞳の姿は中央が丸く影ができリング状となっている．

第2鏡の径が対物鏡の径の1/3を超えると，射出瞳のリングの巾が小さくなり，巾のせまい光の環をとおして見るため，ちらつきが多く，また視野中央が暗くなる．

ことに第2鏡の径が主鏡径の1/2を超えると実用にならない．

小口径のパラボラ鏡は構造上低倍率用には第2鏡による大きな制約を受け，

使用が制限される．

3 パラボラ鏡用アイピース

パラボラ鏡は，一般に屈折に比べてF数が小さく，アイピースに入射する光線の光軸となす角度が大きくなること及び本質的に色収差のない点を生かすためにも，諸収差，ことに色収差が良く除かれた視野の平坦はアイピースを用いる必要がある．

具体的に言うと，反射ではケルナー以上の高級アイピースを用いる必要があるため，アイピースのための費用がかさむ．

たとえF 12のパラボラ鏡であっても，最低ケルナーを使用するのがよい．ミッテンゼーハイゲンでもケルナーと比べてさえ格段の見劣りがする．

もっとも太陽用には強い熱を受けてバルサムがはがれたり，変質するのでハイゲン等の単レンズで構成したアイピースを使用しなければならない．

4 表面の欠陥の像への影響など

天体観測に用いるパラボラ鏡は表面反射鏡であるので，表面に欠陥があれば，同じレンズの欠陥に比べて約4倍の悪影響を像に及ぼす．

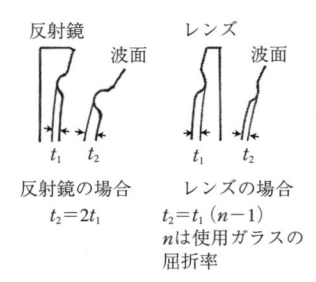

このことは，パラボラ鏡（表面反射鏡の全てにあたるが）の表面はレンズと同等の精度の像を得るためには，レンズの4倍も精密に磨かれなければならないことを示すもので，製作に当ってレンズに比し大変不利なことである．

反射鏡の場合 $t_2 = 2t_1$

レンズの場合 $t_2 = t_1(n-1)$ nは使用ガラスの屈折率

図4 表面欠陥の影響

このような製作上の困難なことから，レンズに劣ったパラボラ鏡が作られているため，反射望遠鏡は屈折望遠鏡に本質的に劣っていると思いこんでいるアマチュアも多い．

本質上には両者の差はないのである．

反射鏡はガラス材の温度変化に基づく表面カーブの劣化から像が悪化する．

その量もレンズにくらべて約4倍も多く，レンズでは凸凹のレンズが相対的にこの変化を打ち消す作用があって反射鏡よりも悪影響を受ける程度がさらに少なくなる．

しかし現在では低膨張ガラス材が普及して来たのでこれを除くことができるようになったが，普通の青板ガラスを使用するかぎり，この問題はのこる．
　さらに光学系の負うべき欠陥ではないが，望遠鏡の筒口が開放されていることに基づく筒内乱気流による星像の悪化が反射望遠鏡につきまとっている．

5　結　論

　以上反射望遠鏡の自作の計画に当って必要と思われることについてひととおり説明を行った．
　読者には，これらの諸条件をもととして目的とする望遠鏡のアウトラインをきめられるようにお願いする．

II
反射鏡の製作

第1章　反射鏡材

第1　反射鏡材の種類

反射鏡用ガラス材として現在使用されているものを大別すると，次の三種がある．

図5　反射鏡材
15cm鏡用のガラス材で，左からセルビット，中央はE6，右方は普通ガラス

1　ソーダガラス

青ガラスの別名があるように通常青い色がついている．ガラス成分の主体は SiO_2 が約65％で，一般の窓ガラス，厚板ガラスなどで日常生活になじみ深い．

このガラスで厚板製品より切り取った鏡材が昔からよく使われている．

最近わが国では，鋳込みの青ガラス材も小口径のメーカー品に多く用いられている．

a. 厚板ガラス　　国産品では厚さが15mmくらいまでであるから，15cm鏡以上では外国品を用いている．

輸入厚ガラスは通常30mm厚まであり，特殊なものでは50mmの厚さのものもあるが，こうした特別の品は高価であり，パイレックス以上の場合もある．

主な産地と会社名は次のとおりである．

英　　国　ピルキントン社　　　　　　ドイツ　シュピーゲル社

フランス　　　サンゴバン社

　上記中昔から賞用されているものはピルキントン社とサンゴバン社のガラスであり，これらはその会社名を冠して呼ばれている．

　これらの厚ガラスは古い伝統をもち，ガラス質は化学的にも安定が良く，表面の曇りも少ない．

　色や硬さには差があって，ピルキントンガラスは緑色をおび，シュピーゲルガラスは青く（白色のもある）サンゴバンガラスはわずかに黄色をおびている．

　硬さはピルキントンガラスが最も軟質で欠けにくく加工しやすい．

　これらの間には特に優劣はつけがたく，使用は入手の難易によるのが普通である．

　膨張係数はいずれもあまり差はなく，90×10^{-7}程度である．

　これらのガラス材には脈理や歪が残存しているが鏡作に悪影響を来すものはまず無い．

　表面の磨きの程度やどのくらい正しい平面となっているか（平面度）については，同一製品で差があり，また厚さにも相当な差異がある．

　この原因は厚板ロールという粗材で輸入し国内で表面を研磨して透明な磨きガラスとするための差異がその主なものとなっている．

b. 鋳込青ガラス　　小口径のメーカー製品に多用されている．

　ガラスは一般に軟質で異物の混入などもなく，色は緑色より青色まで濃淡種々である．

　質，とくに化学的性質の表示がなく，この点信頼性に欠ける．

　表面に水など付着して斑痕が発生するなどの事故が起きており，ガラス材の厚みが不ぞろいで片側で1～2mmも差がある．

　こうしたことから，15cm用以上には使用しないのがよい．

2　硼硅酸系クラウンガラス

　代表的製品がパイレックスでアメリカのコーニング社の製品である．

　このガラスはコーニング社で開発され，パイレックスという商品名で出されたので，現在でも同種の他社製品までパイレックスガラスとまで呼ぶほどに商品名が有名である．

図6 パイレックス鏡材
15.5cm より 32cm までの鋳込成形ガラス材

ガラス主体は，例えばコーニング社のコードナンバー7740 では下記のとおりである．

SiO_2　80.8%
B_2O_3　12.5%

現在では同種ガラスが国内でも製造され，食器，ブラウン管，理化学用ガラス器など大変多く用いられている．

反射鏡材には通常鋳込み成形の丸材を用いるがアンニールを行っており，ガラス質も安定がよい．

膨張係数はパイレックスで 32.5×10^{-7} で普通ガラスの 1/3 である．

これよりやや膨張係数の大きい硼硅酸ガラスもあるが，反射鏡材には用いられない．

色は通常ごく淡い黄色をおびているが，純白近いものもある．

質は大変硬く強じんであるが脆くて尖った先など欠けやすい．

国内産では，小原光学ガラス製造所の反射鏡材 E6 がある．ガラスは純白で硬く，膨張係数は 24×10^{-7} とパイレックスより約 20% 低い優秀な鏡材であり，口径 10cm より 150cm 級までも製造されている．

パイレックスは板ガラス材も輸入されており，厚さ 50mm 近くまでは磨き板またはロール板という原材から切りとって丸く加工してもらえる．

価格は磨き板は鋳込み材にくらべて高価であるが，ロール板では安価である．

硼硅酸ガラスは反射鏡材として温度変化も少なく，硬いので美しい研磨面が得られ，化学的にも安定していて好適のものである．

膨張係数は普通ガラスの 1/3 程度であるが鏡材の熱均等化は普通ガラスにくらべて早く行われるため，鏡材の温度変化は膨張係数の差以上に少ない．

この点製作時における精密な整型が行いやすい大きな利点となっている．

硬いが，このための障害は外型加工と荒ずりに時間が多くかかることを除いてはあまりない．

価格もぜんじ低くなって普通の青ガラスとの差が少なくなったので，少なくとも 20cm 以上の鏡ではこの系の材で作ることが極めて望ましい．

3 超低膨張ガラス

膨張係数が硼硅酸ガラスよりもうひと桁小さいガラス群があり，これらを総称して超低膨張ガラスといっている．*

その主なものに次の製品がある．

(1) コーニング社　溶融石英ガラス（Fused Silica）
　　　　膨張係数　4.9×10^{-7}

(2) オウエンス・イリノイ社（アメリカ）Cer Vit（セルビット）
　　　　膨張係数　$\pm 1.5 \times 10^{-7}$

(3) 保谷ガラス KK クリストロン・ゼロ
　　　　膨張係数　$\pm 1.5 \times 10^{-7}$

(4) コーニング社　超低膨張チタニウムシリケイト（U.L.E titanium silicat）
　　　　膨張係数　$\pm 0.3 \times 10^{-7}$

以上のうち，コーニング社の製品はいずれも白色透明である．

セルビット及びクリストロン・ゼロは褐色をしていて，石英を素材に β 石英が微片に結晶化したもので，結晶化ガラスともいわれる．

以上の他ドイツの有名なショット社でも作られている．

これらは普通ガラスと比べて著しく硬く，約 3 倍の硬度である．

荒ずり及び仕上げずりには時間がかかるがピッチ研磨の時間には差がない．

ことにすり合わせ用の盤が青ガラスのときには，青ガラスのみ研削され，鏡材の砂穴が長い時間かけないと除けないので，盤にはパイレックス材のような硬いものが望ましい．

膨張係数が極めて小さいので，赤熱して冷水に入れても破れないほど温度変化に対して安全であるので，ピッチ盤作りなどでの取り扱いが安全に行われ，

---

* 記載の膨張係数は概ね 0～200℃ の間のものであり，常温では係数はさらに小さくなる．

硬いので整型の進み方がゆるやかであり，かつパラボラ鏡を作るときなどには鏡面の温度変化が全く無いといって良いくらい，フーコーテストで眼につかないので整型は青ガラスにくらべで行いやすく，時間も早い．

硬いだけに研磨痕も発生しにくい．

鏡材として最良のものであるが，価格が高いのでいまだ一般向きとはいいがたい．

太陽観測用及び光学品のテスト用基準原器等には，使用が絶対に必要といってはばからないものである．

現在入手がやさしくなったので，ことに太陽観測用反射鏡には是非使用されるようおすすめする．

なお，小口径の眼視鏡として夜間星を観測するさいに使用するときは，溶融石英ガラスとセルビットの間における膨張係数の差は，実用上にはないものであって，差は口径が増大したときや太陽用にしか生じない．

4　肉抜鏡材

ガラス材の著しい重量を減じるため，大口径鏡材では通常行われている．

小口径の青ガラスでは重量軽減の意味がないばかりか，高い膨張率のため肉抜きした部分の表面が温度変化によって不整に変化するので鏡材としてむしろ不適である．

硼硅酸クラウンガラスでは充分実用でき，最も強く鏡面が変化する整型時においても支障はない．

肉抜部での表面の厚さは，薄すぎると研磨時の圧力による影響が心配されるので，少なくとも鏡材径の 1/15 以上が望ましい．

図7　肉抜き鏡材
E6（小原光学ガラス製造所製）の 25cm 用肉抜きガラス材

ただこうした肉抜鏡材では，面が1面に限定されるので，一般の鏡材のときのようにいずれか良い方の面をとるという選択の余地がない．

小口径用には利点はないが，口径が大きくなると取扱い上などで有利な点が生じる．

第2　鏡材の口径，厚さ及び盤用ガラス

1　口　径

反射鏡の径には次の三通りがある．

(1)　ガス材径
(2)　開口口径
(3)　有効口径

(1)のガラス材径は字儀どおりであるが，(2)の開口口径には磨かれた反射鏡面の径や次の有効口径を指すこともあり混同する．

この書では前者，すなわち磨かれた面の径を示すことに統一して用いた．単に鏡径と呼ぶと(1)と(2)を混同しがちであるので区分した．

(3)の有効口径は実際に使用するときの鏡面の直径であり，鏡をふちの付いたセルに入れて使用するときには，そのふちの間の径が有効口径となる．

光学理論上で取り扱う鏡径はすべて有効口径である．

どのような径の鏡であろうと，自作には何等の制約はなく，全く自由であるが，敢えて一般に用いられている口径と異なる鏡を作ると，セルや平面鏡の購入や架台部品の既製品の利用ができず困惑することが多い．

やはり鏡径の選択は一般の標準によるのが有利である．

2　鏡材の厚さ

鏡材の厚さは，材径の1/6が標準である．

このことは長い間の実験の結果きまったものである．

これより薄いものでは1/8までが実用上の限界である．

ガラス材が薄いと研磨のさいの圧力でガラスが曲り偏心したり，セル中でのわずかの圧迫などでガラス材が歪む．

厚すぎると価格が高くなり，温度になじむに時間がかかるなど得もない．

ガラス材は薄いと価格はその割合以上に安価となるが，望遠鏡として完成されたときのコストに占めるガラス材を薄くしたための金額は，わずかなものであるので，自作は鏡材径の 1/6 厚のガラスを使うようおすすめする．

3 盤用ガラス材

手磨きで 1 枚或いは数枚の少数の鏡面を製作するには，鏡材と同口径のガラス材とすり合わせ，鏡材に凹面を発生させて作る．

この方法を「ともずり法」といい，これに用いるガラス材を盤と一般に呼んでいる．

盤用ガラスは鏡材と同じく径の 1/6 の厚さか，むしろこれより厚手の材が使いよい．

しかし薄くても鏡材ほどの支障はないので一般にはアマチュアの自作では鏡材よりも薄い，1/8 厚くらいの盤が多く用いられている．

盤ガラスの径は，鏡材のガラス径と正しく同大か，やや大き目が良い．

数 mm も小さいと使用はできても鏡面の端の砂穴がとれずに時間を無駄にすることが多い．

盤用ガラスの質は前にも少し触れたように硼硅酸クラウン系や石英ガラスのように硬いガラスには軟ソーダガラスは適当ではない．

これらの硬質ガラスと青ガラスをすり合わせると，青ガラスばかりすりへって鏡面の凹みや或いは前段の荒い砂穴除去が遅れる．

さらにピッチ盤作成にも盤をパイレックス系ガラスを用いると，ピッチの中

表 4　鏡材及び盤用ガラスの標準　単位 mm

有効口径	鏡材径	厚さ	盤ガラス径	盤の厚さ 以上
100	105	15	105	12～
120	125	20	125	15～
150	156	25	156	20～
200	206	33	206	25～
300	306	50	306	30～

注　1. 鏡材径は外周の仕上り径である．
　　2. 開口口径は角をすり取るので，鏡材径より 2～3mm 小さくなる．
　　3. 有効口径は，セルの中でシボリを兼ねた枠をつけるので，開口口径よりさらに 2～3mm 縮小し，有効口径はシボリの径となることが多い．

央の凹みも青ガラスのときより少ない．

　もちろん青ガラスでも充分使用できるが，硬質の低膨張ガラスには同じ質の盤がより適しているので，費用に余裕があれば用いるのがよい．

第3　鏡材ガラスの外形加工

　鏡材ガラスは円形でないと回転表面が得られない．

　また厚さに異同があれば光軸が修正しにくくなったりするので，鏡面製作に先立って外形を正しく仕上げておく．

1　外周の荒加工

　鏡材を厚板ガラスから切り取って丸めてもらったものをガラス店から購入するときには，コバずりを丁寧に行って欠けがのこらないように仕上げをした出来上り寸法が，表4の鏡材径より1～1.5mm大きくして注文する．

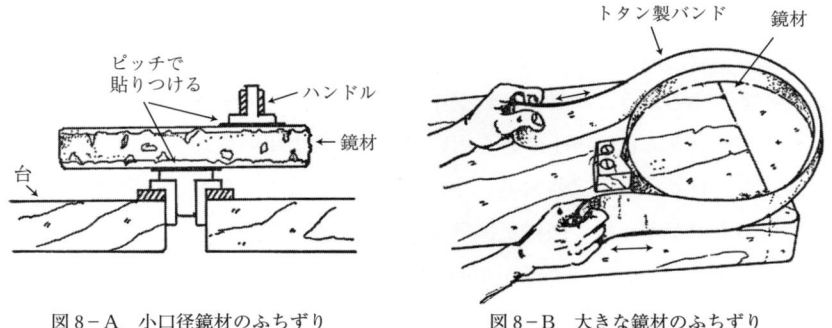

　　　図8-A　小口径鏡材のふちずり　　　図8-B　大きな鏡材のふちずり

コバずりが充分であれば，直ちに図8-Aまたは図8-Bのようにして外周の仕上げ加工を行う．

　外周が欠き取ったままのものや，コバずり不良のときは，まずコバをすり取り，周りの小さな凹凸や非円をできるだけ直す．

　この作業には80番～120番のカーボランダムか荒いカーボランダム砥石を用いる．

　加工の手順は次のように行うのがよい．

(1)　鏡材面にハトロン紙などで必要な直径の丸紙を作り，これをゴム糊などで貼りつける．

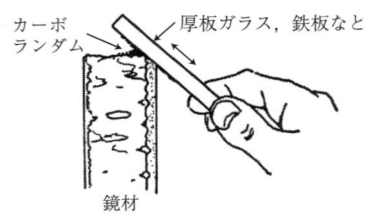

図9 鏡材ガラスの角ずり(カーボランダム／厚板ガラス，鉄板など／鏡材)

この丸紙を基準にまずガラス材の角をすり取る．

(2) つぎに角をすり取ってできたほとんど真円に近い丸い面をたよりにして外周をすってコバをすり取り丸く美しくする．

これには鉄板上に水とまぜたカーボランダムをまき，ガラスの外周をこれにすりつけるか，或いは鏡材を固定し，鉄板か砥石を手にもってする．

2 厚さの修正

厚板ガラスから切り取った鏡材であれば，磨き板ガラスからのものであれば厚さはほぼそろっていて修正の必要はない．

鋳込み鏡材またはロール板では厚さが不整のものが多いので修正の必要がある．15cm鏡材では端で0.3mm以上の差がないようにする．

修正方法は，鏡材と同径かそれ以上の鉄板又は盤ガラス等とすり合わせ，厚い側を多くするように鏡材又は鉄板などを横にずらしてする．

カーボランダムは80～120番を用い，水をまぜて用いる．

鋳込み鏡材は，外周は通常美しく丸くなっているので仕上げが早いが，厚さに不整のものが多く，この修正に多くの時間と労力がついやされる．

大きな鏡材，たとえば直径が40cm以上のものでは，外形加工は加工工場や製造所にて行ってもらうのがよい．

3 仕上げ加工

手作業で加工したものではどうしても小凹凸が残る．これは外周に掌をつけてなでてみると良くわかる．

こうした凹凸を無くしてスムースな外周とするためには，鏡材を回転してする必要がある．

専門工場では外形加工用の研削機を使用し鏡材を回転させ，これに送りをつけた工具にカーボランダムを与えて削り出したり，ダイヤモンド工具で削っているが，われわれにはそうした設備に恵まれていないので，次の方法によって仕上げ加工を行っている．

(1) 外周の仕上げには，図8の方法がある．

鏡材の中心に取り付ける軸は，厚い木に釘の大きなものを取り付けたものでも間に合う．

回転用の軸も同様に作って用いることができる．

図8のような金具を用いると便利である．これらの部品をガラス面に貼りつけるには，硬目のピッチに松ヤニを30〜40％まぜてくっつきやすくしたピッチを用いる．

こうして図10のように上面のハンドルを持ってぐるぐるまわして，鏡材のまわりにまいたトタン板金のバンドと水をまじえたカーボランダムですって加工する．

この作業は2人で共同して行うとやりやすい．

まず小凹凸をすり取るには，120番くらいのカーボランダムを用いる．

つぎに中仕上げは200番程度の砂で加工し，仕上げは300番程度とする．

旋盤や水平回転軸の設備があれば，主軸の回転数を毎分150回転以下に下げ，鏡材に取付用座金をピッチで貼り，回転軸にとりつけ，まわりにバンドをまいて研削するか，真円にするにはバイト台に厚鉄板を取り付け，少しずつネジで送って鏡周をカーボランダム等の砂を用いて研削する．

図10 鏡材外周のまわしずり

図11 鏡材ふちずり機　小島　信久氏

口径が増すと回転数を下げ，20cm 鏡材では毎分 100 回転以下とする．

さらに口径が増大すると垂直の研磨軸でないと加工ガラスの重み等でピッチでの保持ができなくなってくる．

このときは図 12 のように垂直回転軸に鏡材を取り付け，バンドを巻いてする方法がとられる．

図 12　垂直回転軸によるふちずり　筆者

(2) 面の仕上げには，厚みが荒加工である程度そろえば，盤ガラスとすり合わせて仕上げを行う．

仕上げは鏡面に使用する面には必要がなく，裏面のみ仕上げる．

仕上げの砂は・裏面に水をつけるとピッチ面の状況がわかる程度のもの，すなわち 250 番砂以上であることが望ましい．

(3) 角の仕上げについては図 9 に示した方法で行えば良い．

鏡面とする側の角は多目にすり取っておくのが安全である．

尖った角は極めて欠けやすい．

鏡面となる側を欠けたままで研磨すると，その部分の片がわに砂穴がのこるので，欠けは必ず残さないようにすり取っておく．

4　その他

鏡材の外形加工を短時間で行うには，毎分 100 回転程度で回転する水平の鉄円板上にカーボランダムを水と共に散布し，ガラスをこれにおしつけて研削する方法が行われている．

こうした加工ではガラスの角をするときにしばしば大きな欠けを発生させるので，角ずりには注意を要する．

この方法で行えば楕円型の斜鏡の加工なども短時間で行える．

さらに早く加工するにはダイヤモンド工具があるが，高価であるためパラボ

ラ鏡材加工には専門工場でもないかぎりあまり使用されない.

第2章　研磨材

　ガラス面を所要の球面半径に研削し，ぜんじに目の細いすりガラスとするためにはカーボランダムやエメリーなどの研磨砂を用い，ピッチを用いて透明な表面に磨くためにべにがらや酸化セリウムなどの研磨粉を用いる.

第1　研磨砂

　研磨砂には大別してカーボランダムと呼ぶ炭化硅素製品と，コランダム，エメリー等の名の酸化アルミニウムの二種が用いられる.

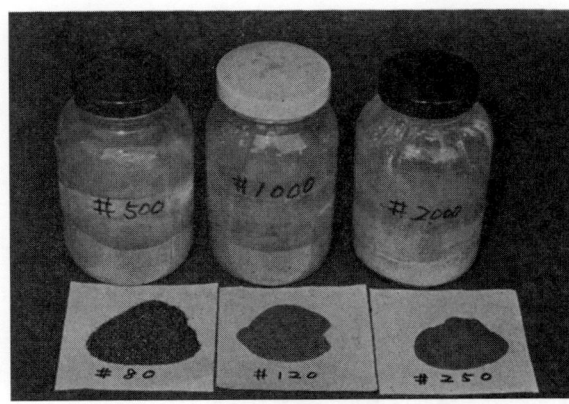

図13　研磨砂の各種

1　カーボランダム

　カーボランダムも商品名がいつしか転化して通称名となったもので，炭化硅素（SiC）で，硬度9.3である.
　純度の高い品は緑色を帯びているが，不純物が多いと黒灰色や青黒くなる.
　エメリー系に比べて硬く良く切れるので，荒ずりに適している.
　中ずりから仕上げずり用には良く切れるので砂目が深くなり好ましくないためエメリー系が用いられる.
　カーボランダムは使用中細粉化されることがエメリー系にくらべて速い. このために鏡と盤ガラスの間に密着に精粗が生じてくっつきやすくなる.
　またカーボランダムは比重がエメリー系より軽いため，細粉の水分離がやり

にくい．

　一般にカーボランダムは 250 番までの使用に止め，それより細かい砂ではエメリー系の使用が適している．

2　酸化アルミニウム

　化学式 Al_2O_3 で，天然産を一般にエメリー，人工品をアランダム等と名付けている．

　昔は金剛砂といういかめしい名で呼ばれていたが，人工品でもエメリーという名称の品もある．

　色は一般に黄色より褐色を帯びたものが多い．

　番数も 4000 番までの細かい砂まで販売されており，レンズ研磨用と銘打った品は粒度も良くそろった良品である．

　硬さはカーボランダムに劣るが砂目がカーボランダムに比べて浅くそろうのでピッチ研磨で良く砂穴がとれるため仕上げ用に賞用される．

　価格はカーボランダムより安価である．

　研磨材店で細い砂を分売してもらうときには注意を要する．品物を小分けするのに荒砂も細砂も同一の小容器ですくい出して売砂を混入させ，使用不能とすることがある．

　これにくらべて反射鏡研磨用の通信販売品はこうした事故はないようであり，250 番より細い砂ではこれを用いるのがよいであろう．

3　研磨砂の段階

　研磨砂は，まず目的とする凹面を鏡材に作り，ぜんじに砂目を細かくして最後はピッチ盤を使って研磨することができるように各段階に適したものを用いなければならない．

　研磨砂の荒さは粒度といい，番数で示されている．

　番数は，巾 1 インチ当りのフルイの目数で示され，例えば 100 番（＃100 と表示することも多い）では，1 インチに 100 本の網目を通った砂である．

　現在では細砂は風圧による分離が行われている．

　平らなガラス面を凹ませるためには，荒い砂を用いて作業能率を上げる．

　このため手磨きでは最初は＃60 から＃120 までの間の砂を用いる．

砂が荒すぎると圧力が相応せず，不足のため砂は鏡盤の間をいたずらに転々とするに過ぎず，ガラス面が削れない．

砂が細すぎると凹ますのに時間がかかる．

仕上げずりは，砂が荒いとピッチ磨きに時間がかかり，細かすぎると磨き完了までの時間には大きな短縮は得られないで傷発生の恐れが増大する．

荒ずりと仕上げずりの間は，砂目がぜんじに効率的に細かくなるよう経験的に定まっている．

標準的な砂の段階を示すと次表のようになる．

表5　手磨き用の研磨砂の段階

口径別 cm	荒ずり ♯	中　ず　り　♯				仕上げずり ♯
		I	II	III	IV	
10～15	100～120	200～250	400～500	800～1000		1500～2000
20～	60～80	120	250	500	1000	2000

砂の段階は表のとおりが最良というわけではないが，通常次段の砂は2倍の番数順とするのがよい．これを2.5倍以上にすると前段の砂穴を除くのに時間がかかる．

4　各段の研磨砂の種類

♯120まではカーボランダム，♯250以降はエメリー系が良い．

理由は前述したが，♯250以降では，砂穴を除く時間にはカーボランダムとエメリーでの差はほとんどない．

従ってカーボランダムを使用する利点は全くない．

ただエメリー系が入手できないときにはいたし方ないが，少なくとも♯400までのエメリー系研磨砂は現在ではほとんどどこででも入手できるので，これ以降の入手ができないときには，使用ずみのエメリー系の砂を集めておき，これを水分離して細砂を得て用いるとよい．

5　研磨砂の使用

研磨砂を使うときには，荒い砂で多量に用いるものは陶器やプラスチックの容器に水と共に入れてスプンで水と共にすくい上げて使用する．

中ずり及び仕上げずり用細砂はガラスビンに水と共に入れてスプンで補給し

て使用する．

6 研磨砂の水分離

各番の細砂が求められないときには，水分離によって自製する．

微粉を含む砂か，または荒ずり等で使用し細粉化された砂を集めておいて用いる．

図14のような深さのある容器2個を用意する．この容器はガラス製が適するがポリバケツでもよい．分離にはサイフォンで行う．これにはゴム管などを用いる．

まず一方の容器に水と良くまぜ合わせた砂を入れ，水を満して良くかきまぜて30分間放置する．ついでサイフォンで底を5cmほどのこして他の容器に上ずみの水を移す．

これを1昼夜（半日でもよい）放置して細砂を底に沈ませ，上ずみの水をすてて底の細砂を水と共に集めてガラスビンに入れ，蓋をしておく．

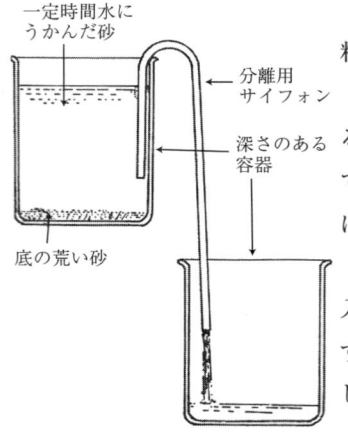

図14 研磨砂の水分離

これは同一砂では2回くり返えすとほぼ回収できる．

こうして15分砂，7分砂，3分砂，1分砂を採集する．

1分砂と3分砂はサイフォンでは時間がかかりすぎて間に合わなくなるので，容器を傾けて集めるとよい．

カーボランダムは水の表面に荒い砂が浮き出していて，かきまぜても沈まないことが多いので，水を満して容器のふちから流し出すようにして除く．

水分離の段階は上記と多少異なっても支障はない．その場合でも水に滞留する時間の間隔は2分の1のきざみが適している．

また上記と逆の分離，すなわち1分砂から逆に分離作業を行うこともでき，むしろこの方法が荒砂の混入の恐れが少なくなる．

使用ずみ砂から分離して得たものは切れ味は劣るが，それだけ砂穴が浅い利点もある．

なお，粒度は，深さ30cmの水で分離した1分砂は，ほぼ250番前後となる

ので，これを目やすとして使用するとよい．

分離のときも保存にも細砂には埃が入らないよう必ずおおいか蓋をしておくことが必要である．

細砂よりも荒い硅酸質の埃が混入するとガラス面を容易に傷つけるので充分な注意が必要である．

第2 ピッチ盤研磨用粉

ピッチ盤研磨に使用する研磨粉には種々あるが，反射鏡研磨に使用するものは「べにがら」*と酸化セリウムが主体であるので，この二種について説明しておくこととした．

1 紅がら

昔から木材の装飾，防腐に用いられている赤い粉であり塗料として用いている．

化学的成分は酸化鉄粉で次の二種がある．

二三酸化鉄 (Fe_2O_3)

四三酸化鉄 (Fe_3O_4)

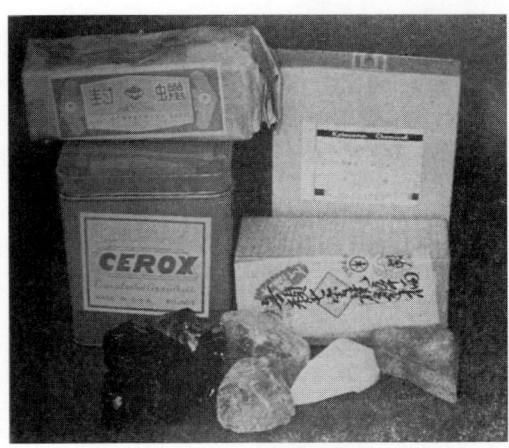

図15 ピッチ研磨用材
前方左よりピッチ，松ヤニ，みつろう，封ろう，後方左がセロックス，右が紅がら

レンズ工場では二三酸化鉄を赤べに，四三酸化鉄を黒べにと呼んでいる．この呼び名は外観からくるもので，四三酸化鉄は黒紫色をおびるので，この名がある．

京都産の七宝焼研磨用の良品は有名でレンズ研磨用に賞用されている．

この紅がらは赤紫色をおびていて四三酸化鉄を含んでいる．

一般の建築材料店で販売している紅がらは黄色をおびた褐色で粒子が荒く，水分離してもほとんど細粉は集まらない．

---

* べにがらは紅柄，または紅殻とも書かれる．かな文字で書くとかな書き中に入ると読みづらいので以下「紅がら」と記載する．

二三酸化鉄のものより四三酸化鉄のものの方がやや軟らかく，ガラス面のつやが良いのでレンズ工場で賞用されている．

通信販売されている紅がらは良質のものが多く，そのまま用いられるものが多い．

紅がらは400g前後の箱入り単位で販売されているが，極めて少量しか必要ないので分売されているレンズ研磨用を求めるのがよい．

良質の紅がらでも，ガーゼに脱脂綿を厚さ5mmほどにしてはさみ，これで水でといた紅がらをしぼり出してこすとか，容器で良くぐつぐつ紅がらを煮てから放置し，上づみの紅がらを水と共にガラスビンにたくわえる．

煮るときに出る泡はすくい出してすてる．

2　酸化セリウム（CeO_2）

商品名セロックスというアメリカ製が著名である．

バラ色をした重い粉である．

紅がらに代って急速にレンズ研磨用に使用されてきた研磨材である．

紅がらにくらべ高価であるが，研磨速度が早く，かつレンズや鏡面の端の曲りが少ない特長がある．

紅がらとくらべ，まわりを汚すことも少ない．

アメリカ製のセロックスは良く粒度がそろっていて水分離の要が全くない．

安価なもののうちには荒い粒子が混入していて使用できないものもある．

酸化セリウムはガラス面の研削用にも使用ができ，極めて微細なすりガラス面が得られる．

これを利用して例えばシュミット・カメラの補正板の修正などに利用することができる．

酸化セリウムは良く切れるだけに研磨されたガラス面のつやは紅がらがやや優る．

また研磨痕を作りやすいことも欠陥ではあるが，これは良く切れるために起きる相対的な結果に外ならない．

3　その他

反射鏡はレンズ以上に面が滑らかにつやが良い面である必要上，前記の2種

の研磨粉以外にはあまり用いられない．

　最近アメリカで用いられ始めたものに商品名バーンサイトという酸化物の複合体でチョコレート色の細粉がある．

　紅がら，セロックスのいずれよりも粒子は細い．

　研磨中の細粉化はセロックスより遅く，紅がらよりやや遠い．

　当りの軟い粉で，研磨面の光たくが良く，性質は紅がらとセロックスの中間でセロックスよりのようである．

　筆者の使用経験が浅いので詳しくはお伝えできないが，前記のような興味のある特長を示しているため使って面白いものがある．

　価格はセロックスよりやや安価である．

4　紅がらと酸化セリウムの優劣

　前項までに両者の特質についてほぼ述べてきたので，実際使用上の優劣について説明する．

　すなわち，磨き上げるまでは酸化セリウムが勝るが，整型，とくに小口径長焦点鏡では紅がらが使いやすい．

　ただし，整型に用いる紅がらは一度使用し細粉化されたものである．

　整型用には，一度使用して細粉化された酸化セリウムでも，紅がらに比べるとなお良く磨きが進む．

　同一のピッチ盤で，磨き上るまでは酸化セリウムを使い，整型には一度使用した紅がらを用いることは何等支障がない．

　この引継ぎ使用は極めてスムーズに移行する．

　口径の大きな鏡面や短焦点鏡，硬いパイレックス材使用の鏡などでは，整型の中途まで酸化セリウムを用い，仕上げに紅がらを用いることも整型時間短縮に役立つ．

　紅がらは研磨速度がおそいだけに初心者には整型に使いやすく，リングや痕の発生も少ない．

　しかし鏡の角を曲げやすいことは欠点の最大のものである．

　もし整型時に，新たな紅がら粉と一度使用した酸化セリウムを比較するとすれば，これは後者が優る．後者は研磨速度が速いので，リングなどを作りやす

く，ことに中央の山を除くことなどには小口径長焦点鏡ではピッチ盤次第といえるほど難しさもあるが，面のつやも良く，スリークもない面が得られる．

一般にピッチ盤の凹凸に対しては酸化セリウムが敏感に反応する．

一度使用した研磨粉を整型に使用するよう強く求めることは最初の鏡を作る人に対しては酷であるが，美しい鏡面を得るためには必要なことである．

5　粗製紅がらの精製

品質の良い紅がらや酸化セリウムが得られる現在，ほとんどその要は失われたが，何等かの事情により必要のことも起り得るので以下要点を説明した．

a. 細粉化　乳鉢で良くすりつぶす方法がある．適量の紅がらを乳鉢に入れ，少量の水を加えて練乳程度にねり，良くすりつぶす．

こうして良くすったものを次の (b) の方法によってさらに細粉を分離して用いる．

b. 煮沸法　深さのある金属容器に紅がらを入れ，水を 3～4 倍量加えて良くかきまぜてから，火にかけて 1 時間以上良く煮る．

このとき泡がうき上ればすくい出してすてる．

こうして充分煮てから静置し，冷えてから上層の紅がらをすくい取って使用する．

泡の無くなるまで煮ること，深さのある容器を使用し，荒い粒子を下方に沈めるようにして分離するのがよい．

c. 鉄製容器による焼成　錆や汚れのない鉄器，たとえばステンレス製フライパンなどに紅がらを厚さ 1cm ほど入れる．このとき水は全く加えない．

こうして置いて，強いガスの火などで焼く．

赤熱するまで焼くのであるが，紅がらがはぜてとび散るのを防ぎ，焼効率を良くするため，穴をいくつかあけたブリキ箱をかぶせるのが良い．

赤熱するまで焼き，鉄の棒で良くかきまぜながら，紅がらが色が濃くなって変色するまで続ける．

充分変色したころ加熱をやめ，さらに (a) や (b) の方法で精製する．

紅がらは比重も大きく，かつ粒子が大きいので，水分離ではほとんど集められない．

水分離は5分間くらいはかきまぜてから放置しないとその意義が失われ，荒い粉が混じるのであるが，5分も放置すると紅がらは優良品でそのまま使用できる品ですらほとんど底に沈む．

従って（b）の方法により，上づみの紅がらを集めるのがよい．

第3　研磨用ピッチ

ピッチが精密な光学面研磨に適していることは，古くニュートンがこれを用いて小反射鏡を自ら研磨したことで知られ，その後現在に至るまでこれが最良のものとして用いられている．

ピッチとは石炭や木を乾溜して得られたものの名称で，石油からの製品はアスファルトと呼ぶが，以下便宜上「ピッチ」と総称する．

1　石炭系ピッチ

数十年以前では所によっては石油系より入手しやすかったが，現在はほとんど入手できなくなり，かつ入手しても品質不良品が多い．

良質品は石油系に勝る．ガス会社の産出品は概して極めて粗悪なものが多く，ピッチ盤用には不適のことが多い．

良品には概して軟質の品が多く，色の深い純黒をしている．

化学薬品乾溜のときに産出するピッチは良質のものが多い．

質の改善は少量のコールタールを加えるが石炭系ピッチの良品と不良品の差は甚しく，質の改善ができないものも多い．

良質のものは鏡面に良く順応し，部分的な密着の差異が少なく，端までの密着が得やすい特長があり，石油系に勝るものがある．

2　石油系ピッチ

製造方法で異なる二種のピッチがある．

ブローン・アスファルト及びストレート・アスファルトという名称のものがそれである．

a．ブローン・アスファルト　　石油乾溜精製工程で，アスファルト分に蒸気を吹きこみながら精製したものである．

ブローン系は加圧に強く，研磨時に高い加重を加えても変形が少なく，早く

研磨が完了する特長がある．

また温度変化に対する抵抗も強く，多少温度が変っても面の変形が少ない．

この性質は道路舗装用に大変有利であるので，一般の建材店や石油製品販売店で売られているのはこのピッチが普通である．

レンズ工場でもこれは好ましい性質である．

　b．**ストレート・アスファルト**　　石油乾溜工程で真空分離法により製造されるものである．

この系のピッチは，ブローン系にくらべてやや粘性が低く，圧力や温度に対する変化に弱い．

しかしそれだけに質としては素直であって，圧力をかけて面を順応させることもやりやすく使いやすい点がある．

しかし実際上はそのいずれでも手磨きの反射鏡研磨では考慮する要はない．

両者の差異は例えば松ヤニの含有量や添加油でもちぢまるものである．

3　木質ピッチ

ウッドピッチというもので，通常松柏科の木材より乾溜して作られる．

かつてドイツピッチの名でわが国のレンズ工場で賞用されていた．一名スェーデンピッチともいう．

ウッドピッチは欧州で広く用いられ，有名なカール・ツァイス社などもこの系のピッチを使用している．

これに対して，アメリカの光学工業では石油系ピッチが開発され使用されている．

石油系と比べて著しい違いは，粘性が低くパサパサした感じが強く，欠けやすく付着力が大変弱い．

色は灰褐色がかった黒色から黄色まで種々ある．

こうした粘り気のないもろい質は，石炭系や石油系（アスファルト系には例が少ない）の場合のそれとは全く異質のものである．

むしろ粘性の低さともろさが研磨するガラス面と良く一致し精密な研磨面が得られるのである．

研磨速度は速く，研磨材の乗りが良い．

研磨時の加重には石油系のような抵抗力がなく，加重が過度となるとピッチ盤の端が曲る．

硬さの調整は松ヤニを使用する．添加する油は鉱物性油を加えると，ウッド系の特長である粘性の少ない点がやや失われてくるので，テレピン油を加えることが普通である．

ウッド系ピッチは，溶解するとき，高熱を加えると質が急速に悪化する．溶かすときの加熱は石油系よりもずっと注意を要する．

第4　ピッチの添加物

ピッチはその添加物によって質が微妙に変わり，使用に適するようになる．

1　松ヤニ

洋チャン，ロジンなどともいう．

一般に硬いので軟いピッチに加えて硬さの調整に使用される．

松ヤニを加えるとピッチは付着力が増し，鏡面に順応する性質が増すので，ピッチがすでに適度の硬さであっても，一定量の松ヤニは必ず添加する．

ことに石油系ピッチではその必要がある．

ウッド系では必ずしも添加しなくてもよい．松ヤニは精製品というものが良い．粗製のものは安価であるが砂などを含んでいて使用できないものが多い．

購入するときには，できれば粉になったものより，大きな塊りで透明の美しいものの方が砂などの混入がなく安全であるのでこれを求める．

2　鉱物性油

ピッチを軟らげるために用いられることが多いが，煮すぎて揮発性分が失われて来て粘りが不足したピッチには必ず加える．

特に石油系ピッチには，一度でも溶解したなら，ごく少量でもよいので必ず加えるのがよい．

一般にスピンドル油が使用されるが，他の例えばモービルオイルでもタービンオイルでもモータオイル等々用いられる．

しかしあまり粘っこいものでは泡を消すなどにあまり役立たず，ミシン油のように薄いものでは蒸発が早く不適である．

通常スピンドル油，なかでも自転車油程度か，これよりやや薄いものが適している．

ピッチが極めて硬いものの一種しか得られない場合には，重油，コールタールなどの少量を加えることで質の改善ができることがある．

3　植物性油

a. テレピン油　　ウッド系ピッチに主に用いる．目的ははピッチを軟らげるだけではなく，失われた揮発性分を補充するために用いる．

石油系には用いて用いられないこともないがスピンドル油に勝る結果が得られないばかりか，むしろ泡が多発するなど劣ることが多い．

b. アマニ油　　松ヤニを軟らげるために主として使用する．

純松ヤニだけでピッチ盤を作るときにはアマニ油で硬さの調整を行なうのが適している．

純松ヤニ製の研磨盤はピッチを含むものにくらべて使用しにくいが決して使えないものではない．

研磨に適度の硬さの範囲がややせまく，かつ研磨加重の巾がせまいが使用はできる．

アマニ油は木質ピッチには適している．

4　みつろう（蜜蠟）

蜜蜂の分泌物から精製した白色の潤い気のあるものである．

ピッチに少量加えると粘りが減少し取扱いやすくなり，研磨面に傷が発生しにくくなり美しいとの理由でレンズ工場で用いられている．

反射鏡のような大型の面では，みつろうを加えたことにより，ピッチ盤の中央が凹んだり，端で曲ったりするため，石油系ピッチでは使用は不用むしろ不適といえるものである．

ウッドピッチには，極めて少量，すなわち全量の5％以下にして用い，ピッチ面の荒びるのを防ぐこともある．

或いは，ウッドピッチの盤の表面だけ，良く溶けたみつろうを薄く筆でぬって用いることも行われる．

木質ピッチは種類によってはピッチ面が荒い粗面となり，強い研磨痕が発生

するものがあり，こうしたものに極めて少量使用すると良いことがある．

みつろうは高価であり，特に有効な点も石油系ではないので用いないのが普通である．

5 貼付用ピッチ

石油系ピッチでも単体では付着力が弱いので，松ヤニをまぜる．

松ヤニだけでは貼付力が不足したり，圧力に強いようにするためには，さらに封ろう，石膏をまぜる．

一般に用いる貼付用のピッチは，ピッチ 70％，松ヤニ 30％ 程度をまぜ合わせたもので，針入度 5 ～ 10°，すなわち研磨用のピッチ程度の硬さで使用する．

特殊な貼付用については第 4 章平面鏡のところで説明する．

6 研磨用材の所要量

研磨用材の所要量は，経験の度合いによって大差があるので，定めにくいが，失敗も加えて初めての人が，15cm 鏡を製作するに要する分量を少し大目に見て示したのが表 6 である．

最初に鏡を作るときには，セットとして販売されているものを利用すると便利である．

後にさらに鏡作を行うとか，或いは失敗して不足する品が生じたときには買い足すのが無駄を少なくする．*

表 6　15cm 鏡用研磨材料表

品　名	規　格	数　量	備　考
カーボランダム	♯ 120	1,500g	ふちずりを含む
エ　メ　リ　ー	♯ 250	500	〃
〃	♯ 500	150	
〃	♯ 1000	100	
〃	♯ 2000	100	
紅がら又はセロックス		50	
ピ　ッ　チ		1000	できれば硬軟 2 種
松　ヤ　ニ		300	
スピンドル油		50cc	自転車用油さし 1 本

* 鏡材及び研磨用材料をセットとし下記で取り次いでくれる．滋賀県野洲郡中主町木部　木辺特殊光学研究所

第3章　鏡面の製作

　以下説明する鏡面製作法は，手磨きで，同じ直径のガラス材をすり合わせ，上になるガラスの面に凹面を作り磨くもので，下向研磨法といわれ，また同径のガラス板とすり合わせて作るので「ともずり法」ともいわれる．

　下に置いてすり合わせるガラス材を道具ガラス（tool grass）又は盤ガラス，或いは単に盤という．

　これに対して，上方にて手に持って下面に凹鏡面を作るガラス材を鏡材または鏡ガラスという．

砂　ず　り

　鏡作の第1歩は，盤ガラスを台上に固定し鏡材を手に持って盤ガラスとカーボランダム等の荒い研磨砂を用いて鏡材の一面に所要の凹面を作ることに始まるのである．

第1　研磨運動
　作業に着手するに先立って，鏡面研磨作業に用いる研磨運動についてまず説明する．
1　基本研磨運動
　基本となる研磨運動は，つぎの3運動であって，これを同時に連続して行うものである．

　a.　基本前後運動（以下「第1運動」という）　　盤ガラスに鏡材を正しく重ね合わせた位置から，手前に鏡材の直径の1/3，すなわち作例の15cm鏡では5cm鏡材を引き，ついで元にもどす．

　この直線運動をくりかえす．

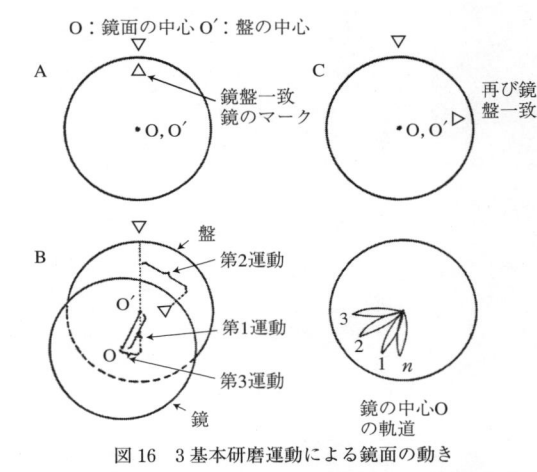

この運動で鏡材は中央部に重みが多くかかって多くすられるので，次第に凹面となってくる．

この運動では，鏡径の 1/4 乃至 1/3 の運動量が基本の量である．

a. **短運動**　鏡径の 1/4 以下，例えば 15cm 鏡では 3cm だけ手前に引いて元にかえす運動をいう．

図16　3基本研磨運動による鏡面の動き

b. **長運動**　鏡径の 1/3 をこえる運動量をいう．長運動は極めて限られた場合にしか用いられない．

c. **鏡の先方につき出す運動**　盤の前方に多少鏡材がつき出ることは何等の支障はない．

ただ，径の 1/3 をこえて多量のつき出しとなること及び先方の鏡の端に力が多くかかって，つきかけるような運動は悪作用を鏡面におよぼすので行わないように良く注意する．

b. **基本回転運動**（以下「第2運動」という）　第1運動を行いながら，鏡材を一方向に回転させる．

その方向は，右利きの人なら盤に向って右まわり，左ききなら同じく左まわりが作業しやすい．

この運動の量は，第1運動10回につき1回転を鏡材が行う程度かその前後くらいが行いやすいようである．

この量は多少増減しても支障はない．

c. **基本周回運動**（以下「第3運動」という）　第1及び第2運動を行いつつ，作業者が盤の周囲をまわる運動である．

この場合，作業者は動かないで盤の方を回転してやってもよい．

通常右ききの人なら，盤に対して左へ左へと廻る人が多い．これは逆でもよ

46 反射望遠鏡の作り方

A カーボランダム散布

B 鏡面でのカーボランダムのならし

C 鏡材を手前に約1/3径だけ引く（第1運動）

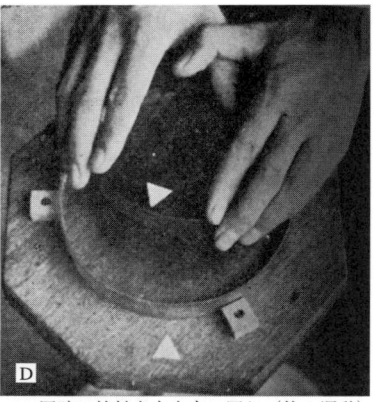

D 同時に鏡材を右方向に回し（第2運動），作業者も同方向に少し回る（第3運動）

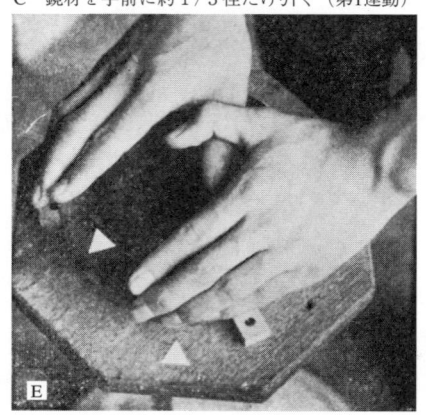

図17 鏡面研磨作業（荒ずり）
　　　CよりEの研磨運動はそれぞれ独立して行うものではなく，相関連して連続して行う

E また鏡盤一致まで返す

いが，鏡材を右まわりに廻すときには，同一方向に作業者が廻る方がまわりやすいことによる．

もし盤の方を台ごと廻すときには左廻りに台をまわすことが多い．

第3運動はどれくらい行えば良いかは定まったものはない．

およそ1～2分間に1回か，それ以下でも良い．

以上の基本運動を行うことによって，鏡面と盤面はあらゆる面に均等に研磨作業が及ぶ．この点は手磨きでも機械研磨でも必要性に差はない．

2　応用研磨運動

応用研磨運動の代表的なものに次の運動がある．

a. 横ずらし研磨運動　　オーバーハングとも単に横ずらし法ともいう．

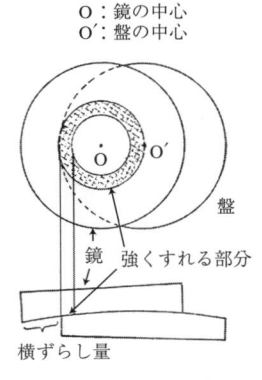

図18　横ずらしと研磨作用　　　　　図19　横ずらしした状況

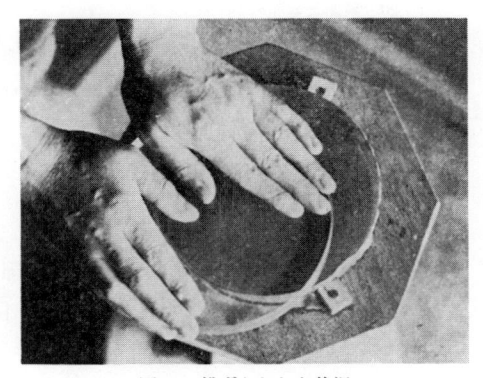

図19のように，鏡面を盤の横にずらし，鏡面の一部を盤外にはみ出して3基本運動を行う研磨方法である．

この研磨運動を行うと，とくに鏡面の盤の端にかかる附近で強く研磨作用が及ぶので，中央は早く凹む．

この方法を用いて荒ずりを行うと，基本の3運動を正しく行った結果よりも大巾に早く所定の凹面が得られる．

しかしそれなりに他への影響も大きい．

すなわち，横ずらし研磨を行うと，鏡面の中央部が急激に凹んで，中央の球面半径が端のそれよりずっと短い，いわゆる双曲線面の強いものが生じ，一方

盤ガラスでは凸面の曲率がこれに伴なわず，鏡面より浅い球面のままである．

このため，中央部に盤と鏡面の間で空隙が生じ，第1運動に鏡と盤が一致する手前で強いひっかかりが生じ，中央部に大きな気泡が生じる．

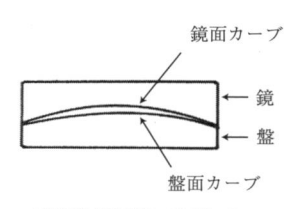

鏡面カーブ
鏡
盤
盤面カーブ

図は強く誇張して示してあるが，実際は極めて僅かな差でも支障を生じる

図20　鏡面と盤面の不一致

図21　鏡盤不一致による中央の気泡

この度が強くなると，研磨運動が不能となる．

研磨砂が細かな段階になると，鏡と盤が喰いついて離れなくなる事故が生じるので初めのときには荒ずりにしか用いないがよい．

こうした恐れはあるが修得しなければならない最も重要な応用研磨技術であるので，各論のときに必要のつど説明する．

　b．楕円研磨運動　　基本第1運動が直線でなく，鏡の運動が楕円運動となるもので，研磨運動に未熟のうちには量は小さいがこの運動が知らずしらずにはいることが多い．

特殊な目的では行うことがあるが，手磨きでは一般に使用しない．

　c．反転研磨（上向き研磨）　　下向き研磨とは逆に，鏡材の鏡面となる面を上向けて下に置き，盤を上にして研磨するのを上向き研磨といい，また通常下向き研磨を行うことに対する反転研磨などともいう．

大口径鏡ではこれが通常のものである．鏡材の著しい重量のため下向き研磨は行うことができないからである．

小口径の手磨きでは，鏡面が凹みすぎたときに，焦点距離を伸すために通常行われる．

以上が応用研磨運動の基本的なものである．基本3研磨運動と共に作業にとりかかる前に良く理解しておくようお願いする．

第2　作業準備
1　研磨台

15cm 鏡の研磨には，かなり強い力がかかるので，重くて丈夫な研磨台が必要である．

研磨台には，基本第3運動を行うため，作業者が台のまわりを回るものと，研磨台の方を回して作業者は動かないものがある．

図22　固定研磨台

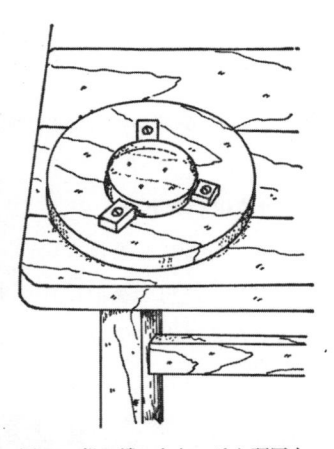

図23　机の端にとりつけた研磨台

図22 は前者の例である．大きなプラスチックのたらいにセメントをつめて，柱を立てたもので，その重量によって安定をはかるものである．

径 60cm のたらいでも 15cm 用には少し重量不足であるので，重りをさらに加えて用いる．

他に例えば庭の隅に土中に柱をたてるなどして作られる．

図23 は，テーブルの1隅にとりつけた回転式の研磨台である．これは作業者が台を手で少しずつ回して基本第3運動を行わしめるものである．

研磨台の軸は 20cm 鏡を磨くときにも径 3mm の釘の頭を取ったものを台に打ちこみ，軸受穴はテーブルにあけた同径の穴で充分なものができる．

この式は相当な力を加わっても安定が良く，かつ研磨台ごと取りはずして洗い場で良く洗うことができるなどの特長がある．

2　盤ガラスの台への取り付け

荒ずり及びピッチ磨きでは，鏡盤の間に相当強い力が加わるので，盤は動かないよう台に固定する．

固定には図23のように3方に木片をネジで取り付け，1か所に木製クサビをつけて動かないようにするのがよい．

なお，盤の下じきにビニールをしいて置くとカーボランダムの微細な粉が木目などにはいりこみ，ピッチ磨きのときに出て来て傷を作るなどの恐れが少なくなる．

研磨台は，砂ずり用とピッチ磨き用は別にして2個用いるのが傷を防いでよいのである．

3　研磨用ハンドル

荒ずりでは特に必要はないが，ピッチ磨きでは必要となる．

ハンドルは鏡材の裏面にピッチで貼りつける．ハンドルに大切なことは，型が適当であること，すなわちつかみやすく，長い研磨作業中にも指などを痛めないものであることである．

その例を図24に示した．ハンドルを1本の真直ぐな棒で作ったり，巨大でほとんど鏡材をおおう大きさで作ったりするアマチュアもあるが，ハンドルは下の広がったもので，鏡材の裏面につけるところの径は鏡材径の40％程度の径となるものが適している．

図24　研磨ハンドル

ハンドル径は鏡径の1/3以内では小さすぎピッチがはがれやすい．鏡径の1/2くらいまではあまり支障はない．

ハンドルが高すぎると，鏡材の先端をつきかける作業が起きやすい．

ハンドルは硬い木で作るのが作りやすく結果も良い．金属製もあり，専門工場で使われている．

ハンドルをピッチで貼りつけるには，ハンドルを充分熱して溶けたピッチをぬりつけ，鏡材も少し加熱し（約 50～60℃）ておき，ピッチの表面を火にかざして少し溶けるようにあぶり，すばやく鏡材におしつける．

ピッチの加熱とガラス面の温度が不足するとピッチの付着が充分でなく斑らに気泡がのこる．

すりガラス面のときには，スピンドル油などの油をわずかに与えてはりつけると良くつく．

貼付用ピッチは前述の松ヤニのみ加えたピッチでよい．硬さは爪でおして型がわずかに付く程度がよい．

ハンドルにピッチを全面につけたいわゆる「べたばり」ではなく，小部分で何か所かにピッチをつけたものでもよく，鉄製の金具（後述）では通常この方法でつけられる．

とくにハンドル径が鏡材径の 1/2 にもなるものでは部分ばりがよい．

ハンドルは突然はずれ，鏡を取り落す事故がおきる．こうしたときには，良く見るとピッチとガラス間に水がしみこんでピッチが剥離しているのがわかる．従って良く注意しておく．

第3　荒ずり

1　基本作業

荒ずりは使用する砂のうち最も荒い砂を用い，必要な凹面，すなわち目的とする焦点距離となる凹球面を作るのが目的である．

なおあわせて鏡面と盤面のカーブがほぼ一致し，次の砂の段階での作業に支障がないようにしておく．

作業の順序は次のように行う．

(1)　研磨台に取り付けられた盤上に，＃120 カーボランダムを水と共にスプンで散布する．

(2) 鏡材の鏡面を作ろうとする面（以下「鏡面」という．）をその上にのせる．

(3) 鏡面でカーボランダムをならす．

(4) 鏡材を両手でしっかりもって研磨の基本運動を行う．（図17A-D参照）

(5) しばらくすると砂がくだかれて切れなくなり，盤外にもおし出されて不足してくるので新たな砂を補給する．

以上のようにして作業を続けると，鏡面は次第に凹んで来て凹面となり，下の盤に凸面が生じる．

凹みが浅いときには，ステンレス定規などを鏡面に当て，横からすかして見るとわかる．

2 注意事項

(1) 砂にまぜる水は多すぎると，研磨に働かないまま盤周に流れでる．水が少なすぎると砂が盤面に良く行きわたらない．

適度の水の量となるよう心がける．

(2) 鏡材にかける力の方向は，基本3運動では均等にかけるのが原則であるが凹むのが遅い．

それで荒ずりに限って，手前の盤の端に多く加重されるようにすると早く凹み能率的である．

(3) さらに早く凹ませるには，楕円運動や横ずらし運動を行うが，中央が凹みすぎて鏡面と盤の間に空隙が生じ，鏡面が強くひっかかるようになる．このようなときには，次項で述べる修正を行う．

(4) 鏡面の角がへって尖って来るので，早目に角のすり取りを行う．

盤も角が尖ってくれば角取りを行う．

3 横ずらし研磨作業

荒ずり中の横ずらし作業は，これによって起きる支障の対策さえ心得て対処すれば恐れる必要はなく，極めて効率良く凹面を作ることができる．

a. 荒ずりにおける横ずらし量　15cm鏡では，端から4cmくらいを盤外に出し，これより内外に約1cm巾を移動しながら基本3運動を行い，これより少ない横ずらし作業をまじえながら作業する．

さらに横ずらし量を多くすれば，早くは凹むが，鏡材をとりはずしたりする恐れがあり熟練しないうちは用いないがよい．

鏡面に加える力は，横ずらした側に多くかかるようにすると早く凹む．力をかけすぎて鏡面をはずすと，面に大傷を生じたり盤の端を欠いだりする．

横ずらしの量は固定しないで，連続して量を内外に移動させる．

b. 双曲線面の修正　図20に示したように，鏡面の中央部が凹みすぎた面を双曲線面と呼んでいる．

この名称は，数学的に正しいものをいっているのではなく，鏡面の端より中央の球面半径が短くなっているものの俗称であることをおことわりして置く．

修正は次のようにして行う．

a. まず砂を盤にできるだけ全面に均等に行きわたるように散布する．

研磨の第1運動量は短運動とし，鏡径の1/5程度で，圧力を正しく全面均等に多くかけて行う．他の2運動はもちろん行う．

このとき横ずらしは行わない．

b. さらに盤と鏡面を正しく重ね合わせておき，鏡面を左右にねじまわす回転運動をまじえる．これには加重を全面均等となるよう多くかけて行う．

以上の作業をくりかえすことで鏡面と盤は急速に一致して来る．

砂が荒いと完全には鏡盤は一致しないものである．次段の砂で支障が発生しない程度に球面化していれば良いのである．

第4　砂ずり中の焦点距離の計測

砂ずり中における焦点距離をはかるには，つぎの各方法がある．

1　太陽像による方法

鏡面に水をつけ，すばやく壁面などに太陽の反射像を映し出し，像の最も小さくなるところで，鏡面と像までの距離を計れば，それが求める焦点距離となっている．

このとき，太陽と像の鏡面となす角度が大きくなると誤差が増大するので，これをできるだけ小さくして計る．

図25-Aのような簡単な器具を用いると，さらに便利である．

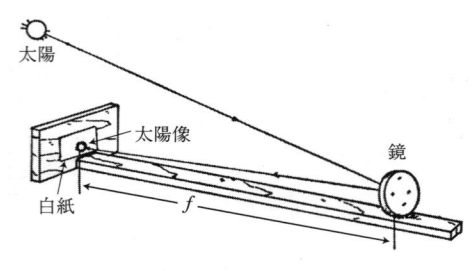

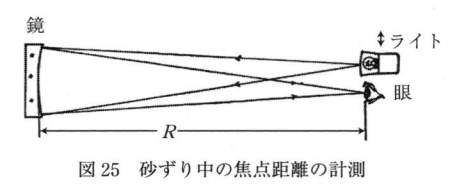

A 太陽像による方法

B 球面半径の測定

図25 砂ずり中の焦点距離の計測

太陽の反射像はどこが最小かは初めはわかりにくいが，なれると或る程度正しい判定ができる．何回かの平均をとれば，誤差1cmくらいで焦点距離がわかる．

2 球面半径の測定

球面半径がわかれば，その1/2が焦点距離である．

図25-Bのようにランプを眼の横にかまえ，鏡面から眼と等距離になるようにして，水でしめした鏡面の反射光をさがす．

反射光が見つかれば，ランプを少し横に移動して見て，反射像の動く方向を見る．

ランプを動かしたと同じ方向に反射像が動けば球心内であり，逆方向に動けば球心外である．

こうして鏡面に対して前後して，反射像が鏡面全面に輝き，ランプを横に移動して見てもいずれに動くか良くわからないままゆらめくところを求めると，その位置が球心であるので，そこから鏡面までの距離（R）を計れば，その1/2が求める焦点距離である．

この測定での誤差は，荒ずりで約1cm以内で太陽像よりもやや少ない．

3 球面定規

焦点距離は球面半径の1/2であるから，球面半径に等しい半径で切りぬいた定規を作りこれを用いて計る方法がある．

これには，1端にナイフを固定した木棒を用い，他の端にナイフよりの距離が求める球面半径に等しいところに釘などで軸を作り，この軸を中心にしてナイフでプラスチックの板などを切りとって作る．

紙では水に濡れると駄目になるので，プラスチックの薄板や，或はガラス切

りを用いて薄いガラス板で作る．

この定規の凸側で鏡面を，凹では盤面を計る．この定規での誤差はやや大きくなる．

4　球面計

三本脚かリング足で中央の計測針がネジ式とダイヤルゲージ式の二種が用いられている．

ネジ式では1回転1mmのネジに円盤を100等分した目盛りのあるダイヤルを付け，1/100mm以下まで目測できる．

ダイヤルゲージ付きでは1/1000mmまで読み取れるものまである．

精密な計器であるが誤差が生じやすいので取り扱いは充分心得て注意して行うべきである．

すりガラス面に計器をのせ，ずらすなどのことは厳につつしむ．

誤差が生じると平面又は球面半径のわかっている面で修正ができるようになっているが，むしろ計器を調整するよりも修正表を作って使用する方がよい．

A　三本脚式球面計　　　　B　ダイヤルゲージを用いて
　　　　　　　　　　　　　　　自作した球面計　小島　信久氏

図 26　球面計

クロノメーターを使用するときの例にならうのである．

測定誤差は，脚の半径に逆比例し，また焦点距離に比例して増す．

脚の半径4cmほどの一般に学校などで用いられているものでは，15cmF 8鏡程度では誤差は前記2のものとほぼ同様になるが球面半径が長くなるとこれに劣ってくる．

5 正確な焦点距離の製作

予定焦点距離の1%以内に鏡面を作る必要があるときには，計器ではこれを満すことは不充分であるので，♯500より♯1000の砂ずり中にピッチ盤で仮磨きを行い，後述のフーコーテストで球面半径を計り，求める焦点距離となるよう作業を進める．

こうした作業は大変時間と労力及び別に1面ピッチ盤用の材も必要となる．

こうして作っても0.1%以内の誤差で作ることはほとんど偶然をまつほかなく，大変な作業であり，意識的には0.5%の誤差でも容易でない．

自作の場合は，焦点距離の10%程度の差は大した問題とするに足りない．

だだあまり大きく予定よりはずれないようにすれば良い．

第5 中ずり

砂ずりにおいて荒ずりと最後の仕上げずりの間の各段の砂ずりを総称して中ずりという．

1 第2段階の砂ずり

作例の15cm鏡では荒ずりの次は200〜250番となる．

まず鏡，盤，台も良く洗って，荒ずりの砂が完全にないようにする．

こうしてから砂を補給して基本3運動を行って作業を進める．

この段階に入ると，荒ずりでは球面化ができていたと思われる面が，中央部で密着が悪く，鏡盤が一致するところで引っかかりが生じることが多い．

このときには，前項で説明したように短運動で修正する．

この段階で必要なことは次の点である．

(1) 荒ずりの砂目を完全に除く．
(2) 球面化をさらに進めて全くひっかかりを無くする．
(3) 焦点距離を目的とするものに近づけ，目標より3〜5cm程度長目となるようにする．

荒ずりの砂目を完全に除くには，通常 30 分以上を必要とする．

研磨に加える圧力（研磨加重）が少ないと除くのに長い時間がかかる．

15cm 鏡では数 kg の加重が必要である．

これは鏡材の面積 1cm^2 当り 40g 程度となる．

この加重は，砂が細かくなると減じる．通常 1cm^2 当り 30g 程度とする．

砂穴の除き工合は，図 32-A を参考にして検査する．

焦点距離が短かすぎたら，反転ずりを行って延す．

もし長すぎれば横ずらしで凹ませ，球面化作業を行って球面にもどす．

2　第 3 段階以後の砂ずり

第 3 段階が 250 番より細い砂のときには焦点距離はもう大きく変化しないので，この段で予定焦点に近づけておく．

しかしわずかではあるが，基本 3 運動を続けると，ぜんじ焦点距離は短くなるので，この段では約 2cm くらい長くしておくとよい．

横ずらし法による焦点距離の短縮は，250 番から 500 番までは行うことができるが初めてのときには 500 番での横ずらしは行わないように注意する．

これは鏡盤の喰いつきが恐ろしいので特に注意したいものである．

250 番でもカーボランダムを用いると初めての作者にはその恐れが多いので，行わないのが安全である．

球面化及び砂穴の除去は充分に行ってから次段に移る．

第 3 段階以降では，砂穴の除去は各段で 20 分間以上は必要である．通常 30 分間かそれ以上かかり，砂が切れないと 1 時間以上もかかる．

この段階では，第 2 段階以前の深い砂目が残っていると著しく目立ってくる．こうした深く大きい砂穴が残ったものでは，後もどって中ずりをやり直す必要がある．

基本の第 1 運動量は鏡径の 1/3 ではやや長すぎる．1/4 程度で行うのがよい．

加重は偏ることのないよう，均等にかけて行う．

細かな砂になると，補給して鏡面でならしただけでは気泡が残る．気泡をのこしたまま研磨作業を進めると，気泡は中央部に集まり消失しないことが多く，球面化が進まないことが多い．

このときには，砂を補給したとき，鏡面を盤上で回転させながらずらして気泡をおし出して後研磨運動にかかるのがよい．

こうして気泡をおし出すと，鏡面が盤に一致する直前にひっかかることが多いであろう．

これは鏡面の中央が凹みすぎているのである．

このときは短運動でこんどは加重を減じて作業を行う．

このときには間違っても強い加重と長運動は行ってはならない．

このことは特に注意をお願いしておく．

強い加重は荒ずり，又はその次の段までで必ず止めるのである．

以上の作業を数分行えば，ほぼ引っかからなくなるものである．

なお引っかかり現象が取れないなら，鏡径の 1/5 以内の短運動で引きつづいて作業すれば引っかかりは取れてくる．

第6 仕上げずり

砂が大変細くなるので，特に第1運動は短か目に行う．通常鏡径の 1/4 以内で作業する．

砂を補給したら気泡をよくおし出してから作業する．

加重の均等化には良く注意し，加重は 15cm 鏡で 4〜5kg，$1cm^2$ 当り 20〜30g として作業する．

前段，すなわち 800〜1000 番の砂穴が取れたかどうかはルーペで見ても判然としない．

1500〜2000 番を終れば，軟い青ガラスでもすかして向うの物がかなり見えるようになる．

硬いガラス，とくにパイレックスや石英ガラスではほとんど素通しとなる．

裏面が磨いた鏡材では，鏡面から 2m ほど離れた裸電球をうつすと，磨かれた裏面からの丸い電灯像が青ガラスでも表面にうかぶ．

この像を中央から端へと移動させると，端の研磨不足状況が強ければよくわかる．

仕上げずりが充分に行われていても鏡周部は中央部にくらべて砂目はやや荒

いのが普通である．中央部では砂の細粉化が早く進むためである．

砂目は通常下向研磨では鏡周にのこる．

検査して見て，良く砂目がそろったと思ってから今少し作業をしておくのが安全である．

第7　砂ずり中の事故
1　鏡面と盤の喰いつき

砂ずり中で最も恐しいものは鏡盤の喰いつきである．

喰いつきは荒ずりではまず発生しない．

♯250砂になると起きることがある．喰いつきが発生するのは，
(1) 引っかかりが鏡盤一致の直前にある．
(2) 水が切れかかったとき又は切れたとき．
(3) 砂が細かくなるに従って起きやすい．
(4) 研磨加重を加えすぎたとき急激に発生する．
(5) 砂が少なすぎて水が多すぎた補給直後に発生する．

等が単独又は競合して発生する．

青ガラスは膨張率が高いだけに，温い手を鏡の裏面に不用意に当てたときに起きることがある．

エメリー系にくらべてカーボランダムでは細粉化が速かであるだけに発生しやすい．

原因は中央部の細粉化が速く進むために中央部が粗となって真空化されて喰いつきが起きる．

砂が細かな段階になるほど，鏡盤一致の直前の引っかかりの有無及び水の切れかかりには余程注意しておかなければならない．

もし少しでも鏡盤一致のとき抵抗があるときには，第1運動を短くし，15cm鏡で2～3cm以内で行って除去をはかる．

喰いつきが発生したときには，次の手段を遅滞なく行ってみる．
(1) 直ちに水につけて，まわりを乾燥しないようにする．

これは早く行う．少しでも乾燥が進むとさらにとれなくなる．

(2) つぎに温度 60℃ くらいの，手をつけると少し熱く感じる温水につけて数分間おく．

こうしておいて温水から取り出し，木槌を用い，木片を鏡周に当ててこれを木槌で打ってみる．このとき盤は動かないようにして置く．

或いは木槌で打つかわりに，傾けて盤の端を木の上に当て，鏡周を両手でおして体重をかけておしてみる．

または少しななめにして盤の端が厚い木の上に当るようにしてくっついた鏡盤を落しつけ，鏡がずり下るようどすんとやってみる．

(3) さらに取れないときには，この作業をくりかえしてみる．

(4) さらに取れないときには，60℃程度の温水で充分温めておき，つぎに温度差が 30°～40℃ 程度低い水につける．

これはやや冒険で，温度差が 40℃ をこえると青ガラスでは破れる恐れが多分にある．

しかし，こうすればまずはずれる．

理由は鏡盤の球面半径が互に逆に強烈に作用し，はずれるのである．

(5) 無水アルコールにつけると取れやすい．

アルコールの浸透性と表面の熱をうばって鏡面と盤面の球面半径が互に逆に強まって作用するからと考えられる．

以上で取れないことはまずないであろう．

しかし，くっついたままで長く放置したりしてどうしても離れないものでは，鏡盤いずれを破壊すべきか迷う．

盤ガラスを救うが得ではあるが，鏡面を救いたい気持も強いであろう．

盤がすでに凸面となっていれば，次の鏡面の凹面の作成は早く行われるのである．*

2 その他の事故

ハンドルが急にはずれて鏡を取り落したり，鏡の角が尖って来て，物にあてて欠く事故が発生する．

---

* 15cmF 8 鏡では，盤がすでに凸面であれば，荒ずりで同程度の凹面を作るのに横ずらしを巧みに行えば 15～20 分間程度の所要時間である．

ピッチ盤を作るとき，冬などに起きやすい事故として，冷たい手で温かい盤や鏡材をつかみひびわれを起こすことも多い．

この事故は青ガラスに多く，パイレックスでは起きることはまず無い．

超低膨張ガラスでは赤熱して冷水に投げ入れても破損しない．

欠けは裏面であれば少しくらいのものは鏡面には全く無影響である．破れ口で手を切らないよう尖っていれば研磨砂をつけてガラス片などですり取っておくようにする．

鏡面が欠けこんだものは，製作中であれば鏡周を均等にすり取って，欠けまでの鏡周部をすり取ってしまう．

欠けが大きいとすり取るわけにはいかないので，裏面を用いて作り直すか，盤用とする．

ひびはどんなに小さくても悪質である．たとえ裏面がわずか1mm程度であっても，ひびは進行し拡大する．

これは直ちにすり取らねばならない．

ひびのはいった鏡面では，ジフラクション像に段層が生じ，焦点像にアスチグマチズム状を生じる．*

鏡面の欠けは，完成後に生じた場合，大きいと焦点内外に生じるジフラクション像に斑点が現われるが，焦点像への影響は思ったより少ない．

これらの事故は不注意で起きるものである．経験がつめば急激に減少する事故であり，良く注意さえしていれば初めから防ぐことができる．

ピッチ盤

砂ずりを終えたガラス面は，ピッチ盤を用いて磨き，透明な光沢面とする．

ピッチ盤には極めて大きな欠陥があるにもかかわらず，ニュートンが使用したといわれるとき以来，今日までこれ以上のものは見出されていない．

以下述べる製作法は石油系ピッチ（石炭系も同じ）のものである．木質系は多少異なった扱いを要するので，項を別に設けた．

---

* アスチグマチズムは略してアスともいい，乱視像のことをいう．

第1 ピッチの調合
1 ピッチの適当な硬さ

鏡面研磨にあたり，ピッチに必要な条件に硬さが適当であることをまずとりあげなくてはならない．

つぎに重要な条件に質の問題があるが，これは外見では判別が困難であって，使用してみないとわからない．

従ってピッチ盤に使用するに当り，まず硬さの問題が先行する．

ピッチの適当の硬さは，研磨するときの室温において適当であるということである．

ピッチは温度に敏感に反応して硬さを変え温度が数度も変化すればもはや使用できないようになる．

硬さについての基準にはつぎのものがある．

a. 針入度　　ピッチの硬さは針入度で表示されている．

針入度はひとつのよりどころとして役立つものである．しかしピッチには硬さの他の要件がピッチ盤として使用するときに働いてくる．

例えば粘稠度（ねんちゅうど）と呼ぶものがそのひとつである．

このちょっと解りにくい概念は，ピッチがある型を与えられたとき，その型を維持しようとする度合いのことであって，これがピッチ盤として使用するときに大きな関係をもつ．

或いはピッチ盤を作って見ると，中央部が凹む性質が強いため，硬目では使用不適である等のものがあって複雑な性質があり，針入度だけでは全てをつくすことはできない．

そうではあっても，重要なよりどころであることに変わりはない．

針入度は，光学関係では次のデータにより示される．

　　針入度表示

　　針の直径　1mm

　　加重　200g

　　時間　1分間

針入度　0.1mmの針入につき1°

温度　25℃

上記の針入度において，レンズ研磨の適度の硬さは，5°〜10°の間といわれている．

ピッチは針入度を示して販売されているので，購入のさいの規準になる．但し針入度は温度に関係し，特定の温度のとき何度という表示となっている．

b. 爪おしテスト　ピッチの硬さのテストとして，表面を爪でおしてその爪跡の付きぐあい或いはピッチの抵抗の工合いで判定するテストが一般に行われる．

人差し指の爪でピッチ面を2〜3秒少し力を加えておしてみる．

このとき，爪がわずかにピッチにはいって凹みをつくる程度の硬さが適当であるとされている．

言葉で正確に表現することのほとんど不可能なテストであるが，熟練者ではほとんどこのテストによって硬さをしらべ，結果として間違いのないものであることが普通である．

爪跡がほとんどつかないものは硬すぎる．また爪がめりこむものは軟らかすぎるのであるが，この両者の間の度合いは表現が難しい．

熟練者は，爪の跡の深浅だけでなく，爪でおしたときのピッチの抵抗を鋭敏に感じ取りこれと合わせて適否を判定する．

c. ピッチ棒によるテスト　長さ30mmほどで径3mmくらいのピッチの棒を作る．このピッチ棒が研磨室内と同温となったとき，親指と人指し指の間にはさんで折ってみる．

このとき，ピッチ棒が約20〜30°曲って折れるくらいが適度の硬さである．

もし曲らないで直ちに折れたら硬すぎ，曲ったまま折れないようなら軟らかすぎる．

このテストは爪おしテストよりも判りやすいので，初めてのときにはこの方でテストをするのがよい．

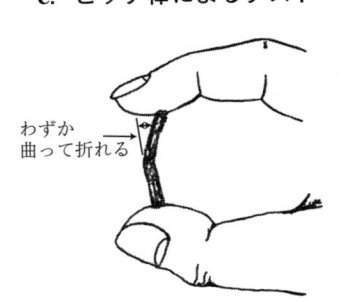

図27　ピッチの棒テスト

わずか曲って折れる

この他ピッチを口中で歯でかんで見て質をたしかめるテストなどもある.

針入度テストは，テスト器具がわりあい自作容易であるので，製作して研究されるのも早くピッチの適性をつかむ助けになるであろう．筆者も昔行ったが，実施がわずらわしいのでいつしか爪おしテストになったが，良い経験になった．

ピッチは鏡径に応じてわずかではあるが硬さをかえる．

すなわち，小口径ではやや硬目とし，口径が増大すればぜんじ軟らかくするのが手磨きでは経験上適していることが知られている．

これは研磨のさいの加重に関連することに主な理由がある．

小口径鏡では研磨加重が多すぎることが手磨きではしらずしらずに起きるので，やや硬目にして用いるのが適しているのである．

研磨加重とピッチ盤の関係については後述する．

2　ピッチの調合

a. 適当な調合例　ピッチの硬さの調整は，松ヤニの一定量，すなわち30％程度を加え，硬さは硬軟のピッチのまぜ合わせで行い，最終的にはスピンドル油の少量添加で目的とする硬さになるように行うことが望ましい．

このためには，例えば気温10℃より30℃までの間で使用するピッチとしては，

針入度　$2°\sim 3°$

〃　　$5°\sim 10°$

〃　　$15°\sim 20°$

の三種が最低として望ましい．

しかしこのようなピッチは通常入手はできない．石油販売店や建材店等では1種か2種類のそれも軟らかいものでしか得られない．

自由な硬さのピッチは，レンズ研磨用のピッチとして入手できる．

しかし，分売の最少量は1kgかそれ以上であり，多量使用の要がないときには困惑する．

ピッチが1種だけしか入手できないときには次のようにして用いる．

b. 硬いピッチ1種の場合　爪あとも全くつかない極めて硬いピッチのと

きには，コールタールか重油をわずか加える．

スピンドル油のみでの軟らげでは質が劣化して使用不適となることが多い．

やや硬い程度であれば，スピンドル油だけで軟らげる．

松ヤニはこうした硬いピッチのときにでも必ず加える．その量は最低20％以上にする．

c. 軟らかいピッチ 1 種の場合　松ヤニを加えて硬くする．

松ヤニを50％以上加えてもなお軟かすぎるピッチでは，そのときの気温下では使用に適しない．

夏期にはこうした例は多い．この場合には思いきって松ヤニを増して使用するか，秋まで待つかである．

松ヤニが80％をこえるとピッチ（もはやピッチとはいいがたい）は褐色がかってくる．

こうしたピッチ盤では溝が作りにくく，ピッチは大変欠けやすいものとなり取り扱いにくくなる．

このようなピッチ盤では，硬目にしておくのがよい．松ヤニの量が増すと加重に弱くなるからである．

d. ピッチの溶解容器　ピッチを溶かす容器は少し深さのあるもの，例えばミルク沸しなどが適する．

容器に深さがあると，砂つぶなどのまじり物が底にしずむのでピッチ盤をつくるときにこれらが混入しない利点がある．

e. 加熱温度　ピッチを溶かすための加熱温度は，強すぎることのないようにしなくてはならない．

電熱器に直接容器をかけて溶かしたり，甚しいときにはガスの焔を容器に直接当てて溶すなどは極めて不適である．

ピッチの溶解に加える温度の限界はほぼ250℃で，これ以下となるように行うことはピッチの劣化を防ぐ上で必要なことである．

時間はややかかるが，この温度でピッチは充分溶解する．

強火で溶解するとピッチは強い煙を上げて有用な含有成分が蒸発し，質が劣化する．

このようにして溶かすと，スピンドル油の補給で質を回復することはできないものとなる．

ピッチが特に木質系では厳格にしなければいけない．石油系での劣化よりも著しいものが木質系ピッチにはある．

f. 攪拌 溶けたピッチは，加熱を続けながら木か竹の棒で充分にかきまぜる．

新たにピッチや松ヤニを加えて溶かしたときはもちろん，スピンドル油を加えたときにもよくかきまぜる．

これは時間をかけて充分に行う．

こうして注意して均質化を図ってもピッチ盤に作るとなお完全に均質ではなく，部分的に不等であるのが普通である．

g. 泡の除去 新たにピッチを調合して溶すときや松ヤニを加えたときには特に強く泡立つ．

泡を消すには，ピッチを良く煮るといって長い時間をかけてゆっくり加熱し，溶解の状態を保つことで泡を減少させる．

長く煮るといっても，数時間もかけるのではなく，僅々2時間以内で煮る．

良くかきまぜることも泡を消すことに役立つ．

こうして煮ていても泡は完全には消えないので，一度ピッチを冷やす．

完全に冷す必要はなく，表面が流動するくらいまで冷やせば泡はほぼ消えるものである．

次に加熱するときは，ゆっくりと行って泡立ちを防ぐ．

強熱すると強く泡立つので，充分ゆっくりと加熱する．

早く泡を消すには，充分溶けて泡立つ表面にスピンドル油をわずか数滴たらしてやる．

こうすると泡は見る見る消えて行く．

泡を多くのこしたままでピッチを流しこむと小穴だらけのピッチ面となり，支障を来すこともある．

泡は1個も無くするということはできないまでも，可能なかぎり少なくするようにつとめる．

第2 ピッチ盤の製作

ピッチの硬さの調整が終り，泡も消えたならピッチ盤を作る．

ピッチ盤は，盤ガラスを使用し，鏡面とすり合わせた凸面に溶けたピッチを流し，鏡面で型とりを行って凸面のピッチ面を作り，この面に研磨液がよく行きわたるよう溝を作り最後に鏡面で型直しを行ってピッチ面を鏡面に精密に一致させて完成する．

この作業は説明では簡単であるが実際には種々支障が多い．

以下作成の順序によって説明する．

1 ピッチの溶解

泡立てないようにゆっくりと加熱する．

一度冷却して泡の消えたピッチでも，再加熱すればまた泡は生じる．

完全に溶解させないで，多少は流動的である状態ではまだ泡の発生は起きていないであろうが，この状態で使用すると穴は盤面に生じなくても，ピッチが均質でなくて部分的な凹凸が生じることがある．

充分溶解させ，できるだけ泡を少なくして用いるがよい．

前記のように，やや冷却させたり，スピンドル油を滴下したり，或いは泡を厚紙のヘラを用いて片端にかきよせて使用する．

2 鏡材の加熱

ピッチ溶解中に，鏡材を約60℃の石ケン湯に入れて温めておく．

粉石ケンの代りに合成洗剤でもよいが，滑らかさは少なく石ケンが優る．

鏡面が冷たいとピッチ面が表面のみ急冷されてしわが生じ鏡面に一致しない．また熱いピッチ面により鏡材が破れる恐れもある．

型どりのときに石ケン水を用いないと鏡面にピッチがくっつく．

3 盤ガラスの加熱等

盤ガラスもあらかじめ加熱して置くのもよい方法である．

その程度は気温+20℃以下，すなわち50℃以下がよい．手でもって苦痛なほど熱くすると，濡れた冷たい指でふれたとき破れることが多い．

ガラスは加熱のときには破れにくいが，急冷，ことに部分的な急冷では極め

て破れやすいので注意を要する．

　ピッチによってはガラス面，とくにすりガラス面にはくっつきにくいものがある．

　流しこんだピッチが，盤の端ではがれやすいときには，盤面に僅かな油を与えると良くくっつき，はがれることがない．

　盤のまわりに，ふちから3mmほど出るよう薄い紙のテープをまき，流しこんだピッチが流れ出ないようにしておく．

　テーブルの紙は厚すぎると鏡面での型とりに支障が生じるので，新聞紙程度の弱い紙がよい．

4　ピッチの流しこみと型どり

　溶けたピッチを盤の端から渦状に中央へ流しこみ，テープのふちいっぱいになるところで止める．

　中央から流しこむと破れる恐れや，量を多くしすぎて端に流れ出したりするので端から流すのがよい．

　しばらく待ってピッチが泡のうき出しがなくなり，テープのところでやや収縮したころを見はからい，石ケン湯中より鏡面を斜に引き上げて石ケンの泡を除くようにして，流しこんだピッチ面におし当てる．

　おし当てたときに生じた中央及びそ

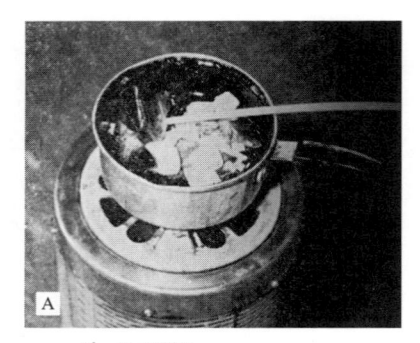

A　ピッチの溶解
対流型石油ストーブでゆっくりと溶解

B　盤面へピッチの流し込み

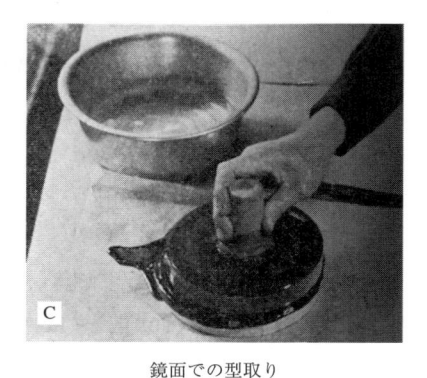

C　鏡面での型取り

図28　ピッチ盤製作

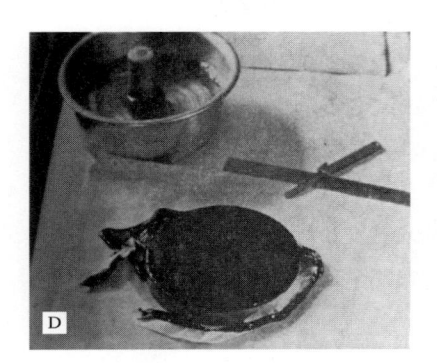

反射鏡の製作　69

D

外周のピッチ切り取り

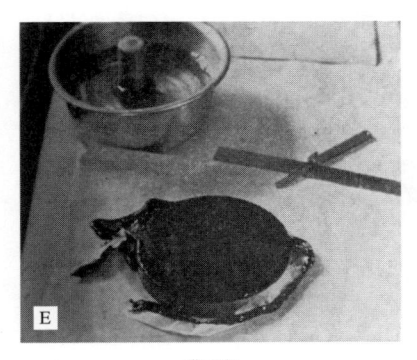

E

溝切り

F

型直し

G

完成したピッチ盤

の他の部分の気泡をおし出して，気泡がなくなるまで1〜2cmずらしながらおしつける．

　気泡がなくなり，ピッチ面が少し冷えて充分型を保つようになれば，鏡面を横にずらして取りさる．

　以上は時間にして僅々数分の作業である．

　鏡面に小穴が多少残っていても，再び盤面のピッチを熱めて型の取り直しは，溝切り前には余程の多数の穴が生じていない限り行わないがよい．

　往々にして再度の型取りでは穴がさらに多数発生し，手がつけられなくなるものである．

　型とりが終れば，引き続いて刃の鋭いナイフに石ケン水をつけて周りのピッチを切りおとす．

　冷えて破れるようにピッチがなって

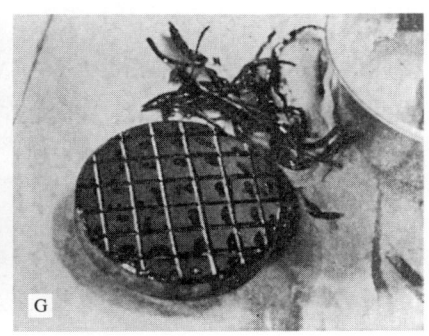

いれば遠火であたため，やわらげて切りとる．

　周りのピッチは，最後に盤径より小さくなるよう傾斜して切って仕上げる．

　残った穴は後述する方法でうめることができる．

　小穴が10個や20個あっても実際上の支障にはならない．

5　溝切り

　ピッチ盤面には研磨液が流動するための直交した溝を作る．

　溝は15cm鏡では一方向に6～8本，深さ1.5～2mm，巾2～2.5mm程度のV字型が作りやすい．

　溝は中心をはずして，非対称に作る．これは，対称的に作ると溝の交点で凸リングの発生する恐れがあるからなのである．

　しかし故意に対称的に溝を作って磨いて見ても，手磨きでは溝の発生はほとんどないので，厳密に考えなくても良く，適当に非対称的であれば良い．

　ただ，溝が中心を通り，直交すると小さな山ができるので，この点はさけるのがよい．

　機械研磨では対称的に溝を作るとリングを作る．

　溝を切るには，ピッチがまだ温いうちに，ピッチ面を温めながら薄刃の良く切れるナイフの先で切る方法や，冷却させてから切る方法或いは電気ゴテで切る方法などがある．

　まずピッチ面に，定規をピッチにふれないようにかざしてナイフの先で細い筋をつけて，これをたどって溝を作る．

　或いは，トレーシングペーパーに溝に当るところをモザイク形に切りぬき，盤面にあてがい，切ぬき個所をナイフの先でしるしをつけてもよい．

　ピッチ面を温めて切るには，表面を遠火で温め，ナイフに石ケン水をつけて，刃を斜めにしてV字溝の片方を切り，ついで他方も同じ要領で切ると，ナイフが薄刃で鋭利であって，かつピッチ面の温度が適当であれば，ピッチはチーズを切るほどではないが，そうした感じで切れる．

　ピッチ面が温かすぎると，ピッチはナイフの刃に引きずられ溝が切れるかわりにえぐり取られたようになり，端が曲り形がくずれる．

　加熱が不足するとピッチは切れないで，ナイフの刃はピッチに喰いつかれて

ピッチを欠けこませてしまう.

　ナイフの刃が鈍っていてもピッチは切れないで，刃にくいつく.

　加熱の程度はそのときの気温によるピッチの硬さが関係する.

　練れてくるとピッチや盤ガラスの余熱のあるうちに手ぎわ良く溝を切ることができる.

　溝を切るとピッチ面がくずれるので鏡面で型直しを行う.

　型直しは，鏡面を 60〜70℃ くらいの熱い石ケン水につけて熱くしたものをピッチ面におしあてて行う.

　このとき，ピッチ面は温めないか，冷えていれば，かるく温める.

　最初は 50℃ 程度に温めた鏡面でたっぷり石ケン水をつけて盤面にはじめ軽くのせてピッチ面の周辺のそり上りをなじませ，ついで圧力をかけて密着をはかる方法も良い.

　しかし，40〜50℃ では全面密着化ができがたいこともある.

　このときには鏡面を 60〜70℃ に上げて型直しを行うと良くピッチ面が熱により馴らされて密着化ができる.

　冬期の気温が低いときには 50〜60℃ でも良い.

　ピッチ面は温めないで行うのがよい．ただ不密着個所が大きくのこったものを除くためには，少し加熱する.

　このときの加熱は，ピッチ盤の周りの部分に良く熱が行き渉るようにして行うようにする.

　ピッチ面が鏡面と良く密着しているところでは，鏡面のすりガラス面ですられて，つや消しのマット面となっている.

　鏡材の裏面が磨かれていれば，鏡面とピッチ面の良く密着している部分はニュートンフリンヂが見える.

　裏面がすりガラスのときには，水でしめして見ると或る程度はわかる.

　ピッチ面を温めて型直しを行うと，小穴がおびただしく発生しがちである.

　鏡面を温めて行うときでも，ややもすれば小穴が発生するので，鏡面をピッチ盤に重ねたさい，左右に圧力を加えないでずらして気泡を溝に追い出してから圧力を加えるのがよい．溝がつぶれたら同じ方法で切り広げる.

こうして密着が得られたら，鏡盤を重ね合わしたまま，冷えるのをまつ．

このとき，石ケン水が切れて乾いてくると鏡面はくっついてしまうので，たびたび鏡面を石ケン水につけて重ね合わせる．

早く常温にするため，冷水で冷却することが通常行われる．

しかしこの作業は熟練しないと，温度差を誤まりガラスを破損する危険が多分にある．

安全には水温より20℃をこえないことである．但しこれは青ガラスの場合であり，パイレックス系では40℃程度までは安全である．超低膨張ガラスでは100℃であろうと全く安全である．

上記の方法で作ると，ピッチの硬さが適度か，あるいはやや軟らかいときにおいてさえ，ピッチ盤の端で密着がよく，中央部はやや凹むものとなる．

この性質は決して欠陥とはならず，むしろ好ましいものである．この点については後に述べる．

ピッチ盤が常温に近くなるか，常温まで冷却してから溝を切るには，V字形の刃をした木彫用のノミで，前方におして少しずつ溝を作るのが行いやすい．

このとき，冷水をかけながら行うとさらにやりやすい．

或いは鋭利なナイフの先で少しずつ溝を作って，巾を広げて行く切り方も行われる．

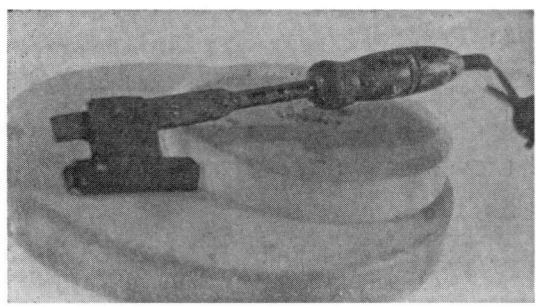

こうしたときもナイフに石ケンをつけてピッチのくっつくのを防ぐ．

電気ハンダごてに先がV字のアルミなどの金具を付け，ピッチ面を溶解して溝をつくるアイディアがあり，大きな口径用には優れた方法である．

図29　溝作り用電気ごて
ハンダごてにV字型のアルミ製金具を付け，ピッチ面を溶かして溝を作る．　　　　　　　　小島　信久氏

どのようにして溝を作っても，ピッチ面は乱れているので，最後には型直しを行う．

ピッチ研磨の当初から全面の密着したピッチ盤を得ようとして，ピッチ面に鏡面を重ねて水中に長くつけて置くなどは無駄なことである．

 水中でも研磨を全く行っていないピッチ面に鏡面を重ねたまま時間を置くと，ピッチが鏡面にくっついて取れなくなる．

 重ね合わした時間が短いとくっつきは起きないが長くなればくっつく．

 端のそり上るピッチ盤では，作業開始に先立って，研磨液を与えて鏡面を重ね，重りをのせてしばらく置くことで支障がないように対処できる．

6 ピッチ面の部分補正

(1) 穴埋めには，電気ハンダごてを用いて，ピッチ棒の先を少しずつ溶かして穴に埋める．用いるピッチは盤に使ったものの一部を使用する．

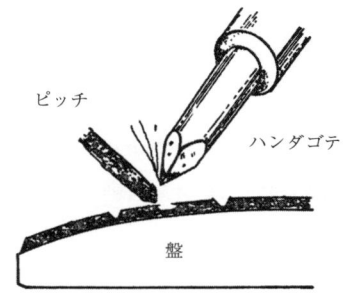

(2) 大きな欠けこみや盤の端での部分的なハンタごてで熱してピッチを溶着させ，ついでピッチをもり付けして型取りを行って修正する．

 以上の要領でピッチを盛り付けて修正した部分は，ときとして密着が良すぎて凹リングを作る原因となることがある．

図30 ピッチ面の部分補正

 この場合には後述する方法で表面を薄く削って修正する．

7 大きなピッチ盤の表面加熱

 小口径ではピッチ盤を手にもって，遠火にかざして表面を適度に加熱することができる．

 口径が25cm以上となるとこうした手段が満足に行えなくなり，かつ重くて石ケン水など使用していて指がすべり，取り落す事故などもおきる．

 このようなときには，盤面を上方より電熱器を下向けて加熱するようにすると便利である．

 この加熱方法ではピッチ盤の周囲に均等に熱を与えることが行いやすい．

8 ピッチ盤の直径及び厚み

 ピッチ盤の直径は鏡面の開口口径より必ず小さいのがよい．

15cm 鏡で直径で 2〜3mm くらいの差がよい．厚さは 3mm 前後が良い．

ピッチ面の径が大きいと，鏡周の砂穴は早くとれるが，必ずといって良いくらいに角を曲げる．

また，鏡盤を重ねて重りをのせてピッチ面を馴らすときに，鏡の端がピッチ面にくいこみ，端がもり上っていて，そのままの状態で横ずらし研磨など行うと角が強く曲り，或いは巾はせまいが強い過修正を鏡周に作る．

鏡面の径とピッチ盤の径の差は，大きくなると鏡周のターンアップが広く強く発生する．

従って両者の差は口径が増してもその増加の割合は少し増すのがよい．

30cm 鏡でも 3〜4mm で充分である．

第3 ウッド系ピッチ盤

ウッド系ピッチは石油系にくらべてピッチ盤の製作がややむつかしい．

ウッド系ピッチは，一般には取り扱われていないので，レンズ研磨用ピッチの専門会社からでないと入手できない．

価格も高価であり，石油系の良質ピッチがほとんど自由に購入できるため，アマチュアには特別に必要ではない．

しかしウッド系ピッチには，優れたいくつかの性質があり，高精度の光学面を作りやすい特性があるので，要点について説明する．

1 調合及び硬さ

まず硬さについていうと，石油系ピッチの標準からみて，わずかに硬目が適当である．

ウッド系は石油系にくらべて質が大変脆いので，石油系のときと同様に棒ピッチで硬さテストを行うと，実際使用において軟らかすぎることが生じる．

従ってピッチの硬さ調整にはやや硬目となるように行う必要がある．

石油系ピッチとくらべて相当硬目にしたつもりでも，使用してみるとわずかな硬さであったりする．

硬さの調合は，硬軟2種以上のピッチをまぜ合わせて行う．

硬くするためには松ヤニを加えるが，量は多くないようにする．

松ヤニの含有割合が増すと，質が松ヤニに近づくので，添加量は少なくなるようにする．

ウッド系ピッチの性質は，ピッチといっても石油系ピッチよりも松ヤニに近いので，こうした点を考慮して松ヤニは多量にならないことが望ましい．

石油系ピッチとの混合は行わないが混合しても少量に留める．ピッチの質が弾性をもち傷が少なくなるが，ウッド系の特長は低下する．

使用する油は通常テレピン油である．スピンドル油も使えないことはないが，ピッチ質がやや粘りをもったものに変わり，ウッド系の特色である粘り気の少ないもろいが良く鏡面になじむ性格が失われてくる．

ウッド系ピッチでは，粘り気を増すと，質はむしろ悪化し，ピッチ盤の端で曲る，いわゆるピッチの「腰折れ」が生じやすくなる．

ピッチ盤が鏡面に良く端まで密着し，研磨運動によって腰折れなどが生じないなら，ピッチに粘りや弾力性は不要なのである．

石油系では，これらが失われるとピッチの部分的な凹凸や腰折れが生じるので必要なのであるが，良質のウッド系ではそうしたものの必要がないのであるから，テレピン油かアマニ油を用いる．

2 ウッド系ピッチの溶解

石油系ピッチの溶解のときに，加熱はおよそ250℃以内で行うよう注意を述べたところである．

石油系では，この温度が多少高くなっても急には目に見えた悪化は生じないものである．

ウッド系では極力過大な加熱をさける．これは含有する揮発性分が早急に失われるからである．

石油系にくらべて，ウッド系の揮発分は粘り気のない油性で揮発性が強い．

この失われた揮発分はテレピン油の補給では充分補償されないので，質が悪化し，ピッチの表面が荒らび，部分的不密着や腰折れが生じてくる．

軟らげるには，軟質ピッチをまぜるのがよいが，テレピン油でも可能である．

テレピン油のみで軟化するときには，わずかに松ヤニを加えると，あまりにも脆くパサパサする性質がやや良くなる．アマニ油もこの目的に添う．

3 ウッド系ピッチの泡消し

ウッド系ピッチでは，さらさらと溶ける感じで泡があまり発生しないものから，溶けにくく泡が極めて多く発生し，除くことが困難なものまでその種類は多い．

泡の多発するピッチでは，一時的にせよ強熱は必ずさけて，発生を少なくする注意が必要である．

テレピン油を表面に滴下しても蒸発が早いので，石油系にスピンドル油を滴下したときのようにはいかない．

泡が多発したらいちど火からおろして冷すがよい．

次に加熱するときには充分時間をかけてゆっくり行う．

黒色の勝ったやや粘りがよいピッチでは，溶けて流動的となったものから，充分に溶解してさらさらとなるまでにやや時間がかかるものが多い．完全に溶解させるためには，加熱不足と考えて温度を上げると，強く泡立つので，流動して来たら，ゆっくり時間をかけるつもりで待つがよい．

ウッド系ピッチでは極めて小さい泡を不注意に多数ピッチ面に作ることがあるが，ピッチ面の部分的不密着を生じることがある．

こうした小さな泡の集合場所は研磨を進めると縞模様を部分的に作り，そこでは通常研磨が強く作用する．

消すことがむつかしいときには，厚紙で表面の泡を流れ出ないようせき止めてピッチを流すのがよい．

4 盤ガラスとピッチの遊離

ウッド系ピッチはガラス面，とくにすりガラス面にはくっつきにくい．

すりガラス面にスピンドル油などの油分を与えただけでは充分につくことがない．

ピッチが盤にくっついていないと，研磨液がその間にしみこみ，ピッチ面が不密着となる．

ピッチを完全に盤面にくっつくようにするのは次のようにする．

布に灯油をしめし，ピッチ（ピッチ面ではなく，あらかじめ用意したピッチ片である）にすりつけると，布面にピッチが溶かされて油と共につく．

これを盤面にすりつける．こうして盤面にピッチと油のまじった薄い黒い膜を全面つける．

こうして置いてから，ピッチを流しこんでピッチ盤を作ると，はがれることが少ない．

なお，こうしても端で小部分ではがれたときには，電気ハンダごてを用いて盤面にピッチを溶し付けることで修理ができる．

5　溝切り

ピッチ面を温めてナイフでV字の溝を切ることは難しく，相当熟練を要する．

ピッチに粘りが少ないので，ナイフの刃にひきずられて回りのピッチがついて来るため，ピッチ面が乱れる．

溝は図29の電熱ごてやピッチ面を良く冷却してから水を流しかけながら金切ノコの刃でひいて溝を作り，彫刻刀で広げるなどの方法が行いやすい．

6　型直し及び部分修正

石油系ピッチのときと特に変わりはない．

ただ，無数に生じた微小な穴は，鏡面の圧迫では容易にとれない．

部分的な凹凸はやや時間をかけて，温めた鏡面で圧すると，性質がすなおであるので良く密着する．

こうした作業では，鏡面の温度は石油系ピッチのときよりも低くし，通常50℃以下で行う．

温度を上げる必要がないからである．温度を上げて強圧するとかえってピッチ面を無用におしつぶす．

7　その他

ピッチ盤製作のこととは異なるが，ウッド系では石油系より研磨時の加重をやや減じるのがよい．

また研磨速度も早いので，使用する研磨粉も整型には紅がら，それも黒べにと称する四三酸化鉄を含むもので一度使用したものが適している等のことがあるが，これらはそのつど説明する．

ピッチ研磨

　砂ずりの完了した鏡面は，ピッチ盤に紅がらやセロックスなどの研磨材を用いて透明な面に磨き上げなければならない．

　ピッチ研磨は長い単調な時間と相当な労力が必要であり，鏡面製作に当り最も苦しい作業である．

第1　ピッチ盤の研磨台への取り付け

　ピッチ磨きは力のかかる作業であるから，ピッチ盤は研磨台上に3～4個の木片でとりつけ，1カ所にクサビを入れ，動かないよう固定する．

　このとき，盤と台の間に薄い紙を何枚か重ねてしき紙をすると，盤がよく安定する．

図31　ピッチ磨き

第2　研磨液の補給

　ピッチ面上の水滴をガーゼなどで軽くおさえて吸い取る．

　つぎに，水に混ぜてガラスビンに入れた研磨材（以下「研磨液」という）を毛筆を用いて水と共にピッチ面上に与える．

　ついで鏡面をピッチ面上に重ね，少しずらせて研磨液が全面に行き渉るようにする．

　水が多すぎると，研磨粉は薄められ過ぎてしまって，ほとんど磨きがかからない．

　研磨液が濃すぎ，水が不足すると，研磨紛が厚くピッチ面を覆い，研磨運動を行うと，研磨粉はいたずらにピッチ面上を転々として磨きがかからない．

研磨液の濃さは，鏡面を重ねて裏面から見たとき，ピッチ面がわずかにかすむ程度がよく，この程度は少し経験をつめば判定できる．

研磨液の濃度は適当でも，量を多く補給しすぎると，多量の研磨液が盤外に流れ出す．

一度盤外に液が流出すると，その流出跡に従って，新たに補給された研磨液は，鏡面の磨きに何等の働きもないまま，急速に流れ出てしまう．

液の補給は適度の濃さと，適量であることが必要である．

第3　研磨運動の開始

製作した直後のピッチ盤は，中央が凹んで鏡面との密着が悪いものが大部分を占めるものと思われる．

鏡面との密着の悪い部分はピッチ面がかすんで見えるのですぐわかる．

全面密着が良いピッチ盤が最初から得られるものとは考えないがよい．

もし研磨の最初から最後まで全面完全に密着するようなピッチ盤が得られれば，鏡作の困難さはほとんどなくなる．

筆者の長い鏡面研磨でも，ウッド系ピッチを含めた経験中，ただの1回としてそんなピッチ盤を経験したことはない．

したがって読者には，適度のピッチでは，当初は中央部がやや凹むものと考えることが適当であると筆者は思っている．

研磨液を与えて，研磨の基本3運動を開始するが，このときピッチ盤の状態が以下のようなときのそれぞれの対策について説明する．

1. 中央が鏡径の1/3程度軽く凹むものでは，連続して研磨作業にはいる．

基本3運動のうち，第1運動が少しぎこちなく，鏡盤一致のところで少し抵抗があるがそのまま作業をつづける．

2. 凹みが鏡径の1/3をこえて1/2にも広がり，ピッチの端が強くひっかかる場合には，鏡材に重りをのせ，盤に重ねてしばらく放置し，不密着の部分が縮小し，径の1/4以内になるまでまつ．

こうしてから連続研磨にはいると後は工合良く進行することが多い．

このときの重りは，15cm鏡で10kg程度がよい．

ピッチの硬さは適当であっても，型をとるとき，ピッチ面の方が裏面より温度が高いときや，鏡面の温度が裏面より高い浅くなった鏡面で型をとった結果，中央の凹みが強くなる．

　ガラス材が青ガラスではこの傾向は強く，低膨張ガラスでは少ない．

　ことに超低膨張ガラスでは，極めて僅少の量となり，ピッチが軟らかすぎたかと思うほどである．

　重りをのせて放置すると，盤の回りの研磨液が乾燥し，鏡面がくっつくので，乾燥しかけたら水を筆で与える．

　3. 重りをのせて30分程度放置しても凹みがさして減少しないようであれば，ピッチは硬すぎる疑いが濃くなる．

　爪でピッチ面をおしてみて，硬くて爪跡がほとんどつかないようであれば，ピッチを再調合してピッチ盤を作り直す．

　もし硬さは適当と思われる場合には，鏡材のみ50℃程度に温めてピッチ面に重ね，重りをのせて放置すると，凹みは減少する．

　こうして凹みが鏡径の1/4以内となれば連続して研磨する．

　4. 研磨のいちばん初めに使用する研磨粉は，粒子の細いものほどピッチ面に早く馴じんで研磨の進みが早い．

　初回の鏡作ではできないが，いちど使用した研磨粉を集めたものを用いるのがよい．

　この使用は最初の1回だけでよく，次の補給は新しい粉の液でよく，直ちに研磨が進行するようになる．

　5. ピッチは軟らかい方が研磨材に早くなじみ研磨速度が早い．

　ピッチが硬いと，最初のうちは研磨材になじむのが遅れる．

　硬いピッチに，最初新しい研磨材を濃くして多量に与えると，ことに酸化セリウムに甚しい現象であるが，鏡面はほとんど研磨されないで，研磨液は泡立ち，ピッチ面上を転々とする．

　研磨液を濃くしたら，早く磨けると考えることは間違いで，結果は逆である．かかる状態となったら，水を補給して，研磨液を薄め，裏から見てピッチ面がすけて見えるようにして，研磨液の乾いてくるまで研磨を続ける．

硬目のピッチのときに最初に一度使用した研磨材を使用することは特に効果があり，直ちに研磨が進行する．

　6．最初からほとんど全面密着したようになっていて，滑るような感じのピッチ盤では軟らかすぎるといって過言ではないであろう．

　研磨開始後15分乃至30分程度で，ほぼ中央部まで密着してくるものが実際上は適するものである．

　但しこの場合，研磨のときにかける力（研磨加重）は，次項で述べる量であることが前提条件となる．

第4　研磨加重

　ピッチ磨きでは，適度の加重を鏡に加えて磨くことが極めて大切である．

　加重の量は，ピッチの質，硬さ等で一律ではない．

　概略の量をいえば鏡面 $1cm^2$ 当り15乃至30g程度となる．

　15cm鏡では3乃至5kgの加重である．

　この量は，15cm鏡では，片手で連続して加える力としては通常少し多いので，両手でハンドルを持って作業するのがよい．

　研磨加重は少ないより多い方が，鏡面は早く磨き上る．

　しかしこれには限界がある．この限界はピッチの本質によるものである．

　加重に対する抵抗が限度をこえるとピッチ盤には，いわゆる腰折れ現象が起きて使用できなくなる．

　加重に強いのはブローン系ピッチであり，加重を増して早く磨き上げることができるので，レンズ工場で多く使用されている．

　ストレート系ピッチはブローン系にくらべると加重に対する抵抗力がやや弱くなる．

　ウッド系はさらにこれより弱いのが普通である．

　加重の多少はピッチの硬さと微妙に関連する．

　軟らか目ではやや加重を減じ，鏡周の悪化を防ぐ．

　硬目ではやや加重を増して全面に磨きが及ぶようにするのが原則である．

　鏡作に適するピッチの硬さとは，むしろ上述の加重を基として，これに適当

な硬さのピッチをいうべきなのである．

　15cm鏡で，♯2000の砂で仕上げずりを行ったものは，前記3乃至5kgの加重で連続して研磨した場合，紅がらで4時間，酸化セリウムで3時間程度で磨きが完了する．

　但し，上記時間は正味の作業時間である．

　8時間も研磨してなお砂穴が多数残るのは加重不足，研磨液の薄すぎ（まれにはある），大きな砂目が残存していることのいずれかまたはこれが競合したものである．

　ピッチが軟らかすぎると，鏡周の砂穴が長い時間をかけて研磨しても除けないのが普通である．

　この例はことに初めて鏡を作るときに多い．

　早く砂穴を除く目的で加重を増せば，ピッチ盤の端はさらに曲って密着が悪くなって砂穴はますます除けなくなる．

第5　研磨液の補給の仕方

　連続して研磨していくと，研磨液は次第に細分化され，ピッチやガラスと混じて色調が変わる．

　その色合いは，青ガラスでは濃く，白色ガラスでは淡い．

　ついで水分が次第になくなってピッチ面が乾いてくる．

　ピッチ面が乾いてくると，ピッチ面の抵抗が極めて大きくなり，研磨運動が困難となってくる．

　このため乾式研磨と呼ばれるのである．乾式研磨では，ピッチ面が乾燥する直前の研磨運動に大きな抵抗が生じたときに研磨は最も進むといわれる．

　こうしてピッチ面が乾いて来たら，新たな研磨液を筆で補給する．このとき，鏡面はピッチ盤から取りはずさないで，横にずらして行うのがよい．

　こうすると，埃の混ることもいくらか防ぐことができるし，冷い研磨液，それは室温と同じ湿度であっても，ピッチ面よりは冷いのであり，これを補給するとき，鏡面をピッチからとりはずすと，わずかではあるがピッチは端が反って抵抗を増すが，この現象を防ぐことができる．

乾式研磨が熱式研磨ともいわれるのは，こうしたことによるのである．

これに対して，研磨液を常に補給して研磨する方法を湿式又は冷式研磨という．*

ピッチ盤の周りから研磨液が流れ出さないようにして補給液の量に注意して研磨を続けると，研磨材が少量ですみ，良く細分化されて鏡面が艶の良い微小傷（スリーク）もない面で磨き上る．

また細分化された研磨粉は，盤の周りと溝の中にたまってくるので，良くこなれた粉を採取しやすい．

こうして一度使用された研磨粉は最後の整型には絶対不可欠ともいえるほど有用なものである．

1滴も盤外に流出させずに研磨すると，研磨粉はくりかえし還流されて良く細分される．

このように作業することは容易なことである．研磨液の補給を少な目に行えば良いのであり，もし誤って盤外に流れ出したら，その個所を良く拭きとり再び流出しないようにすれば良い．

この操作は是非行っていただきたい．

第6 研磨続行中の検査

約30分研磨を続けたら，いちど鏡面をとりはずし，きれいな布で拭いて研磨進行状況をしらべる．

このときピッチ盤には必ず金だらいやボール箱などの容器でおおい，埃のつくのを防ぐ．

鏡面の磨き進行状況により，つぎのことがわかる．

1. 鏡面が端ほど良く磨きが進んでいる．

しかし，磨きは中央部にも及んでいるもので，磨きがなだらかに中央に至るほど遅れていて，その間に目立った程度の差がないとき．

ピッチ盤は端ほど密着がよいが，その度合いは強すぎないものである．

---

* 湿式研磨は自動式のレンズ研磨に使用されている．しかし大口径のレンズや口径が大きくなる反射鏡では研磨液の補給方法などに問題もあって使用されていない．

実用上最も好ましいピッチの状態であり，引き続いて研磨を続行する．

2. 中央ほど早くも磨きが進んでいるものではピッチが軟らかすぎる．

研磨運動は大変円滑であり，気持ちよく作業が行われるが，成功の見込みはない．

ピッチを硬くしてピッチ盤を作り直さなくてはならない．

3. 全面ほぼ一様に磨きが進んでいて，鏡の角の近くの巾1〜2mmの極めて狭い範囲で磨きが遅れている場合では，ややピッチが軟らかい．

この程度の軟らかさでは，温度が数度低くなれば適度となり，或いは研磨加重を減じて使用することも可能な場合がある．

研磨加重を減じ，続いてさらに30分磨いて端の砂穴が他の部分よりもさらに除去が遅れるようでは，ピッチは軟らかすぎる．

この場合はもちろんピッチを硬くしてピッチ盤を作りなおす．

研磨加重を $1cm^2$ 当り15g以内にする．すなわち15cm鏡で研磨加重2kg〜3kgにして研磨して端の砂穴が除かれはじめるようであれば，そのピッチ盤は硬さの最下限として使用はできる．

以下軟らか目のピッチというときは，この程度の硬さを最下限としていい，これ以下では軟らかすぎるものという．

こうしたピッチ盤では，鏡周の砂穴が長時間かけないと除けないのが多く，また鏡面の角が曲がりやすい．

また少しでも研磨加重を増加すると，すぐさまピッチ盤の端が曲り，鏡周の磨きがかからなくなり，鏡面はターンダウンと双曲線が急速に発生する．

4. 鏡盤が一致する直前に強くひっかかりまた中央1/2径も密着の悪い盤では，中央部はほとんど磨かれていない．

すなわち，30分も通常の研磨加重で連続研磨してもなお中央の凹みが鏡径の1/2にも及ぶものでは，通常ピッチは硬すぎる．しかし型取り不良のこともあるので，爪でピッチにしるしを付けて見る．爪跡がほとんどつかないくらい硬いならピッチは硬すぎる．

室温が数度も上れば硬さが適度となるので冬期では室温を上げるのも役立つことである．

30分の連続研磨で，ピッチ盤はわずかに中央附近で密着が劣るように鏡の裏からすかして見て見えるものであるが，鏡面は鏡周の磨きが進んでおり，中央附近はわずかしか研磨が進んでいないものでは，ピッチはやや硬く，通常この程度かそれよりやや硬さが低いものを硬目のピッチ盤といっている．

　この程度の盤が鏡周の砂穴が早く取れて磨き上りが早い．

　このようなピッチ盤では，鏡周に強いターンアップを伴う偏球面で磨き上るものである．

　硬目のピッチ盤では，通常の研磨加重で連続して磨くと，初めは鏡周から磨きが進み，2時間もすると鏡央部の研磨がよく進んできて磨き上る．こうした進行を示すピッチ盤のときには，鏡周の砂穴は見事に除かれ，角が良い．

　5．30分も磨くと，鏡面の傷や大きな砂穴が目立ってくる．

　傷や砂穴が多すぎるようであれば砂ずりにもどる必要がある．

　存在はわかっていても，ルーペではわかるが肉眼では認められない程度の傷であれば，ピッチ磨きで磨き去ることができる．

　ただ砂穴は相当大きくならないと眼につかないので，ピッチ磨きで除くことができない場合が多い．

　6．ピッチ盤の硬さが不適とわかれば，直ちにピッチの硬さを改めてピッチ盤を作りかえる．このことは，早く思い切りよく行うのが良い．

第7　ピッチの条件に応じた研磨加重の増減

　すでにしばしば説明してきたとおり，ピッチの硬さに応じた研磨加重の増減は必要な応用作業である．

　しかし，増減は自由に巾広く行われ得るものではない．その範囲は低い側では数g，高い側では50g程度の加重が$1cm^2$当りにかかる加重の限度と考えていただきたい．

　とくに高い側ではピッチの種類によって制限が生じる．

　ブローン系ピッチではこの程度の高加重もかけられるが，ウッド系ではこの値は高すぎる．

　ただし，$1cm^2$当り50gの加重は，鏡面が磨き上るまで，何時間も加重を続

行するものではなく，ピッチ面の密着が得られればぜんじ加重を減じ，通常の値に近づけるのである．

なお，研磨加重の量は，鏡材の重さもこれに加えて量るのである．

鏡材の厚さ 10cm にもなれば，ガラス自体の重量で適度の研磨加重になおオーバーするほどにもなるのである．

ピッチ盤は，連続して使用していると，ぜんじ端の抵抗が弱まってくる．

弱まる早さは，ピッチが軟らかいほど急速である．

この状況は，鏡周及び中央部の砂穴の除かれていく状況及び鏡盤一致のときの抵抗の状況から判断する．鏡盤が一致してくると，鏡材の裏面からすかして見ても密着不良状況は良くわからなくなる．

鏡面とピッチ盤が一致した位置より，研磨の第1運動の引きの運動で重い抵抗が中央部に感じられたら，ピッチ盤は端の密着が不良になっている．

こうした状況はフーコーテストを行いながら経験するとわかりやすい．

しかし，連続研磨中に相当時間ピッチ面より鏡面をはなし，これをくりかえすとピッチ盤は部分的な凹凸が生じ，腰折れが発生しやすく，決して好ましいことではない．

第8 研磨中途でのピッチ面の型直し

硬さは適当と思われる盤でも，連続研磨を行わないとき，すなわち断続研磨を行うとピッチ面に部分的な凹凸が生じやすい．

また2日以上に渉る研磨を行うと，ピッチの端が曲る腰折れが生じる．

こうしたときには，鏡材を 60～80℃ に温め盤は温めないか，わずかに温めて型直しを行うのがよい．

ピッチがやや軟らか目のときには，これで端が良く密着してくる．

第9 研磨の中断

わずかの時間の中断は，鏡盤を重ねたままにしていてよい．

少し時間が長くなるときには，鏡周で水分が乾かないよう，ときおり筆で水を補給する．

一夜以上も放置するときには，鏡盤を重ねて水につけて置くのもよい．
しかしこのように長く放置して置くと，たとえ重りをのせて鏡盤を重ねて水につけておいても，部分的な凹凸，ことにピッチの腰折れが生じ，鏡面が乱れる．
このようなときには，型直しを前述のように行うのがよい．

第10　研磨速度
磨きが早く進むのは，概ね次の条件が関連する．
1. 研磨運動の速さ，とくに第1運動及びその運動量
2. 研磨加重
3. 研磨材の種類及びその使い方

以上の他に，ピッチの質も少しではあるが関連する．
わたしたちアマチュアの自作では，作業時間がコストに影響するわけではないので，早く磨き上ることは好ましいことではあるが，必要条件ではない．
従って説明はこの程度で省略するが，研磨速度については，各所で必要のつど説明する．

第11　研磨の終り
砂穴が少なくなり，磨きが終了近くなってくると，最初ピッチ盤に当る鏡面の抵抗は重い感じであったものから，すべりの良い感じへと変わってくる．
砂穴がなくなりかけると，研磨液は乾燥するより早く薄れてきて，水分だけがのこるようになってくる．
この状況下では，ピッチ面の部分的な凹凸が明らかになって，研磨運動がピッチの或る場所においてぎこちなさが生じる．
ピッチが良質で適度の硬さであれば，この傾向は少ないが，やや硬目のピッチでは現われやすい．
砂穴の検査は図32-Aのように，1m以上離れた電灯の光を，鏡面の直前で一部をおおい，鏡面の裏から明暗の端目をルーペで見るか，Bのようにして見ると眼につきやすい．

図32 砂穴の検査

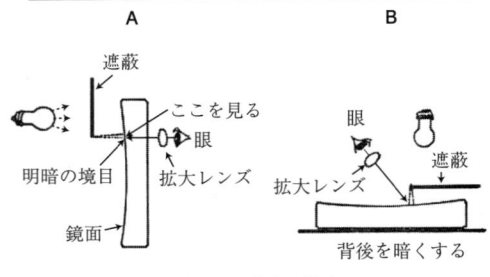

10倍のルーペで見て砂穴がほとんど無いようなら磨きは完了とみてよい．

鏡周で砂穴が全く眼につかないようになれば，磨き上ったものである．

初めての作品では，荒い砂穴が多数残ることが極めて多い．これは，中ずりの砂穴が残存したまま仕上げずりを終えたものであって，通常ピッチ研磨で除くことが困難なものである．

ルーペの視野に点存する砂穴は，それがまばらであれば実用できる．大きな砂穴の少数は細かなものの無数に残ったものよりも害は少ない．

磨きが良いと星像のコントラストが良いので，専門工場では砂穴を皆無にするよう細心の注意と多くの労力をはらっている．

磨き板ガラスの鏡材では，裏面くらいに美しくなれば，初めての鏡作としては成功である．

熟練した作者の鏡面では，砂穴は磨き板ガラスの $1/100$ cm にもみたないくらいに磨き上げているものである．

第12　研磨途中でのフーコーテスト

研磨中に鏡面のフーコーテスト（後述）を行うことは，初心のうちは種々の点で有用である．

テストして鏡面が偏球面であれば，リングが少しあっても，そのまま続けて研磨する．

もし双曲線配鏡周が強く曲ったターンダウン・エッヂの面では，ピッチ盤をピッチの硬さをかえて作り直す．

初めての鏡作であれば，ピッチが適度と思う硬さの盤で，双曲線面へと進む場合に行きあたることが多いと思われる．

概して初めのうち適度と考えたピッチは軟らかすぎることが多い．

研磨途中でのフーコーテストは，こうしたピッチの硬さと出来る鏡面の関連

に良い経験を与えてくれる．

30分も研磨すれば，フーコーテストができる．

熟練すれば，研磨途中でのフーコーテストは不用であり，通常は行わない．

すなわち，ピッチ盤の状況でどのような面ができるかについての見通しが立ち，またピッチ盤から鏡面をしばらく離すことによるピッチ面の変形をきらうからである．

第13 研磨作業についての一般的注意事項

1. 研磨場所は日光の直射などによる気温変化の激しい場所や埃が立つ場所をさける．

2. 気温変化の激しいときには，できるだけ変化の少ない時間にピッチ磨き及び鏡面の整型を行うようにする．

冬期で気温が 10℃ 以下となるときには，ピッチの質が研磨に適さないようになるので，こうしたときはさけるか，或いは暖房をして，15℃程度に室温が保てるようにする．

3. ピッチ研磨は，充分な時間の余裕をもって着手することが大切である．

フーコーテスト

フーコーテストは，別名ナイフエッヂテストともいわれ，1857年フランスの数学者レオン・フーコー（L. Foucault）によって考案された．

簡易な構造のテストにもかかわらず，鏡面のテストとしては極めて精密かつ鋭敏なテスト方法であり，このテスト方法の発明により良好な鏡面が製作されるようになった．

第1 テストの原理

図33に示すように，人工星を鏡面の球心に置き，その反射光が人工星の横に集るようにセットする．

この反射光は，眼を近づけて鏡面を見るとあたかも満月のように輝く鏡面が

見える.

　こうして全面が輝いて見える鏡面を見つつ眼に接して眼前でナイフの刃を左から右へ移動させ,光をかくして見る.

　こうすると,鏡面の反射光が全くおおいかくされる前において,鏡面が完全な球面でない場合には種々の影が鏡面に生じる.

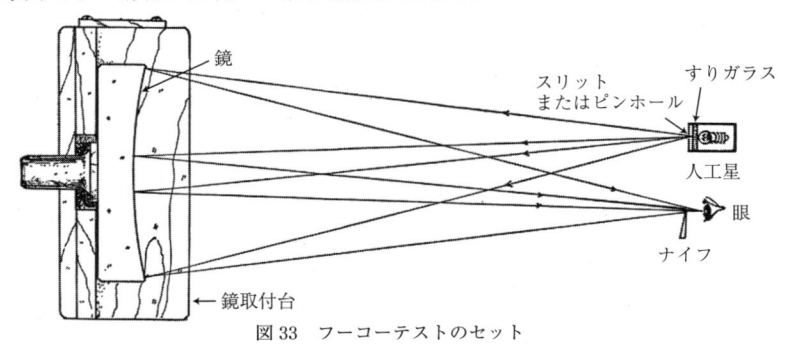

図33　フーコーテストのセット

　すなわち,ナイフの刃で球心に集まる反射光束を切ると,鏡面の各部における球面半径の相違により,ナイフで切られた光束が或る部分では影となり,他の部分では光る模様となるのである.

　この影を見て鏡面の状態を判断し,収差を計るのである.

第2　フーコーテストの精度

　フーコーテストの精度は一義的ではない.

　浅いF数の大きな球面近い鏡面ほど微細な面の状況が検出できる.

　テスト器具の精粗も結果に影響する.さらに影判断の熟練度によって大きな差異が生じる.

　作例の15cmF8鏡では,面の欠陥は1/30波長(λ)以上も楽に判別できる.しかし収差測定のための帯試験では最高でも$1/20\lambda$程度となる.

　もし15cmの球面球を作るのであれば,良好なテスト器具と熟練した眼は数十分の1波長の誤差を見わける.

　このように,テストの精度はその条件により大きく左右されるが,15cmF8のパラボラ鏡に要求される$1/8\lambda$の精度(後述)は十二分に判定できて余りが

あるものである．

第3 テスト器具
1 簡単なテスト器具

図34に簡単な自作例を示した．人工星には豆電球を用い，これをソケットと共に黒紙で巻くかまたは薄い金属板を丸めた筒におさめる．

ピンホールと電球の間には，すりガラスや半透明のパラフィン紙，乳白色のプラスチック薄片などを入れ，人光星の光が散光となるようにする．散光させないと，反射光にフィラメントが見えてテストできなくなる

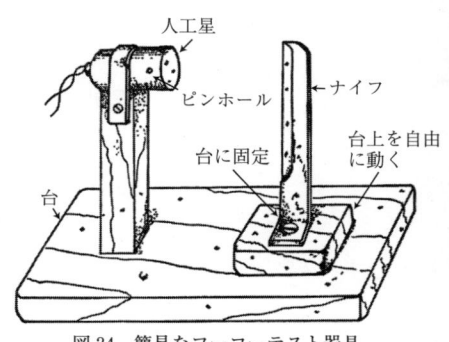

図34 簡易なフーコーテスト器具

電源は，単一乾電池が2本入る電池ケースにスイッチをつけて用いる．

ピンホールは，直径0.1～0.2mmくらいになるよう針先でアルミハクなどに穴をあけた小片を，少し大きくあけたランプハウスの窓の前面にはりつける．

ピンホールは黒紙でも作れるが，穴のまわりがけば立つのでアルミハクなどがよい．

2 小さなピンホールの作り方

ピンホールは，小さいほど良く鏡面の欠陥を検出する．

しかしあまり小さいと，テストのとき鏡面が暗くなり，強い光源を使用するとジフラクション等の影響も生じるので，最小径 5μ 以上に作る．

このように小さいピンホールは，アルミハクなどを磨き板ガラス上におき，良く尖らした針先でついてまわして穴をあける．

こうして作ったピンホールを顕微鏡で検査してえらび出す．

こうして作ったピンホールは，枠か薄いガラス板の間にはさんで使用する．ナイフに安全カミソリの刃を用いるのも良いアイディアである．

ナイフは台上を添木にそって前後に移動できるようにして，別に木片を台上

に置き，これを手で保持して，ナイフをこれに接して前後させる．

3 実用的なフーコーテスト器

図 35 にランプハウスとスリットの一例を示した．

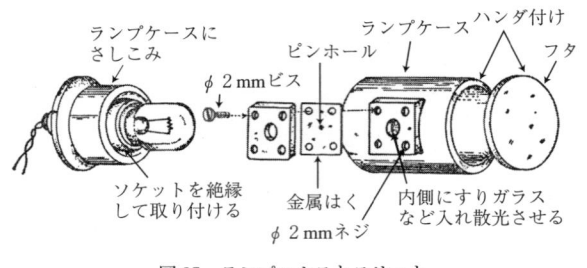

図 35 ランプハウスとスリット

電源電圧は，自由に変えられるものが実用上便利であるので，変圧器と整流器及びレオスタットを用い，ランプの明るさを自由に変えられるようにしておくのがよい．

ランプには，6.3～8 ボルトのパイロットランプを，通常の使用電圧より上げて明るくして用いる．

自動車用のランプは高温となるので，顔に接して使用する器具であるので使用しにくい．

図 38 では，ピンホールのかわりにスリットを用いている．

スリットの方がずっと明るいので，ピンホールより使いやすい利点がある．

このスリットは，刃を図 36 のようにして 2 枚作り，巾を調整できるように取り付ける．

刃となる金属はステンレスのようにさびにくいものがよい．

エッヂの仕上げは，ぜんじ砂を細くしてガラス板上で刃を立てていき，♯2000 程度の砂で仕上げ，最後は 2000 番ですったすりガラス面で乾いたガラス面にすり合わせて仕上げる．

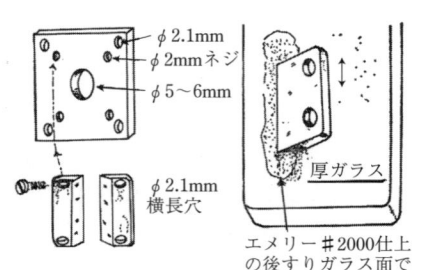

図 36 スリットの刃の作り方

ナイフエッヂは良く切れる刃であれば，反射光を鋭く切って解析するであろうと考えることは間違いである．

前述の安全カミソリの刃は，良く切れるから用いるのではなく，すぐ利用で

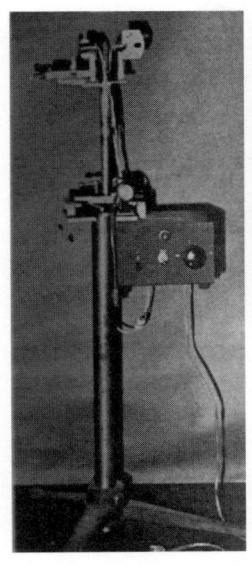

図38 ↑　ランプハウスとナイフ微動部
左方はロンキーテスト用人工星とグレーチングケース

図37 ←　フーコーテスト器
ナイフ単独及び人工星と共に微動ができる．電源は交流
整流により直流 0～16V をレオスタットで調整　　　筆者

きて刃も割合に凹凸が小さいから用いるのであることを理解されたい．

　ナイフエッヂに必要なことは，スリットのエッヂと同様に刃が真直に凹凸がないこと及びエッヂが充分に鋭いことが必要である．

　刃は安全カミソリのように薄い要はなく，刃の角度は 30° でもよいのである．

　なお，ナイフは，左から右の一方向に光束を切るだけでなく，右から左に逆に切るように両刃に作っておくと，逆に光束を切って意識の転換もできて便利である．

　小さな直角プリズムを用いて，ランプハウスの端にとりつけ，直角をはさむ面よりスリットを経て光を取り出し，反射光束を切るにはナイフの代りに直角プリズムのケースの端の 45° となったエッヂを用いるタイプがある．

　この式ではナイフを左から右に進めたときと逆の明暗の影が生じる．

　この構造では，ナイフと光源間の距離を短くでき，機構も簡略化されるが，光源とナイフが一体として前後するので，光源が固定しナイフの移動する式にくらべて収差量が 1/2 となり，精度が劣る．

　ナイフの移動が正確に読み取れるように作るが，その量は 1/100mm 単位はやや細かすぎる．実用上は 1/20mm あれば足りる．

1/10mm の読み取りのものでも，全くゆるみがないものであれば，充分実用できる．

要はゆるみのないスムーズに作動する測微機構が必要である．

この目的で，1/10mm の測微尺のついた顕微鏡用の良質のメカニカルステージは高価ではあるが，ナイフの移動用として有用である．

このメカニカルステージではナイフの横送りをネジで微動できることも大変有用である．

4 鏡材の保持

鏡材を保持するに便利で作りやすい台を図39に示した．

木板で組立て，鏡は凹になった木の上にのせる．

鏡は単に立てかけてもテストはできるが，テストの度にいちいち位置や角度の調整に手間どり，時間のロスや気持ちの平静さを失うので，この程度の台は作るのがよい．

鏡材が極端に薄いもの，例えば厚さが鏡径の1/10以下では，こうして保持すると鏡面が歪むことがある．

このときには，バンドで鏡材をつるようにして保持する．

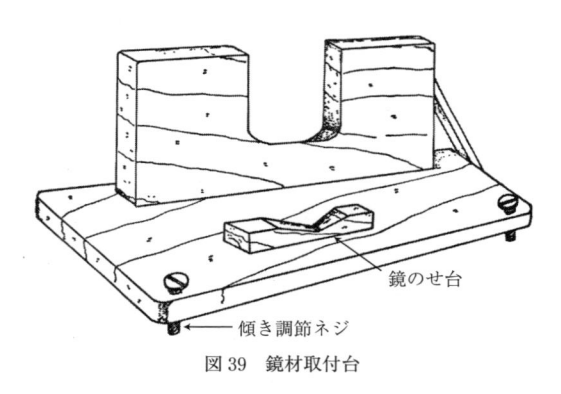

図39 鏡材取付台
（鏡のせ台，傾き調節ネジ）

図40 鏡面と取付台

第4 テストの実際

テストのレイアウトは図33のようにして配置する．

そして人工星の反射光が人工星ケースのすぐ左にピンホールと同じ高さになるよう鏡の方向，傾き，人工星の位置を種々かえて直す．

人工星の反射像を探すには，裏面が磨いてあれば，裏面からの反射光点が鏡面の中央にくるように眼を動かすと反射像が見つかる．

また，別に裸の豆ランプをともしてさがすと光がつよいだけに探しやすい．

或いはトレーシングペーパーを置いて反射光の所在を見い出すのもよい．

鏡面全面が輝いて見えるようにして，ナイフを眼の直前で左から右に移動させ，輝く鏡面像を眼の直前でおおいかくすようにして見る．

このとき鏡面上の影が

1. ナイフの進行と同じ方向，すなわち左から右に影が進むなら，ナイフは球心内である．

2. ナイフの移動方向とは逆に，右から左に影が進むなら，ナイフは球心外である．

こうしてナイフ，人工星を前後して，ピンホールとナイフが鏡面に平行するようにして球心をはさんで反射光を切って見て鏡面の影の状況を見る．

このとき，反射光は，ピンホールと同じ高さに収束するようにしておく．

これが相違すると鏡面に生じる影が対称的でなく，左右でずれが生じる．

フーコーテストで生じる鏡面の影は，ナイフの進行する方向と逆の方向より鏡面を横から光をあてて生じる凹凸の影が非常に強く，濃淡が拡大された像となって生じたものである．

影を見て立体感が感じられないとフーコーテストは極めて不満足な結果しか得られない．

影は必ず，見た瞬間に立体的となるように感じ取るようテストに習熟することが必要である．

影は左右対称的に明暗を作っている．余程強い偏心をしていない限り必ず対称像をしている．

第5　影の実例

磨き上った鏡面をテストすると，大別して次のようになる．

1　球　面

完全な球面が無修正でできることはまずないが，Ｆ数の小さい短焦点鏡では球面に近いものができることが多い．

ことに低膨張ガラスでは極めて球面近いものが生じることがある．

完全な球面では，影が左右で同時に進む位置にナイフを置き，影を進めると鏡面は全面一様にかげる．

2　偏　球

楕円の短軸の回りを回転してできる凹面で中央部の球面半径が鏡周部よりぜんじに長くなっており，フーコーテストでは写真に示すように右はし部がドーナツ形の影と中央左側に卵形の影ができる．

立体感は中央に山がもり上ったように見える．

パラボラ面は偏球面とは逆に中央の球面半径が端に比して短くなっているので，影の出来方は偏球面とは逆になる．

もしナイフを右から左に移動させてパラボラ面の光束を切ると，偏球面に見える．

偏球面はパラボラ面への修正が行いやすく，熟練者でも現実には磨き上った鏡面は偏球面となるよう作業を進めるものである．

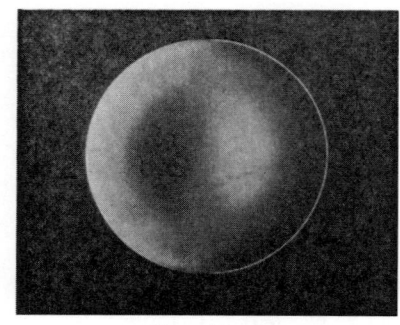

図41　偏　球
パラボラの影とは反対に右鏡周がドーナツ型をして暗く，左中間に楕円形の影が生じる．写真では中央が凹んだようにも見えても実際にはとび出して見える

3　双曲線面

影の姿はパラボラ面と同じであるが，中央部の曲率半径が鏡周にくらべてパラボラ面より短いので，影が濃く生じる．

しかしながら影の濃さは口径及びＦ数により大差を生じるので，影の濃淡だけでは双曲線かパラボラかの判断はできない．

ただしここでいう双曲線鏡とは，数学的に正しい曲面ではなく，パラボラ曲線を超えて中央部の曲率半径がさらに短くなったものの総称であることをおことわりしておく．

4 凹凸のリング

図44-Aが凸リング，同44-Bが凹リングの例である．

5 ターンアップ・エッヂ

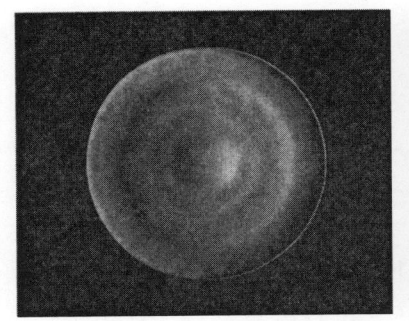

図42 ターンアップ，凸リング，山の鏡面

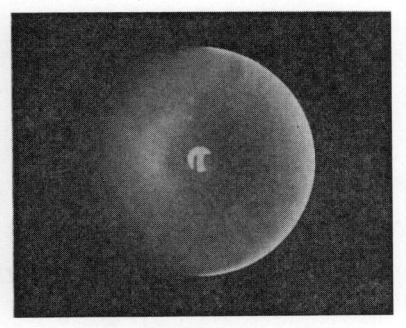

図43 双曲線面とターンダウン
ターンダウンがあると右鏡周に強い光輪が生じる．リング及び上方に2個の研磨痕がある．中央の白円と影は裏面反射によるもので，ナイフと人工星のケースの一部が影となっているのである．裏面がすりガラス面では生じない

図44-Bのように，鏡周で狭い巾で曲率半径が短くなっているもので，立体感としては鏡面のふちが反り上っ

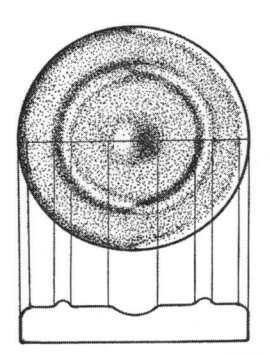

A ターンダウン，凸リング 中央穴
B ターンアップ，凹リング 中央山

ているように見える．

修正は行いやすい．

6 ターンダウン・エッヂ

ターンアップとは逆に鏡周の曲率半径が長くなっているもので，立体感としては鏡周がたれ下ったように見える．

修正は，これが生じたピッチ盤ではまず出来ないものと思って良い．

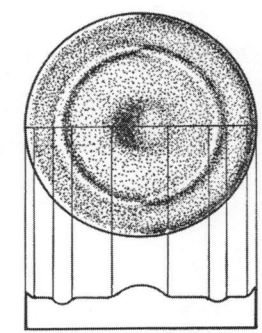

図44 鏡面の次陥と立体図

7 中央の山又は穴

中央の山や穴は良く発生し，除くのは難しい場合も多い．

修正中に良く生じる．

8 研磨痕

研磨中にも整型中にもできるもので，程度が軽いと見のがしやすい．

放射状の対称的なものもあるが，多くは非対称形である．

フーコーテスト器の光源が暗かったり，ピンホールの径が大きいと影が淡くなって眼につきにくい．

9 偏心面等

軽い偏心は，ハンドルが中心より偏よっていると生じ，鞍状のような面も極端に薄いガラス材を用い，無理な力を加えると生じたりするが，一般には生じない．

軽度の偏心はフーコーテストでは検出しにくい．

従ってハンドルは充分注意して中心からずれていないようにつけるほか，ハンドルも真円のものを用いて偏心の発生を予防する．

パラボラ鏡

製作目標であるパラボラ鏡について，フーコーテストを基として説明する．

第1 パラボラ鏡の影

図45-Aは15cmF8鏡のフーコーテストの影の写真である．

写真ではやや濃くでているが，眼で見るとこれより淡い感じをうける．

眼で見る影は，光源が暗く，ピンホールが大きいと淡くなる．

影はピンホールが小さく，光源が明るいと15cmF8でも相当濃くでる．

鏡面が磨きの良い円滑なものでは，ハーフトーンが美しいパラボラ独特の軟らかさを見せる．

影の濃淡は鏡径，及び口径比（F数）で大差が生じる．

すなわち，鏡径が大きくなるほど，またF数が小さくなるほど影は濃い．影の濃淡は感覚的なものであり，収差の正確な度合いはわからないので，パラ

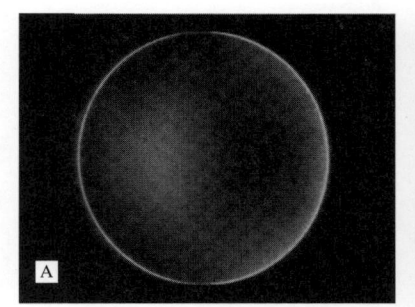

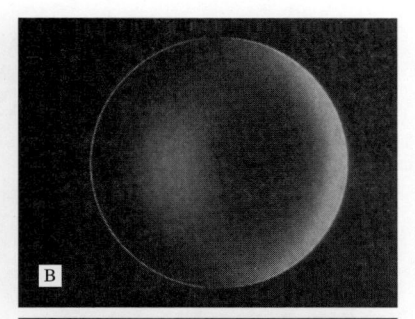

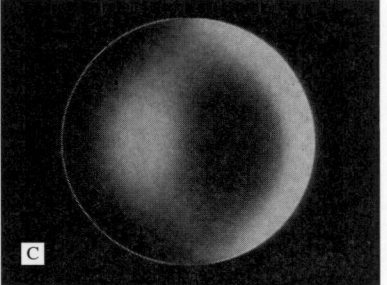

反射鏡の製作　99

図45　パラボラ鏡の影の写真

A　15cm F9 の影の写真．鏡の角も完全で面も円滑であり稀に見る良鏡　堀口令一氏作
B　20cm F8 鏡の影の写真
C　31cm F6 鏡の影の写真

　　影は肉眼で見るより濃くでている．パラボラ鏡の影は同形ではあるが口径，F数で濃さに大差がある．　BとC筆者

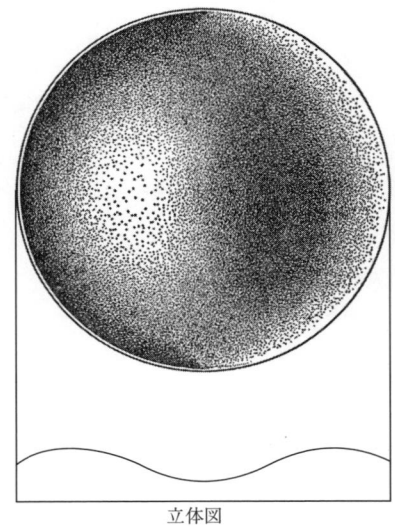

立体図
図46　パラボラの影のスケッチ
スケッチでは影は濃くでているが実際はずっと淡い

ボラであるか否かの判断が影の濃淡だけではできない．

このため以下述べる輪帯テストを行って収差を計測する．

第2　パラボラ鏡の収差

1. 人工星を固定し，ナイフだけが鏡面に対して前後して測定する場合の収差は次の式で求める．

$$\varDelta R = \frac{r^2}{R}$$

但し　$\varDelta R =$ 収差
　　　$r =$ 中心を基点とした鏡面の任意の半径

$R=$ 曲率半径で，光軸上の値をとる．

$\Delta R = \dfrac{r^2}{R}$ …但し人工星を固定しナイフのみ移動するとき

$\Delta R = \dfrac{r^2}{2R}$ …人工星とナイフが共に一体となって移動するとき

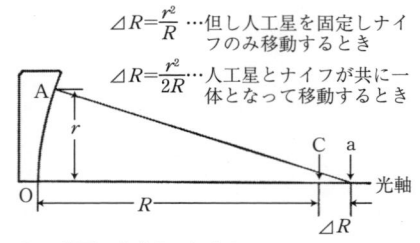

C… 鏡面の中心Oにおける曲率半径の中心（球心）
a… 鏡面の中心Oより半径 r の距離にあるAにおける曲率半径の中心
R… 鏡面中心のOにおける曲率半径

図47　パラボラ鏡の収差

2. 人工星とナイフが一体となって前後する場合の収差は次による．

$$\Delta R = \frac{r^2}{2R}$$

但し，各符号については1項に同じである．

この場合の ΔR が本来の収差である．

1項の人工星が固定しナイフのみ動く場合の方が，人工星とナイフ連動の場合に比べて収差が2倍となるので，それだけ測定精度が向上するので一般にこの方法が小口径眼視鏡製作には適する．

したがってパラボラ鏡の製作には通常1項による．

3. Rは光軸上の値，すなわち鏡面中心の曲率半径を基準とするのが正しいのであるが，整型作業では鏡周のRを基準として中央へぜんじに磨きこんで曲率半径を短くしていくので鏡周のRを基準とする．

ただし15cmF8鏡では実際上には，いずれのRの値をとっても ΔR の値の差は極めて小さく，問題とはならない．

整型の開始に当り，鏡周のRを定めるときには，つぎによる．

(1) 球面，偏球については鏡周のRをとる．
(2) ターンアップ鏡では，アップの始まる直前の部分のRをとる．
(3) ターンダウン鏡では，ターンダウンの始まる直前の部分のRをとる．

しかし整型はターンダウンを除いてから行うべきであるが，完成鏡で収差測定のときなどではこの方法による．

4. フーコーテストで輪帯収差測定の場合，r の間隔は口径，F数によって各帯間の ΔR の数値が適当な差となるように選ぶ．

作例の15cmF8鏡では，鏡周附近は10〜15mm間隔，中間及び中央部は15〜25mm間隔で選ぶ．

作例の15cm鏡を例にとれば，次のように各 r を選んだ．

(1) 鏡のデータ

鏡面の開口口径　　154mm

鏡周のR　　　　　2486mm

最大のr　　　　　77mm

(2) $\varDelta R$の計算

計算例を表7に掲げた．

但し光源を固定し，ナイフのみ移動するときの$\varDelta R$である

表7　$\varDelta R$の計算例

rの区分	mm	r^2	$\varDelta R=r^2/R$ mm	$r_1=0$の$\varDelta R$ mm
r_1	77	5929	2.38	0.00
r_2	62	3844	1.55	-0.83
r_3	47	2209	0.89	-1.49
r_4	27	729	0.29	-2.09
r_5	0	0	0.00	-2.38

$r_1=0$の$\varDelta R$は，鏡周を基準として，ぜんじに中央へ磨きこんで球面半径を短くする整型作業上の便宜のために書きかえたものである．

負号を付したのは，表の数値だけナイフが鏡面に近づくことを表わしたものである．

各r間の間差は次のとおりである．

$r_1-r_2=15$mm　　$r_3-r_4=20$mm

$r_2-r_3=15$mm　　$r_4-r_5=27$mm

各r間の間差は，個人の好みにもよるが，15cm鏡F 8では，筆者は中間に3帯を設けて，上記のような間差で計っている．

最外側すなわち鏡周のrと，そのすぐ内側のr（表ではr_1とr_2）の間差は，$\varDelta R$の値が1mm以内となるように定めて，他はこれを基準に適当に配置する方法を筆者はとっている．

第3　帯測定（ゾーンテスト）

各rの収差，すなわち$\varDelta R$の測定には，フーコーテストでは正しく合致す

るrの値の場所での測定は行い難いため，rの値が平均値となるある巾をもたせた帯（ゾーン）について測定し，これをそのrにおけるΔRの計測値とする．*

1 窓あきスクリン

図 48 のように，各ゾーンのところに巾をもたせた窓を切りぬいたボール紙製などのスクリーンを鏡面の前に密接しておおい，左右の同一ゾーンの窓を通して見える鏡面が，同時に同じ濃さでかげるナイフの位置を求めて測定する．

測定は，鏡周を基点として行うことは前述のとおりである．

窓の巾を狭くして測定精度を上げようとしても，巾が狭められると窓の端で生じるフジラクション**のため，かえって測定を誤り，測定も行い難い．

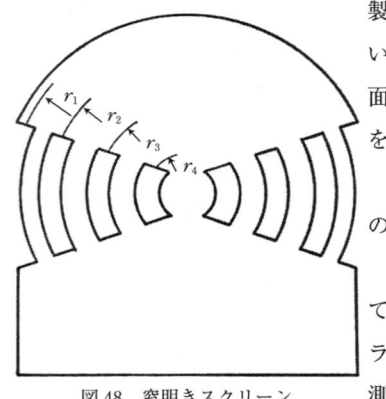

図 48 窓明きスクリーン

窓の巾は焦点距離と F 数に応じて適当となるように作る．

測定は 1 回のみでは誤差が大きすぎるので通常 3 回の平均による値をとる．

この平均値でコンマ以下 3 桁より小さい数値はあまり意味もないので，2 桁までをとる．

ゾーンテストは熟練を要する技術であるので，初めのうちは計るたびに大きく狂うのでいく度も繰り返し行って習熟につとめるのが必要である．

2 ピンゾーン

図 49 のように，小さなピンをたてた木製などのバーを鏡面の前に設置して計測する方法である．

この方法で測定するには，同一ゾーンのピンのところで，鏡面の左側のピンでは影の終りで，右側のピンでは影の始りのところとなるナイフの位置で計るのがやりやすい．

---

* 巾を持った窓の影について，左右の濃さの等しいところを求めてナイフを移動させて測定するのである．これは特定の r 値における測定ができがたいためによる．
** 窓のふちによって，光が回折現象をおこし，ふちが光って見える．

3 鏡面のしるし

各ゾーンの位置に研磨液で印をつけ，これを2と同様の要領で計測する方法である．

実際に整型を進めるうえで便利な方法である．

ただ毎回しるしを付けなければならないので多少わずらわしい．

鏡面が開放されているので，全体の状況を見つつ整型を進める利点がある．

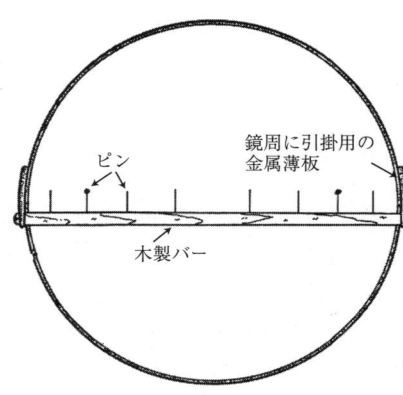

図49 ピンゾーン

それでも，印をつけたゾーンに例えば浅い凹リングがあるときなどは，リングが眼につかなくなる．しかしそれでも他のテストにくらべると鏡面全体のようすがよくわかる．

印は全ゾーンに渉ってつけなくても良く，横ずらし法で鏡周から整型を進めるときには端のゾーンよりぜんじに印を付しつつ作業を進めることが実際上便利である．

全面のスロープを見ながら整型を進めることができるのは大きな利点であり実用的な方法である．

4 コウダースクリン

パラボラ鏡面は，周辺に行くほど球面半径の増加割合が大きく，カーブが急であり，フーコーテストで明るさが強いので，これを均等化し，ゾーンテストがより正確になるようにしたスクリンがあり，考案者の名を冠してコウダースクリンという．

スクリンの形状は図50のような独得の姿をしている．

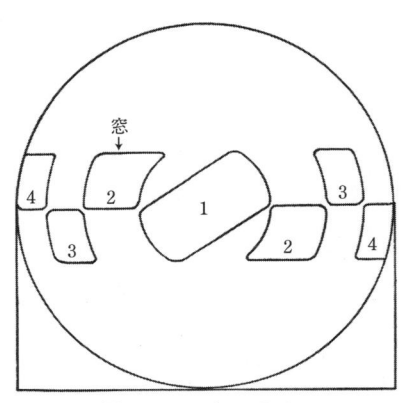

図50 コウダースクリン

窓は，相接するゾーンの外側の半径の

2乗の差を一定となるように定めておける．

例として，4個のゾーンを設け，各ゾーンの外径と内径を次のようにする．

(1) 最外部のゾーンの外径　$r_o(4)$

　　　　　同上　内径　$r_i(4)$

(2) 次のゾーンの外径　　$r_o(3)$

　　　　　同上　内径　$r_i(3)$

(3) 次の内側ゾーンの外径　$r_o(2)$

　　　　　同上　内径　$r_i(2)$

(4) 中央のゾーンの外径　　$r_o(1)$

　　同上の内径は0となる

上記の場合，各ゾーンは接しているので

$r_i(4) = r_o(3)$

$r_i(3) = r_o(2)$

$r_i(2) = r_o(1)$

である．このスクリンの場合，次の関係式が得られる．

(1) $r_o^2(4) - r_o^2(3) = k$ 但し $k=$ 常数である．

(2) 第3ゾーンの内径 $r_i(3)$ は

$$r_i(3) = \sqrt{r_o^2(3) - k}$$

(3) 同様にして

$$r_i(2) = \sqrt{r_o^2(2) - k}$$

となる．

開口径150mm，F8鏡について，4ゾーンとして計算例を示すと次のようになる．

第4ゾーンの外径 $r_o(4)$ は75mmとなり，第4ゾーン巾を12mmとすると次のとおりである．

(1)　$r_o(4)$　　　　　　　$=75$

　　$r_o(3) = r_i(4)$　　　$=63$

　　k　　　　　　　　　$= r_o^2(4) - r_o^2(3) = (75)^2 - (63)^2$

　　　　　　　　　　　　$=1656$

(2) 第2ゾーンの外径 $r_o(2)$ は
$$r_o(2) = \sqrt{r_o^2(2) - k} = \sqrt{(63)^2 - 1656}$$
$$= 48.093$$

(3) 同様に第1ゾーンの外径 $r_o(1)$ は
$$r_o(1) = \sqrt{r_o^2(2) - k} = \sqrt{(48.093)^2 - 1656}$$
$$= 25.36$$

つぎに，外ゾーンの平均半径を求める．これには，外径と内径の平均値をとる．これを $r_m(x)$ とすると，$\varDelta R$ は次の式で求められる．

$$\varDelta R = \frac{r_m^2(x)}{R}$$

これらの数値をまとめて表8に示した．

表8　15cmF8鏡のコウダースクリンの数値例
開口径150mm，R＝2,400mm

ゾーン	No. 1	No. 2	No. 3	No. 4
r_o	25.63	48.09	63	75
r_i	0	25.63	48.09	63
r_m	12.82	36.86	55.55	69
r_m^2/R	0.07	0.59	1.29	1.98

ゾーンの数は口径及びF数に応じて増減する．

中央のゾーンが過大であったり，過小になったりしたときは，最外部のゾーン巾を増減して調整する．

コウダースクリンは作るのに手数はかかるが合理的であり，結果は3項の鏡面の印による測定結果ともよく一致する．

5　帯測定の実例

表8における帯測定の例を次の表9に示した．

測定値は3乃至5回の平均値をコンマ以下2位まで4捨5入した値をとる．

表9において誤差1/4の項に星像収差と記入したのは，人工星が固定しナイフのみ移動するときの収差は星像の場合より4倍に拡大されているからである．もし人工星とナイフが共に移動するときには，星像収差は2倍にしか拡大されていないから1/2とする．

表9の最後の項の収差とは,星像が最小となる焦点位置をもととした収差で,これには基準となる平均焦点の位置を基として示したものである.

平均焦点の位置を ΔR_a とすれば

$$\Delta R_a = \frac{77^2 \times 0 + 62^2 \times (-0.02) + 47^2 \times (-0.04) + 27^2 \times 0.06}{77^2 + 62^2 + 47^2 + 27^2} = -0.01$$

すなわち平均焦点は -0.01 のところにあるので,これを基として星像収差の項を書き改めたものであり,理論上はこの値がその鏡の収差である.

表9 帯測定と収差
口径154mm　R2486mm

r mm	r^2/R mm	端=0 のΔR mm	測　定 mm	差	差の1/4 (星像収差)	収　差
77	2.38	0.00	0.00	0.00	0.00	+0.01
62	1.55	−0.83	−0.74	−0.09	−0.02	−0.01
47	0.89	−1.49	−1.35	−0.14	−0.04	−0.03
27	0.29	−2.09	−2.33	+0.24	+0.06	+0.07
0	0.00	−2.38	−2.77	+0.39	+0.10	+0.11

但し,平均焦点位置は −0.01mm のところにある.この位置で星像は最小となり,これを最小錯乱円像という.

第4　鏡周及び中央部の曲率半径

鏡周のRは,鏡面を開放しておき,ナイフと人工星を鏡面から等距離に置き,ナイフで反射光を切ったとき,左右の鏡周が同時に同じ濃さでかげる位置を求めて決定する.

このとき,左右の鏡周の濃度はどこが等しいか判然とせず,角の曲りやターンアップなどがあるとその位置を誤りやすい.

鏡面の上端,又は下端において,左右の影は互に進み寄るように進行することに着目して,ナイフを進めて影を進めたとき,相寄る左右の影が濃度が等しく,鏡周の上端又は下端において接するところを求めるのが良い.

注目するのは鏡面の上端又は下端である.

こうして得たナイフの位置は,左右の鏡周を見くらべながら影の濃さを求めて得たナイフの位置と多少異なるであろう.

筆者の場合には,左右の鏡周の影を見て測定したRは,鏡面の下端で濃度

を見て測定したRより若干長い．これは右端の角のジフラクションによる影響と思われる．

　星像テストによる比較では，後者による測定値が正しいことを示しているので，筆者は鏡周のR決定はすべて鏡面の下端（上端でも慣れると同じである．）においての影で行っている．

　ナイフを左から右へ進めて計り，次ぎに右から左へ逆に計った値と比較することも良い．

　とくに中央部のRの測定ではこの方法によって平均を求めるのが良い．

　中央部のRも鏡面を開放にして計るのであるが，中央部はややわかりにくいことが多い．

　ことに中央が山や穴のある場合には，その始る直前のRをとり，これより推算したRによって中央のRとし，その鏡面の焦点距離を定めざるを得ない．

第5　帯測定の留意事項

　帯測定はことに熟練を必要とする技術であるから，経験が必要である．

　テストには野帳を備えて，テストのつど記入するようにして，結果を検討することにより早く習熟するよう努めるのがよい．

　測定する相手が影であるので，どうしても測定誤差が生じ，個人差やそのときの心身やまわりの条件等に大きく左右される．

　ことに眼の疲労は大きく影響する．

　また，これらの悪条件にガラスの温度変化が加わる．

　鏡面の温度変化については後章で述べる．

　テストに疲れ，影が見定め難くなったときには，ナイフを逆に進めて，逆の影をつくって見ることも意識の転換になる．

　いわゆる気分の転換を図ることは良い方法である．

整　型

　磨きが完了した鏡面が，偶然にもパラボラ面となっていることは皆無といっ

て良いであろう．

　磨き上ったときの鏡面は，大別するとパラボラ面を基準にして修正がアンダーであるかオーバーである面かのいずれかに分けられる．

　アンダー面は球面を代表として，偏球面，楕円面などがこれに属し，オーバー面は双曲線面で代表される．

　部分的にいって，ターンアップ・エッヂはアンダー面に，ターンダウン・エッヂ面はオーバー面にはいる．

　パラボラ面への整型には，球面を基準として考え，かつ実際にも球面から出発するのが作業が最も行いやすいので，この考えを基として説明する．

第1　球面を基準としたパラボラ化の基本方法
1　鏡周を基準とする整型
　鏡周を基準とし，中央に行くに従って球面半径を短くする方法で，このため中央に行くに従ってガラス面を多く磨き去る作業を行う．
2　鏡面の中間帯を基準とする整型
　鏡面の中間に属するゾーンを基準とし，これより鏡周及び中央部へ向ってガラス面を多く磨く作業を行う．
3　鏡の中央を基準とする整型
　鏡の中央を基準として，鏡周に行くに従ってガラス面を多く磨き去って整型を行う．

　基本的には以上の3方法が考えられ，或る場合には用いられることもあるが，2及び3の方法は1の鏡周を基準とするパラボラ化にくらべて手磨きの下向研磨法では実行しにくい．

　従って以下の説明は1の方法によって行う．

　また磨き終った鏡面をパラボラ化する作業に先立ってまず球面化を行うのであるが，これは整型方法の説明の中で述べるのが理解しやすく，また作業の関連からも適しているので，これにまとめた．

　パラボラ化のための球面化は，もちろん完全な球面を作る必要はなく，球面近い面で，リングやターンダウン等のない平坦な面であれば良い．

第2 横ずらし法

　パラボラ面は球面に比べて中央ほど球面半径が短くなっているので，球面より出発してぜんじに計算値どおりのカーブとなるよう中央部に行くに従って鏡面を磨き去ればよい．

　その方法は，鏡面の端を一部盤外にはみ出させて研磨作業を行うもので，荒ずりの項で説明したのと同様の作業を行うのである．

　こうして研磨運動を行うと，鏡面はピッチ盤の端に当る部分で最も多く研磨される．

　そしてピッチ盤の端に当る部分の外側ではその内側にくらべると磨き去られる量は極めて少ない．

　この横ずらし研磨（以下「横ずらし」と単にいう）を用いて，ぜんじに中央に行くに従って鏡面を磨き去り，計算値のパラボラ面に近づける．

　方法は簡単であるが，実際の効果はピッチ盤の状態によって大きく左右されるものである．

　横ずらしが上述の如き効果を鏡面に及ぼすのは，研磨加重がピッチ盤の端に狭い範囲で増加されてかかるため，磨き去られる量が多くなるからである．

　横ずらし法は英国の有名な観測者で鏡作者であったエリソンの発案によるもので，その後の小口径反射鏡面の整型の基本となった．

　横ずらしはつぎの点を注意して行う．

　1．横ずらしの量は固定しないで，15cm 鏡で巾数 mm 間を移動しながら研磨運動を行う．

　横ずらし量を固定すると，その部の鏡面に凹リングを作る恐れがある．

　2．研磨の基本3運動のうち第3運動，すなわち作業者がピッチ盤の回りを回る運動は行わないで，他の2運動のみを行うのが普通である．

　しかし，横ずらし作業時間が長くなると，ずらした部分のピッチ面が曲げられるので，盤の場所をかえて作業を継続するか，或いは第3運動を行いながら作業を進める．

　強いターンアップを除くための横ずらしでは，通常第3運動を行う．

3. 第1運動量，すなわち前後運動の量が多くならないよう注意する．

　とくにこの量は横ずらし量が増し，中央部に近づくほど少なくしなくてはならない．

　中央近くでは，その径の1/3運動は事実上行いがたいので，このときには長めの作業を行わざるを得ない．

　4. 横ずらしのときの加重は，とくにかけすぎないように注意する．

　とくに中間部以内で加重をかけすぎると，リングや強い研磨痕を作る恐れが多い．

　中央附近では，加重を少なくするのが原則であり，場合によっては盤外に出た方の鏡面を引きおこすようにして作業を行い，中央への強い作用を軽減することが必要のことも生じる．

　5. 研磨液の濃度は必要に応じて加減して使用する．

　横ずらしは中央に近づくほど迅速に研磨されるので，一般に中央部では濃度を薄めて使用する．

　6. 研磨量は常に少な目に止めてテストを行うことが大切である．

　ことに鏡面がパラボラに近づいたときには，わずかの時間で修正量がオーバーするので特に注意する．

　中央では，研磨時間は数秒という短時間が必要なときすら生じるが，こうした短時間の研磨でも，鏡面は1回転を行わないと偏心した穴を中央に生じることがあるので，この点は良く注意する．

　7. 第3運動を行わないで横ずらしを行うときのピッチ盤の場所は，溝が前後運動と平行しない位置で行うのが適している．

　しかしこのことは一般論であって，全ての場合にいえることではない．

　ピッチ盤の或る場所では，横ずらしがスムースに進行するが，他の場所ではリングが発生するといった現象は，鏡面の磨きに長時間使用したピッチ盤では通常起きることである．

　どの部分での横ずらしが最も好ましい進行を示すかを探し出すことは，良好なパラボラ面を作るための重要なポイントでもある．

　こうしたピッチ面の不整は，ピッチの部分的な密着不整によるものであり，

研磨に相当な時間使用したピッチ盤では防ぎがたい現象である.

しかし同一場所で長く横ずらしを行うことはできがたい．その部分でのピッチ面が曲げられて，横ずらしの効果に変化が起きるからである．

整型の最終段階における横ずらしの場所は良く気をつけて見定める必要があるが，この見通しは難しい．しかし，こうした点に留意することは必要なことである．

8. 横ずらす方向は，左右いずれが適するかは定まっていない．

自分で作業しやすい方向にずらせば良いのである．

筆者は右ききであるが，片手研磨のときは右にずらした方が左にずらしたときよりもピッチ盤に当る鏡面の当りは強い．

しかし両手研磨のときにはこれが逆になる．

鏡面への影響が，強弱いずれが適当とするかによって右にずらすか左にずらすかを使い分けしており，特に定まった方向はない．

読者にもそのような手段や好みに従ってよろしいと考える．

第3 横ずらしにおけるピッチ盤の端の密着状況と修正量の進み方

ピッチ盤が完全にどこも一様に密着していれば，横ずらしによる整型は円滑に進行するが，現実にはピッチ面には部分的に密着に精粗があり，これが整型に大きく影響を及ぼす．

1 図51-Aの場合

ピッチ盤の端が広い範囲に渉って密着が良いものであって，横ずらしの効果

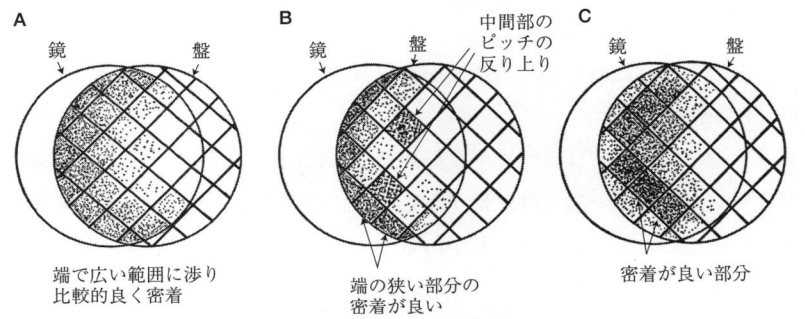

図51 横ずらしにおけるピッチ盤の密着状況

は比較的ゆるやかである．

(1) 端がやや強く抵抗するものでは，鏡の中間部より中央にかけての修正が進まない．

(2) 端の抵抗がわずかであれば，修正は概してスムースに進む．

(3) 一般に鏡周のカーブが美しく，角が良い鏡面ができる．

(4) 中央に小さい山が残ると，美しく消すことはかなり難しい．

2 図51-Bの場合

ピッチ盤の端の抵抗が，狭い範囲で強い場合で，鏡周のカーブは概して良好にできるがその度合いによっておよそ次のようになる．

(1) 端の抵抗が強いと鏡面中間部以内の修正が容易に進まず，リングや断層を作りやすい．中央に通常山が残り，美しく除くことが極めて難しい．

(2) 端の抵抗が少なくても，ピッチ面に部分的な密着の精粗があると鏡面は平坦とならずリングが生じやすい．このリングを除くため横ずらしを行うとさらにリングや断層が発生することが多い．

(3) ターンアップの修正は比較的早く行うことができる．

3 図51-Cの場合

(1) 鏡周部の磨きのかかりが少なく，ピッチの端に当る鏡面部分より内側で強く研磨されるため，中央になるほど急速に球面半径が短くなる．この結果相対的に鏡周の修正が進みすぎた姿となり，過修正鏡，すなわち双曲線鏡が生じやすい．

盤の端の密着が弱まり，ほとんど密着しなくなると，ターンダウン・エッヂが急速に発生し，鏡の角も曲る．

(2) 鏡の中央部は概して円滑な面が得られる．

4 その他

ピッチ盤の端の密着は良好で，全面研磨で偏球面ができる．しかし鏡面の中間部でリングが生じる盤では，横ずらして修正を進めるとリングや断層がつきまとって除くことができ難いことがある．

この現象は，ピッチの部分的な密着の精粗による．

とくに部分的なそり上りをピッチ盤の中間部で生じるピッチ盤がその原因と

なる.

　反り上り部分が，鏡の裏面からすかして見て判別できれば，その部のピッチ面を後述するように削りとれば良いことが多いが，その判別は熟練しないと難しいことが多い.

　横ずらしを行う直前に鏡盤を重ね，重りを鏡の裏面にのせて強制的に密着させてから横ずらしを行うことで改善できることも多い.

　通常こうしたそり上りは1個所にかぎらず何個所かのそり上りがあり，これが競合して影響するのが普通である.

　研磨運動，とくに第2運動が或る場所でぎこちなくなるピッチ盤の個所がある盤では鏡面の圧迫では一時的にわずかの間そり上りが弱まるに過ぎず，すぐに元にもどることが普通である.

　使い古した盤ではことにこの現象が強く現われる.

　中間でのそり上り部分が各所に生じるピッチ盤でのスムースなパラボラ化は不可能に近い.

　硬さが適度でも，使用時間が長びくとこうした部分的精粗が必ずといって良いくらい生じ，ことに泡を多く含んだピッチ盤には必ず生じる.

　軟らか目のピッチでは発生してもその程度が軽く，一般に鏡面の強圧で匡正できる.

第4　ピッチ盤のコントロール

　横ずらしが予定どおり進行しない原因はピッチ盤が理想のものとかけはなれていることによる.

　以下代表的な例についてピッチ盤対策を述べておく.

1　硬目のピッチ盤のコントロール

a　ピッチ盤の端のそり上り

　硬目のピッチに生じる代表的な現象である.

　連続研磨中は，研磨熱，身体からの熱によるものでピッチ面は室内気温よりも高くなっており，かつ連続して圧力を受けるので端のそり上りは生じない.

　整型中はピッチは室温にまで下げられ，かつ研磨圧力からしばしば解放され

るのでピッチは収縮し，端がそり上ってくる．

こうした場合の対策として次の方法がとられる．

a ピッチ面の強圧による密着化　鏡盤を重ね合わせて重りをのせ，しばらく放置してピッチ面を圧迫して端をなじませる方法がある．

このときの重りは，15cm鏡では10～15kg程度にて5分間もかけるとまず端がなじんでくれる．

こうした強圧は，1回限りではなく，修正研磨を行うたびに行う．

b ピッチ盤の直径の縮小　ピッチ盤の直径を鏡径の約1cm以上小さく縮め，横ずらす直前にはa項と同様鏡面を圧迫してから行う方法がある．

この方法は端のターンアップが全面磨きを必要とする場合などで心配されるが，強く悪影響を及ぼすこともないので，硬さが少し強いときには良い方法である．*

c 研磨室の暖房　夏期以外では研磨室の室温を3～5℃程度上げるのも一方法である．

この暖房には対流型のストーブが適している．

ことに夜間気温低下を生じるときには良い方法であり，気温低下により床上よりの上昇気流によるフーコーテストの障害をも除いてくれる．

d その他　横ずらしを行う直前に，鏡材に体重をかけてピッチ面を強圧することでなじませることも小口径では行われる．

端が抵抗して修正量がほとんど進まないような場合には，鏡面をずらして，盤の先方及び手前の端に重みがかかるようにして鏡面を強くおし当て，盤の先方及び手前の端の抵抗を一時的に減じて横ずらしを行う方法がある．

このときには第3運動は行わないで，横ずらしを行う．

この方法では修正量が急速に進み，著しい効果を見せる．

したがって過度に使用すると一気に過修正にしてしまう恐れが多く，効果的な方法ではあるが使用には注意を要する．

2　ピッチの部分的不整のコントロール

先にも少しふれたとおり，適度の硬さのピッチでも使用時間の経過と共に部

---

* 西村末雄氏の発案による．

分的な不整が発生してくる.

　このうち部分的な不密着に対しては，これをコントロールする有効な手段がないが，幸にもこの場合の悪影響はほとんどない.

　これによって生じる弱い凸リングは通常横ずらしで消えていくものである.

　密着しすぎ，すなわち反り上りが悪作用を及ぼす.

　このような部分的なピッチの反り上りは，凹リングの他に断層や双曲線面まで発生させて，横ずらし整型はそのままでは成功しないと考えても良いと言えるくらいに悪影響を生じる.

　こうした部分的に反り上るピッチでの横ずらしは次の方法を試みる.

　a　鏡面によるピッチ面の強圧　　先に概略説明を行ったように，鏡面で強く圧迫して凸出部を一時的に匡正する方法がある.

　この方法は，端の反り上るピッチのときほどの効果は一般に得られない.

　しかし反り上りの強さが弱いときには効果がある.

　反り上る力がやや強いときには，ピッチ面の全面圧迫ではこれを匡正することはできがたく，わずか2cm平方ほどの小さなピッチ面の驚くべき頑固さを見せつけられる結果になる.

　b　反り上りが1個所である場合　　この場合はその部分をさけて横ずらしを行うことでその影響からまぬがれることができるが，一般に反り上りが1個所だけのことは稀である.

　c　端1個所のまとまった部分の反り上り　　反り上りが図52のように端でまとまって1区域に生じることがある.

　これは他の部分より面積が広すぎるのが主な原因であるから，この部に溝を図のように1本つけると，改良される.

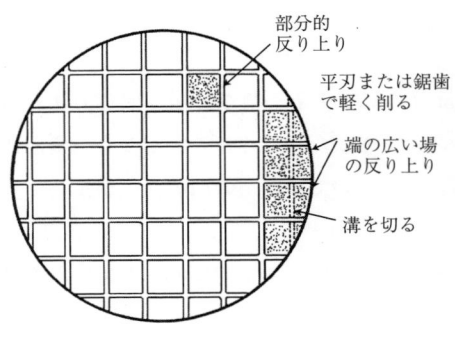

図52　ピッチ盤の部分的反り上り

　d　ピッチ面の表面削り　　ピッチの表面を極めて薄く削り取り，鏡面への当りをやわらげる方法がある.

やや技術を必要とするが，応用範囲の広い技術であるので，心得ておく必要がある．

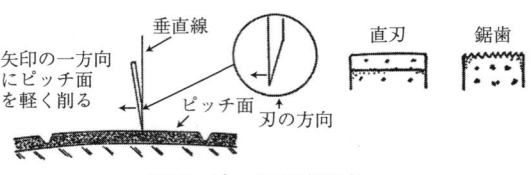

図53 ピッチ面の削り方

削り取りに用いるナイフは良く刃を立てた片刃の薄刃が使いやすい．

安全カミソリの刃も有効に使用できるが，ピッチ面削りに用いるとすぐに刃が鈍るのでとぎ直しのできる硬い薄刃のナイフがよい．

削り方は図53に示すように，ナイフの刃の平な側をほんの少し傾けてピッチ面に平らにあてて，傾いた方向にかき取るようにして表面を軽く削りとる．

削る量が多すぎると，その部分が強く凹み隣接した部分が浮き出したりするのでその量は少な目にするのが良い．

極めてわずか削ると，ピッチ面はあたかもネガフイルム面を削るように薄い弾力のある薄幕となってそがれてくる．

この方法は部分的反り上りの対策としては良い方法ではあるが，あまり乱用すると他部への影響が生じる．

この方法をうまく使うと図51-Cのようなピッチ盤の密着過剰部分を削り，偏球化もでき，またカセグレンの凸鏡や平面鏡の修正に著しい効果が得られる．

全面研磨を必要とするときに，ピッチ盤を作り直す必要がなく，ただ型直しだけですむ利点が大きい．

e ピッチの削除　反り上った部分のピッチを一角だけ切り取る方法もあるが，切り取った横のピッチ部分が曲って端がだれてくることが多く，全面研磨での使用が，除去部分が多いと困難となるので，前項の面削り法がよい．

3 軟質のピッチ盤

整型のとき，気温が上がったり，または研磨のときすでに軟らか目であることがわかっている場合には，横ずらしは圧力を減じ，作業時間を極力少なくしてテストをしばしば行いながら整型を進める．

軟らか目の盤はピッチの端の抵抗が弱いので，通常鏡面の角が曲り，全面磨きでも回復しない．

横ずらしの効果は著しく，鏡面の中間部に横ずらしをかけていても，鏡周に修正が加わることが普通である．

中央部は一般に円滑な面が得やすい．

軟らか目のピッチを使用した整型では，研磨粉が荒い新しい場合には鏡面のつやが悪く，荒れた面になることが多い．

面が荒れるとフーコーテストでも鏡面の輝きが鈍るが，これは熟練しないと感じ取ることは難しい．

A. 当りが強い
B. Aとほとんど同じ
C. Aとくらべてやや弱い
D. 当りが弱い

このようなピッチ盤では研磨中溝がつぶれてくる

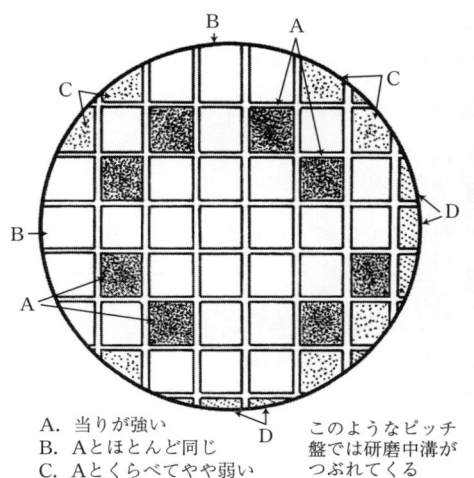

図54　軟質ピッチ盤

4　型の取り直したピッチ盤

整型には，使い古した盤では，たとえそれが硬さが適当であっても腰折れや部分的な凹凸が発生しているので使用し難い．

このような盤では，型を取り直すことで，ピッチ盤の端の抵抗が回復し，部分的な凹凸もほぼ除かれる．

硬さが適当な範囲のピッチでは，通常端の反り上りが強く現われるので，直ちには使用せず，鏡面を重ね重りをのせて密着が得られてから横ずらしを行うようにする．

軟質ピッチの場合では，端の抵抗が弱まったときに，遅滞なく型のとり直しを行うと効果が著しい．

型を取り直した直後では，軟らか目のピッチでも鏡周の曲りがわずかの全面研磨で回復する．

しかし軟らか目のピッチの端の抵抗力は長くは続かない．端の抵抗が弱まればまた型直しを行うようにすればよい．

以上のようなピッチ面の型直しに当っては，鏡面のみ60〜70℃に温めて行

うのがよい．ピッチ盤は温めないで，鏡面の熱でピッチが馴されるようにすると，ピッチ面に泡による小穴の発生を防ぐことができる．

型直しが充分でないと，ピッチ盤の端の抵抗は回復しないので，溝がつぶれるまで充分に行う．

5 整型のための新たなピッチ盤

磨きに使用したピッチ盤が温度の変化等で使用できなくなったときには新たにピッチ盤を作って整型に使用する．

こうした整型専用のピッチ盤は，磨きに使用するものと比べて，やや軟らか目のピッチを用いることができ，横ずらしには使いやすい．

新たなピッチ盤を整型に使用するときにはかなりの時間をかけて研磨を行い，ピッチ面が良く鏡面になじみ，研磨液も良くこなれた後に整型に移ることは望ましいことではあるが時間のロスが大きい．

使用ずみの研磨粉を集めた微細な粉を使用すれば，こうした前提作業の必要はない．

新たなピッチ盤では，磨きの最初に一度用いた研磨粉を使用すると直ちにピッチ面が研磨材になじむことは当初に述べたが，整型のときにはこれがさらに効果を現わす．

一度使用した微細な研磨材を補給し，鏡面を重ね合わせて重りをのせ，ピッチ面が密着するまで放置してから，わずかの全面研磨の後に横ずらしを始めてよい．

6 或る部分での横ずらしの成功

ピッチ盤の或る部分での横ずらしでうまくいくことがあるので，そうした場所を探してみることは良い方法である．ことに鏡面の中間部以内においては効果がある．やや使い古したピッチ盤ではピッチ面に必ずといって良いほど部分的な精粗が発生しているため，この方法で救われることがしばしばある．

以上球面を基準としてパラボラ化について横ずらしによる整型の基本及び応用作業を説明した．

次に球面化について各種鏡型につき説明する．

第5　各種鏡面の球面化
1　偏　球

偏球面は球面半径が中央に比べて鏡周に到るほど短くなっている負修正鏡である．

偏球面は球面と同様に整型上は取り扱ってよい．

修正は横ずらしで行う．

通常偏球面ができるピッチ盤では，ターンアップを伴い，鏡の角も完全な面が多いが，俗に腰折れのしたピッチ盤では，鏡周がターンダウンして角の曲った偏球面もできる．

T_1　　　　　　　T_2　　　　　　U

凸　鏡面　　　　凸　鏡面　　　　凹　鏡面

ピッチ盤　　　　ピッチ盤　　　　ピッチ盤
端が反り上る　　端がだれる　　　端が内部の
鏡が鏡径より大きい　　　　　　　部分とくらべて
　　　　　　　　　　　　　　　　わずかに密着が
　　　　　　　　　　　　　　　　よい

T_1，T_2…ターンダウン・エッヂ
U……ターンアップ・エッヂ

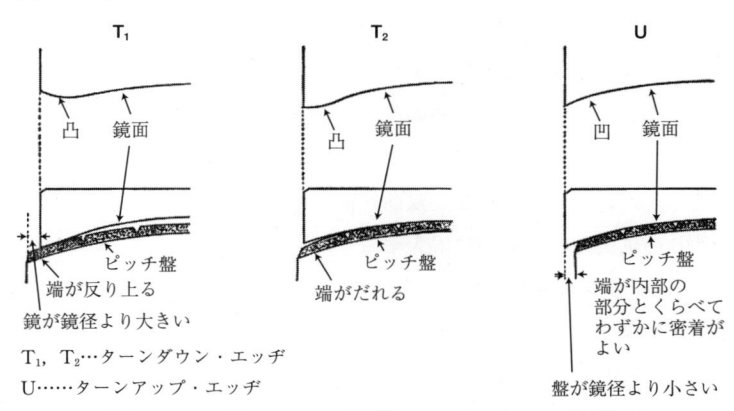

盤が鏡径より小さい

図55　ターンダウン・エッヂ及びターンアップ・エッヂ発生例

熟練すると偏球面を作るように連続研磨を行って鏡面を磨き上げるようにすることは容易であるが，初めのうちはピッチの硬さの適否判断が適切にできないため良いと思ったピッチ盤で偏球面ができないことが多い．

連続研磨で偏球面を作りだすには，図51-A及び55-U図に示す条件のピッチ盤を用いる．

2　ターンアップ・エッヂ

発生原因は偏球発生の条件と同じである．

除くのは，ターンアップの始まるところまで横ずらしを行って，アップしたところより以内を磨き去る．

強いターンアップでは，修正に時間がかかるので，研磨の第3運動を行いながら横ずらしをかけ，ピッチ盤の端に均等な力が加わるようにする．

ターンアップは完全に除去してからパラボラ化に移るよりも，わずかにアップが残された状態でパラボラ化に入る方が角を良好に保ちやすい．

こうしてパラボラ化を行うと，アップは自然にとれることが多い．

もし最後まで残存するようなら，最終の整型作業で横ずらして除くようにするか，或いはそのまま残して整型を終えてよい．

残存するターンアップ・エヂは，わずかのシボリで防げるのであるから，無理をして完全にとり去る必要はない．

偏球，ターンアップ・エヂは，好ましい錘面である．

3 ターンダウン・エヂ

ターンダウン・エヂ（略してターンダウンという）は，鏡周の狭い巾で急に球面半径が長くなっており，その度合いは端に到るほど延びているものをいう．

巾が広く，度合いが軽くなると双曲線面とまじり合い，巾が極めて狭くなれば角の曲りの拡大されたものに混入する．

a　ターンダウンの発生原因　鏡面の周辺部の磨きのかかりすぎ及び磨きの不足で発生する．

a　端が反り上るピッチ盤による発生ピッチが硬すぎるか，質が不良で端が反り上るピッチ盤で無理な力を加えて研磨して作るもので，小口径鏡に多い．図55-T_1がそれである．

ことに，硬すぎるピッチ盤で鏡周が早く磨かれたものを，研磨加重を大きく増加して中央部までの磨きを強制した鏡面では強い曲りが生じる．

ピッチ盤の端のそり上りが巾がやや広くなると，狭い巾の球面半径の異なる球面が重なったような面になることもある．

除去には，ピッチの硬さを改め，ピッチ盤を作り直して全面研磨で除く．

b　ピッチ盤径の過大　ピッチ盤の直径が鏡面より大きいとターンダウン発生の原因となる．

これはピッチ盤の縮小で除くことができる．

c　研磨運動の不整による発生　　基本3研磨運動のうち，とくに第1運動が曲線を画き，かつ先方にかえすとき，鏡の先端に加重が多くかかるときにターンダウンが発生する．

ピッチ面が良好であれば，第1運動が曲線を画いても，ピッチ面にかける研磨加重が均等であればターンダウンは発生しがたいが，これが鏡周をつきかけるような運動が加わるとターンダウンがすぐ発生する．

これは研磨運動に良く注意し，正しい運動を行う外はない．

d　ピッチの軟らかすぎ　　ピッチの軟らかすぎに基づくターンダウンの発生は初めての作者にはことに多い．

あたかも全面が良好に密着しているように見える盤で，ターンダウンが生じて困惑することは初心のうちには多い．

その実ピッチの端の密着が悪く，鏡周の砂穴が長く除かれないのがこれである．図 55 $-\,T_2$ がその例である．

ピッチを硬くしてピッチ盤を作り直す他はない．

強いターンダウンでも，酸化セリウムを用いて硬目のピッチ盤で全面研磨を行うと，短時間で修正できる．

e　ピッチ盤の端の曲り　　ピッチ盤が製作後時日が経過し，古びてくると端の狭い範囲の抵抗がなくなる．いわゆる腰折れ現象が発生する．

ピッチの硬さが適度で，質が良くても腰折れは発生する．

硬さが適度なら型の取り直しで回復できる．

ピッチに松ヤニを混ぜない，純ピッチのときには，硬さは適当と思われるものでも意外に早く腰折れが起きる．

松ヤニを加えないで起きる早いピッチの腰折れは，型の取り直しでは根本的な改善とならない．

ピッチに松ヤニを加えて質を改善して使用する外はない．

4　双曲線面

双曲線面が生じるのは，連続研磨中及び整型中の2種に分けられる．

a　連続研磨中に発生する双曲線面　　発生原因別に見ると，つぎのようになる．

a　ピッチが軟らかすぎて鏡周の磨きがおくれて，発生するもので，初めての製作者の作る双曲線面の多くを占める．

　b　研磨運動が不整で，楕円運動が不知不識のうちに混じて生じるもの．これも初めのうちに多い．

　c　全面研磨中，研磨加重をかけすぎ，ピッチ盤の端を曲げて作るもの．

　d　ピッチの腰折れによる発生．

　連続研磨において発生する双曲線鏡はほぼ以上の原因になる．

b　整型中に作る双曲線面

　a　横ずらしのかけ過ぎで作る双曲線面はもちろん整型作業のオーバーであり，説明を要しないが，これを全面研磨で負修正面にもどそうとしても，双曲線の度合いが軽くならないことが多い．

　この原因の多くはピッチがやや軟らか目であって腰折れの一歩手前にあったものが，整型のさいのピッチ盤の断続使用によって腰折れを生じたものである．

　b　磨き上った面は軽い偏球であったものが，整型にとりかかって横ずらしを開始すると，鏡周の修正量が急に増進してくる場合がある．

　これも腰折れ現象によるものであり，連続研磨では鏡面の圧力により，かくされていたものが急に発生したものである．

　以上の場合は，ピッチ盤の型のとり直しで修正できるが，ピッチ盤を使い古したものでないときには，図54のAに示すピッチの小区画の表面を軽く削り，研磨加重及び第1運動量を減じて全面研磨を行うことにより球面化ができる．

　しかし，鏡面の角が曲っている場合には，ピッチは明らかに軟らか過ぎる領域に入っているものと見なされるので，ピッチ盤は型直しを行うよりも，ピッチの硬さを改めてピッチ盤を作り直すのが良い．

5　リング

　a　凸リング　　一般に手磨きではリングは発生しにくい．

　例えば，溝を対象的に切っても，それによって整型が困難になるほどのリングは発生しない．むしろ無影響のことが多い．

　機械研磨ではリングは極めて発生しやすく，リング無しで磨き上ることは稀である．

凸リングは，ピッチの一部が凹んで不密着となるために発生するものと，中心から距離の異なる場所でピッチが反り上り，この間に挟まれた部分に相当する鏡面に凸リングを発生させることがある．

その挟まれた部分に当るピッチは凹んでいなくても，その部に相当する鏡面の両側が多く磨かれるため，相対的にその部に関するかぎり，凸リングとなっている．

凸リングの修正は，前者の場合では56図のように，鏡面の外周から見てリングの始まる部分をピッチ盤の端に置き横ずらしで磨き去る．

この種凸リングでは，外周近いものは比較的除きやすい．

後者の凸リング，すなわち相対的に発生したものでは，横ずらして美しく除くことが難しいものが多い．

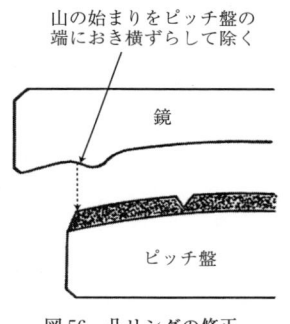

図56 凸リングの修正 (山の始まりをピッチ盤の端におき横ずらして除く／鏡／ピッチ盤)

横ずらしで修正しようとしても，リングはなお残存しておりながら，その部分を含む範囲のゾーンが凹んで来るなどは後者の場合には多く見られ，横ずらして凸リングのみを除くことが難しい．

こうした場合は，まず反り上り部分を見い出してその表面を軽く削り去ることで処理できることが多い．

鏡面の中間以内に生じたリングは除きにくいものである．

パラボラ近くなってなお残るリングは他に影響を及ぼすことなくリングのみを除くことは極めて難しいものであり，いちど偏球面近くまでもどし，とくにリングに相当する部分の両側の，ピッチ面に反り上りがないかどうかをたしかめるのがよい．

ピッチの或る特別部分の凹みのみが原因で発生する，いわば単純な凸リングはむしろ稀であり，多くはその両側のピッチ面とからんでいる．

単純な原因で発生する凸リングは，程度が軽く，スロープがなだらかであって，横ずらしで美しく除くことが割合やさしい．

b 凹リング 連続研磨で発生する凹リングは，それに相当するゾーンの

ピッチ面の一部が反り上っているのが原因である．

凹リングの位置に相当するピッチ面のゾーンを注意して探すと，反り上り部分は見つかる．

すなわち，研磨液を少し濃い目に補給し，鏡面を重ねて裏から見ると反り上った部分は良く鏡面と接していてピッチ面の色合いが他より濃く黒く見える．

また反り上り部分が生じると研磨運動が第1運動を行いながら第2運動を行うときにぎこちなく，手に感じる．反り上り部分が先方または手前にあるときには，第2運動のぎこちなさの感じは弱く，或いは感じないが，左方又は右方にあるときは良く感じるので，盤をまわって見てたしかめる．

反り上り部分がわかれば，表面を薄く削る．

表面を削り取った部分が正しい場所であれば，研磨運動が円滑になるので見当がつく．

偏球面に付いている弱い凹リングでは，横ずらしを行うたびごとに鏡面でピッチ面を圧迫し，密着を図りつつ作業すると，自然に消えることが多い．

凸にしろ凹にしろ，除去を図った結果，美しく除くことができないで細輪となって残る場合は，ピッチ面が荒れて相当複雑な凹凸を生じたものであるので，こうしたときには型直しを行うとよい．

ピッチが疲労すると腰折れのみでなく，部分的な凹凸が発生する．

型の取り直しはこうしたときの回復策である．

c 段　層（ステップ）　　球面半径に相当な違いのある部分が相隣接して発生したもので，発生原因はその部分に相当するピッチ面が，密着の度合いに段がついたように差を生じているために起きる．

その差が小部分のときにはリングとなるが，広がりをもつと球面半径の異なる2面が接しているような面となる．

手磨きでは比較的少ないが，機械研磨でストロークの巾（以下「振り」という．）を換えずに磨きを続けると，振りが最大となる鏡面のところでステップが発生する．

手磨きでできるステップは，連続研磨でできたものであれば，短かくなった球面半径の部分に相当するピッチ面の反り上りであり，その対策は凹リング除

去のそれと同じである．

整型中に作るものは，横ずらしの量が固定され，かつ横ずらし作業が多すぎたのであるか又はピッチ盤の端の反り上りが主な原因である．

これは全面研磨でもどすことができるはずである．

6 中央の山と穴

a 山 　連続研磨で作るものでは，中央部またはその接する部分のピッチの不密着による．

除くのは，山の始まる部分までずらした横ずらしによる．

整型中に山が生じ，他の部分の鏡面はほぼ整型が終っているものでは，敢えてこれを除くかどうか迷うことが多い．

ピッチがやや硬目と思われるときには，中央に残る小さな山を完全に除くことは難しい．

こうしたピッチ盤では，山の始まる所まで横ずらして研磨しても，山は径を縮小するがなお残存していたり，急に山の周囲が凹んだり，或いは穴を作ることが多い．特に部分的な不密着のピッチ盤ではこの現象が生じる．

硬目で，端が抵抗するピッチ盤ではことに除去は難しい．

このときには，鏡盤を重ねて重りをのせてしばらくおき，ピッチ面がなじんでから横ずらしを行う．

このときの横ずらしは，山の直径が小さいときには円滑に行うことは困難であるので，鏡の中心が盤の端近くまでかかる楕円運動による横ずらしで成功することが多い．

このときは，研磨加重を減じ，横ずらした側の鏡面をやや引き起し気味に作業を行うのがよい．

鏡面は必ず1回転は行わせないと偏心した穴を作る恐れが多分にある．

ことに酸化セリウムを使用すると，偏心した穴や，山さえ偏心して残る．

中央に残存する小さな山の除去は紅がらが使いやすい．

ピッチが軟らか目であれば，中央の山は浅いものが横ずらしを行って行くと残って来て，最終には中央附近の横ずらしで消えることが多い．

鏡の中央部は軟らか目のピッチ盤が使いやすく，美しい姿にできる．

硬目のピッチ盤を用い，鏡周，とくに角を良好に作ろうとすると，中央の山の除去には苦労することが多い．或いは，中央に穴を作って全面磨きで浅くすることで山を除く方法も硬目のピッチでは良く用いられる．

一般に中央に近づくにつれて，第1運動の量が過大すぎる傾向が生れる．

これが中央の山を除きがたくし，わずかの作業時間で深い穴を作る原因の一つにもなっている．

研磨の第1運動量は中央に近づくにつれて小さくし，かつ研磨加重を減ずるようにしなくてはならないが，整型が最終に近づくと経験者でも我を忘れて粗暴な作業となりがちである．

研磨液を薄くすることも必要である．

b 中央の穴　　連続研磨で発生するものは，中央かその附近のピッチが浮き上り，密着しすぎるからであり，硬さが適度なピッチのときにも往々発生する現象である．

これはピッチ面を薄く削りとることで回復する．

整型中に作ったものは，全面研磨で鏡面の修正量を減じて穴を除かねばならないので，中央部の横ずらしは常に少な目に止めてテストするのがよい．

このとき，穴を早く除くためにピッチ盤の中央部の表面を軽く削ることも行われる．

ピッチ盤の中央部は，削られて密着が悪くなっていても，横ずらし作業に影響することはほとんどない．

以上中央の山または穴の除去について述べたが，中央部の整型を失敗し，全面磨きで負修正面にもどす作業がスムースに進渉すれば良いが，これがうまくいかず，鏡周が曲げられたり，双曲線面の度合いが軽くならないことが極めて多い．

たとえ全面研磨を行うに先立ち，鏡盤を重ね合わせて重りをのせて密着化を行ってから作業をしても，なおかつそうした結果となることは多い．

原因はピッチが古びて部分的凹凸や腰折れを生じたものや，軟らか目であるものがそれである．

繰りかえし述べるが，このときはピッチ面の型直しか，新たに硬さを改めて

ピッチ盤を作り直す外はない．

中央の山や穴は，その直径が充分小さいとき，すなわち斜鏡径よりも小さくて，斜入光線に対しても関連がないときには，全く像には影響がない．

従ってかかる小さな山や穴が鏡面に残存していても，光学系の能力には全く無関係であり，支障がない．

たとえ斜鏡径と同等か，少しはみ出たとしても実像への影響は極めて小さく，焦点内外のジフラクション像にその欠陥を示すに過ぎない．

従って，実際上は斜鏡の短径以内の小さな山や穴は敢えて除く必要もない．中央の欠陥は斜鏡の短径以内であれば，斜鏡金具でさらに広げられて覆われるのであるから，目的をこれに置けばよいのである．

しかしフーコーテストでは中央の欠陥はいやという程はっきりその姿を見せるので，除きたい欲望を抑えるのはむつかしい．

こうして鏡面の修正を行きつもどりつすることは多いが，これを敢えて愚かであるということは間違いであろう．

可能性を求めてやまぬ態度こそ向上につながるものであるからである．

7 鏡周の角の曲り

鏡面の角が極めて巾狭く急激に球面半径が延長しているもので，角が鈍ったといわれている．

フーコーテストでナイフを左から右に進めて鏡面をかげらせていくと，左側の鏡周は暗くなるが右側の鏡周には強い光輪が残る．

角の曲りが軽微であれば，鏡周の左側にも光輪が残り，角が完全であれば全周に同じ強さの光輪がとりまく．

ターンダウン・エッジ鏡では通常角も曲っているが，角の曲っていない場合も稀ではない．

角の曲りは，ピッチが軟らかすぎても硬すぎても発生し，硬さが適当でもピッチ盤の直径が鏡径より大きかったり，腰折れしたピッチで発生する．

一般に酸化セリウムでは発生しにくく，紅がらでは生じやすい．

全面研磨では良好な角であったものが，横ずらしで整型を進めていると，次第に角が曲ってくることが多い．

この現象はピッチが軟らか目のときとピッチが製作後相当研磨に使われるか時日が経過し端がだれ始めたときに生じる．

　ピッチ盤は作製して研磨に使用しなくても製作後時間がたてば腰折れは生じるものである．また型直しを繰り返すと角曲りの回復はできなくなる．

　ほとんど研磨に使用していない盤を，鏡盤を重ね合わせて水中につけてピッチ面の変型を防いでも，時間が経過するとピッチの端は不密着となる．

　角を良好に保って整型を完了するためには磨き上ったときの鏡面がターンアップ・エッヂとなるようにして，整型を進める方法をとる．

　磨き上ったとき，ターンアップのない鏡面では，横ずらして整型を進めると角が必ずといって良く曲ってくる．

　製作直後のピッチ盤で，ピッチ面の直径を鏡面の径より3〜4mmほど小さくすることで15cm鏡ではターンアップを作り出すことができる．

　もちろんピッチは軟らかすぎてはいけないがやや軟らかい程度では，加重を減じることによって全面研磨でターンアップを作ることができる．

　鋭く強いターンアップは硬目のピッチ盤によって生じる．

　このようなターンアップの鏡面では，整型の最終段階まで良好な角であるのが普通である．

　しかしこうした硬目のピッチ盤では，ピッチ盤の端が反り上り，鏡の角を急速に曲げることがあり，横ずらしのたびに鏡面によるピッチの圧迫を必要とする．煩雑ではあるが行なわなければならないことである．

　硬目のピッチでは，角は良好にできても鏡の中央部の整型が難しく，美しいカーブが極めて作りにくい．

　このときには，15cm鏡の場合ピッチ盤面を鏡面より10mmほど縮小すると或いはうまくいくことも多く，中央附近では研磨材に一度使用した紅がら粉を使用するも一方法である．

　硬目のピッチでは鏡周によく，軟らか目のピッチでは中央部に適する相反する特質がある．

　この性質は石油系ピッチにおいてやや強くウッド系はそれより弱い．これがウッド系の持つ良さであるが，良質のピッチの入手が自由でないので，このこ

とは一般論にすぎない．

　鏡面は角が完全であれば，開放で使用して星像は乱れがないが，僅少の角の曲りがあれば，星のジフラクション像にその欠陥を示すので，シボリを用いる必要がある．

　小口径であればともかく，口径が大きくなれば，全周に均しい光輪をのこすように鏡面を作ることは困難となって来る．

　わずかでもフーコーテストで鏡周のジフラクションリングに強さの差があれば，シボリを使わなければならない．

　どうしても鏡面を開放で使用する場合には鏡周をすり取って角の曲りの部分を除いて使用する．

　鏡の角を良くすることは酸化セリウムを使用することで相当得られやすくはなったが，決して充分ではなく，角を完全に作ることの難しさは依然としてのこされている．

　角が良好であることは技術の良さを表わすひとつの基準でもある．

8　偏　心

　ハンドルが中心よりずれていると，横ずらしを進めていくと中心が偏ってくる．

　これは必ずといって良く発生する．15cm鏡で中心が2mmもずれると起きる．

　ハンドルは正しくつけていても，横ずらしのとき，中央附近を修正中に発生することもある．

　これは酸化セリウムを用いたときによく発生し，紅がらでの発生は少ない．

　修正は全面研磨で行うので，時間の損失も大きいので，ハンドルなどはときおりチェックしておかないと，気付かないうちにずれていることが良くある．

9　その他の鏡面の欠陥

　以上8項まで述べた欠陥は鏡面の対称的な形で生じるものであるが，鏡面の欠陥はこれだけに止まらず，非対称的欠陥も発生する．

　a　レモン状斑　　鏡面がレモン皮のような斑紋でおおわれるものをいう．

　ピッチが軟らかいもので，研磨粉が荒いときに発生することが多い．

　アマチュアの作品で，口径の大きい鏡面に多い欠陥である．

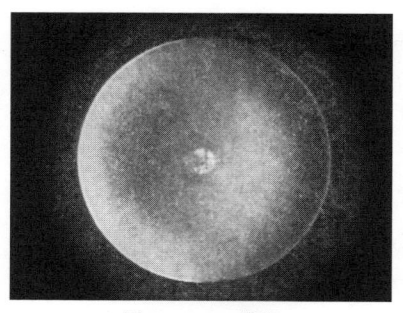

図57 レモン状斑
5μピンホールを用いて影を強調して写したレモン状斑の代表的な姿である．ピンホールの径が大きくなったり，光源が暗いと肉眼では見えにくい．

星像への悪影響が生じ，コントラスト及び鮮鋭さが低下する．

修正はピッチを適度の硬さに改め，一度使用した研磨粉を用いると短時間で磨き去ることができる．

フーコーテストで不馴れのときや人工星が暗いとき，ピンホール径が大きすぎると目につかないですますことが多い．

b 不規則斑 レモン状斑とほぼ同じ原因で発生する．硬さが適度でも荒い酸化セリウムを使用した横ずらしのときに生じることもある．

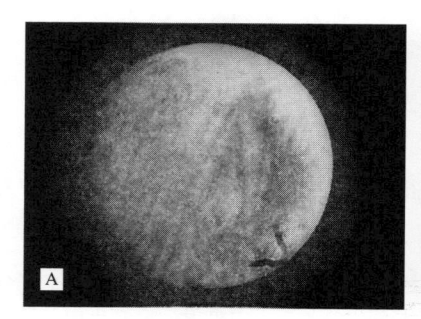

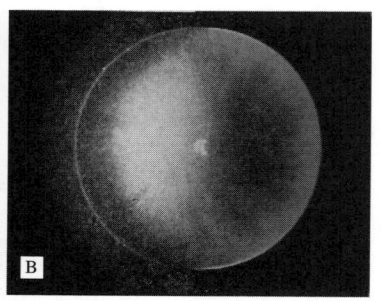

図58 不規則斑と放射状痕

A 不規則斑
　　ピッチが軟かすぎるときに生じるひとつのタイプ．
　　右下の不規則線条は微細な繊維くずによるジフラクション像．鏡面上の小さく丸い斑は埃によるジフラクション像　5μピンホール写真
B 放射状痕
　　硬目のピッチで生じた放射状痕ガラス材は磨き青板ガラス　8μスリット写真

鏡面に大きな傷があると，ピッチが軟らかいときにはその傷をとりかこんで深く大きな痕が発生する．

この痕はピッチ磨きでは容易に磨き去ることができないくらい深いものが発生したりする．これらは砂ずりにもどるのがむしろ修正時間が少なくてすむことがある．

極めて稀な例であるが，ガラスの質が一部で異なったために発生するものも，

鋳込み青ガラス材ではある．これも全面研磨では痕とならないで磨かれているが，横ずらしを行うと生じる．

不規則痕は面積も小さく，程度が軽いものでは，星像への悪影響は少ない．

c 放射状痕　新しい酸化セリウムを用いて整型を進めているとき及びピッチが硬目のときに良く発生する．

全面研磨で発生していないが，横ずらしを行って行くと，球面からパラボラ面へと移るころ発生してくる．

ピッチが硬目で酸化セリウムの粒子が荒いと多発する．

放射状痕は一般に痕が浅く，外見よりも面積が狭いので，星像への悪影響はほとんどない．

この痕はウッドピッチでも良く生じる．

除去は，その盤でも全面研磨で新しい酸化セリウムを用いても短時間で除くことができるので，再発をしないように横ずらしを行う前に必ず鏡盤を重ねて密着化を行い，研磨粉をできたら一度使用したものにかえる．

紅がらでは比較的できにくいので，整型は紅がらで行うのも一法である．

鏡材が軟質ガラスでは発生しやすく，ことに鋳込みの粗質青ガラスでは出来やすい．

パイレックス系では発生しにくい．

d ガラス面の焼け　ピッチ盤に水分が乾きかけて来ると，急に鏡面に発生することがある．フリントガラスに発生しやすい現象である．

焼けは斜から鏡面をすかして見ると良く眼につき，フーコーテストで面に斑があるように見える．

手磨きではほとんど発生しないが，機械研磨ではときおり発生を見る．

粗質の青ガラスでは，自然に発生することの方がむしろ例は多い．

焼けは極めて薄くガラス面をおおっているので，全面研磨で短時間で除去できる．

焼けがあるとアルミナイズに斑が生じる．

研磨中の焼けを防ぐには，研磨液にわずかの氷酢酸を加えて行うが，手磨きでは通常その必要はない．

e スリーク 微細な傷のことをいう．鏡面を正面から見たのでは眼につかないが，電灯光を反射して見ると明暗の境目あたりで，くも糸が光るように小さな傷が見える．

星像への影響は極めて微小であるが，その数を増すと影響を及ぼし，像のコントラストを低下する．

表面反射鏡は光の散乱がレンズ系にくらべて多く，ただでさえコントラストが悪いのでスリークは少ないのがよい．ことに平面鏡では集束光中に置くのでその要求が強い．

スリークは新しい研磨材を使用して整型を進めると多数発生する．

研磨材は酸化セリウムでも紅がらでも同様である．

一度使用して細分化された研磨材を使用しないかぎり，その発生は防ぎがたいものである．

最初の鏡のときには，このことは無理である．

このときには，例えば15cm鏡であれば，整型を口径の中間くらいまで進めた後は，新たな研磨液は補給を行わないで，水のみを補給し，溝中にたまった粉を少しほりおこして不足を補いながら整型を進める．

スリークは埃がかかっても発生するので，整型中にはピッチ面へ空中や衣類等からの埃がかからないように注意し，またフーコーテストのときなどでピッチ面から鏡面をはずすときには，小時といえども必ずピッチ面を容器で覆い，埃がつくのを防ぐ．

f 傷 わずか直径15cmの鏡面でも，初めのうちには1本の傷も作らないで作り上げることは難しい．

傷は熟練するに従って減少する．

傷のうち，フーコーテストでほとんど目立たないものは，少数であれば星像への影響はほとんどない．このような傷でもメッキをすると大きく目立ち，また傷が整型中にでも発生すると気がかりが強いが，2～3本であれば影響は皆無といってよい．

フーコーテストで太く強く光る傷は影響が大きい．

肉眼で見たときには小さくても，フーコーテストで太く光る傷の場合は悪質

である．

　ピッチが軟らかいと傷の両側が掘り下げられて磨かれ，拡大される．

　ルーペで見てやっと眼につく程度の傷であれば，酸化セリウムを用いて全面研磨で 1～2 時間で磨き去ることができる．

　フーコーテストで目立たない傷なら，十数本あってもほとんど悪影響はないものである．

　全面無数にできたときには砂ずりにもどるのが早道である．

　傷は不注意で作るものがほとんどであるから，経験を増さないと完全に除くことはむつかしい．

　g　気泡，異物の表面浮出し　　鏡材が鋳込みで表面が不透明のものでは，あらかじめわからないため，面をある程度砂ずりして検査する必要がある．

　事前の検査で見おとしていたり，研削中に表面に出て来たりすることは例が多い．

　気泡は円形をしているので異状が発生することが少ないが，異物は不整形で，かつ白く石膏のように多孔質で軟らかいため，この部に砂や研磨材が附着し，とくに砂ずりでは鏡の回転方向と逆の方向に，あたかも風で吹きさらされた砂のような姿で荒い砂穴がのこる．

　この異物は多分坩堝の小片の耐火性粘土と思われる．この異物はそのまま放置せず，針先でとり除く．

　これらもピッチが軟らかいと穴の回りが曲りこんで穴を中心に大きく凹み，悪影響を及ぼす．

　h　残存砂穴　　無数に残存する砂穴は悪質である．ことにメッキしてみると鏡面が白けて見えるものは悪質で，像のコントラストおよび鮮鋭さを著しく損う．

　視野のバックが著しく明るくなることにより，淡い光の対象が見にくくなる等大変好ましくないものがある．

　従って砂穴はできるだけ少なくする．

　数時間以上十数時間も研磨してなお除くことのできない砂穴は，500 番以前の砂穴，とくに荒ずりとその次の段の砂穴が残存しているもので，ピッチ研磨

では除くことができないものである.

これらは砂ずりにもどり，いまいちど各段の砂ずりを丁寧に行う必要がある. このとき例えば500番砂にもどれば良いと思われても，さらにその前の250番にもどることの方が適切な場合が多い.

初心者の鏡面に残存する砂穴は，250番砂以前に源を発するものが多いようである.

鏡面の大部分は良く磨けているが，鏡周に砂穴が残ることも初めての製作のときには多い.

経験者でも鏡周に砂穴を残している鏡面が多いが，これは不良である.

鏡周はむしろ中央部よりも砂穴を完全に除いておかなくてはならない.

鏡周は巾が狭くても面積が広いので残存する砂穴の悪影響は大きい.

i 鏡面の光沢の不良 研磨整型を完了した鏡面は，砂穴やスリークが同じ程度に少なく磨かれていれば，同じ光沢であるかといえば，必ずしもそうではない. レモン状斑が生じると著しく光沢が悪くなる.

ガラスが硬いと概して光沢は良いものが得やすいが，青ガラスより硼硅酸ガラスが必ず光沢が良いかというと，必ずしもそうではない.

鏡面の光沢は，研磨粉が微細であるほど良いということははっきりしているが，条件はこれだけではなく，ピッチの質や硬さにも関連する.

研磨粉が荒く，ピッチが軟質のときには鏡面の光沢が低下する.

これは一方は一度使用した研磨材を使用し適度のピッチで磨いた面と並べて電灯光を反射させてみると一見してその差に気づく.

ウッド系ピッチは石油系ピッチよりも酸化セリウムの新しい粉を使用すると光沢が悪い.

レンズ工場では，このことをレンズのつやの良否で表現している.

一般に酸化セリウムよりも紅がらがつやの良い面が得られる.

また同じ紅がらでも黒べにと呼ぶ四三酸化鉄を含む紫黒色を帯びたものがつやの良い面が得られるのでレンズ工場では賞用される.

ガラス面の光沢は，同一種類のガラスのときには，研磨した直後が最も良く，時間が経つにつれて低下する.

光沢の低下はガラス質によって大差がある．

鏡面の光沢が良いと，対象像のコントラストが良く，バックの黒みや鮮鋭度が増す．

このため熟練者では鏡面の砂穴やスリークの存在を極力少なくし，光沢の良い鏡面を作ることに努力しているのである．

像の見え工合の良否は球面収差の多少のみで定まるものではないのである．

パイレックス系の反射鏡材などは，こうした光沢の維持等の特性においても，鋳込み青ガラスの粗質のものの比ではないのであり，こうした点からも口径が大きくなればその使用が必要なのである．

第6 整型時に使用する研磨材

すでにしばしばこの件については述べて来たのであるが，ここで最終的にとりまとめて説明しておく．

1 整型に適する研磨材

整型時に使用する研磨材は，ガラス面にスリークもつけず，光沢の良い面を保ちつつ，研磨痕等のできにくい，研磨速度はむしろ遅く，修正がゆっくり進むものが適している．

もっとも修正速度が遅いのが良いのは眼視用の反射鏡に必要なのであり，大口径の短焦点鏡ではその逆の特性が必要とされる．

こうした目的にほぼ近いものが，いちど使用した研磨材を集収したものなのである．

酸化セリウムと紅がらは，それが共に一度使用したものであれば，酸化セリウムが良く切れ，研磨速度はずっと早い．

しかし新たな紅がら粉と一度使用した酸化セリウムを比べると，研磨速度ではなお酸化セリウムが速いものがあるが，その他の点ではるかに優る．

2 使用した研磨材の収集

連続研磨のとき，補給液がピッチ盤の外に流れ出ないように注意して補給を行う．

或る程度使用ずみの研磨粉がピッチ盤の縁や溝中にたまって来たら，補給量

を少し増してもピッチ盤のふちから流れ出すことも少ない．

　こうして研磨を続け，或る程度粉がたまって来たら，鏡面のふち及びピッチ盤のふちに累積した粉は厚手の紙のへらを使って集め，水と共にガラスビンにたくわえる．

　溝中の粉は毛筆で集める．

　こうして収集した粉は，水分離を行えばさらに完全となるが，量の少ないものであるから注意して異物や埃などが混入しないよう，慎重に研磨を行うようにすれば，集めたままのもので使用できる．

　水分離の代りに，ガーゼの間に脱脂綿をうすくはさみ，これで集めた粉を水と共にこして使用することもできる．

　もし集めたままの粉で鏡面に傷が生じるときには，この方法で液をこして用いることで荒い異物を除くことができる．

　ピッチ研磨の当初から，使用した研磨液は全て回収する予定で研磨にとりかかることは最も望ましいことである．

3　使用した研磨材の有効な使い方

　収集した研磨材は量が極めて少量であるから，整型の中途までは新しい研磨材や，収集しのこした溝中の粉を使い，最終的に収集した粉を用いるようにするのがよい．

　これで最初の鏡作が予定どおりにできることは無理な点が多いと思われるが，方向として理解いただきたい．

4　酸化セリウムと紅がらの交互使用

　これは可能であって，特に支障はない．

　整型の初めのうちは研磨速度の早い酸化セリウム（もちろん使用ずみ粉である）を用い，鏡面の中央近くなって研磨がゆっくりと進むものでないと整型が難しいときに紅がらを用いることは良い方法である．

　ただ問題は酸化セリウム及び紅がら共に使用ずみの粉を用意して置かないとできないことである．

　反射鏡を研究してみたい読者にはこうした方法についての研究をおすすめしたい．

そ の 他

第1 整型時の鏡面の温度変化

整型が進み，鏡面が球面近くなると，フーコーテストで研磨直後にはパラボラの影に見えていたのが，十数分も経過すると偏球になってくることが多い．

これが鏡面の温度による変化である．

温度による鏡面の変化は，研磨を終えて鏡面をピッチ面から離した直後に最も大きく，時間が経過すると次第に正常に復する．

変化の強さはおよそ次のとおりである．

(1) 膨張係数の高いガラスほど強い
(2) F数の大きい鏡面が強い
(3) 夏期より冬期が変化が強い

1 普通ガラスの温度変化

例えば，青ガラスを用いた15cmF8鏡では，最大の温度変化は冬期では修正値の4倍近いものとなる．

夏期では変化は少なくなり，3倍弱かこれを少し超過する程度となる．

変化はF数が小さくなると少なくなり，15cmF4では2倍程度の量となる．

変化を起こす原因である熱源は，ピッチ面の熱及び研磨による摩擦熱並びに研磨者の体温等である．

ピッチが冷えて室温に近くなり，研磨時間が短縮（1～2分以内）すると変化量は少なくなる．

このとき，手に手袋を使用すると変化はさらに減少するが，それでも最大のときの半量以下に減ずることはできがたい．

普通ガラスでは，15cmF8鏡の場合は約15分経過すると，ほぼ常態に鏡面はもどる．

このことが整型に多大の時間を要する最大の原因となっている．

鏡面が常体にもどるのを待つ時間は，ピッチ面は開放されるので，面の変化が生じる．

従って，しばしば述べてきたように，次の研磨に当っては鏡面によるピッチ面の圧迫でこれを匡正してからでないと鏡面に思わぬ影響を及ぼすため，さらに待つ時間が増す．

こうして整型が終りに近づくと，作業時間は，1時間の間で数分以内，ときには1分間にも満たず，作業回数も最大4回程度にすぎなくなる．

15cmF 8鏡の整型は，球面からパラボラ化までの正味作業時間は，長くても十数分以内であろう．

しかし鏡面の温度変化のため，熟練しても15cmF 8鏡で順調に整型が進んだときでも数時間を要する．

中央はハンドルの影響により，30分以上1時間も放置しても正常面とならないことが普通である．

通常ハンドルの位置に当る鏡面，すなわち中央部に山が生じて長くその姿を留めている．

このため，山を除いて正常となったと思っていたものが，数時間後，とくに24時間を経過した翌日にテストすると，穴となって過修正になっていることが起きる．

中央以外では，15cm鏡では30分も放置すれば正常面におちつく．

温度変化は，口径が増すと，それにつれて正常化までの時間が長びき，15cmF 8では15分もまてばほぼ正常の姿となるものが，20cmF 8では最低20分を要する．

熟練すれば，変化を見越して作業を進めることも或る段階まではできるが，パラボラに近づくとやはり鏡面が正常に復するのを待ってテストを行わなければならず，多大の時間が待つために必要となる．

2 硼硅酸ガラスの温度変化

パイレックス，或は同系統のガラスでは青ガラスに比べてその膨張係数は約1/3であるが，鏡面の温度変化はそれ以下に小さい．この理由はガラス材の項で説明したとおり，ガラス内の熱均等化作用の差によるものである．

整型時の鏡面変化は，通常15cmF 8鏡で1〜2mm以内の量である．

パイレックス系ガラスでは，こうした湿度変化の少ないこと及びガラスが硬

いため，整型の進み方が青ガラスに比べて緩慢であることの2点で，青ガラスに比べて整型が行いやすい．

3 超低膨張系ガラス

セルビット，クリストロン−0などの結晶化ガラスでは，15cmF8程度のパラボラ鏡では，温度変化による鏡型変化は，鋭敏なフーコーテストでも全く認められない．

また，手に持ったために鏡面が変化することも認められない．

ただ，F数の大きな球面鏡では，中央のハンドルの影響がわずかに認められたが，その量はフーコーテストで0.1mmよりも小さいものであった．

これらのガラス材では，整型時に温度変化による時間のロスが皆無であり，整型は早くかつ精密にできる．

最も反射鏡材として好ましいが，高価であることで使用しにくい．

しかし将来には量産化も進み，価格も下ってくるものと考える．

第2 鏡面に要求される精度

実用上充分な精度をもつパラボラ鏡とは，その鏡の口径に応じて生じる理論的なジフラクション像の直径と同等以内の範囲まで光を集中できる精度のものをいう．

この点に関し英国のロード・レイリー（Lord Rayleigh）は，鏡面の各ゾーンによって生じる光路長の差が1/4波長以内であれば，光は理論的に充分な範囲内に集中し，像は充分なものとなることを見いだした．

この範囲内にあるためには，鏡面の誤差は理論値より1/8波長以内でなければならない．

これが有名なレイリーの限界といわれるものである．

鏡面の誤差を1/8波長以内に作ることの困難さは一義的ではない．

口径が大きく，F数が小さくなるほどその困難さは急激に増大する．

小口径で長焦点鏡では，この限界に作ることはそう困難ではない．

表10にレイリーの限界について，各種口径及びF数を例示した．

表10に示した基準は，球面収差を除くための，最低基準として見ていただ

表10 レイリーの限界
鏡面の誤差 $1/8\lambda$（$\lambda=5600$ Å）のときの許容誤差（±%）

F数 \ 口径 cm	10	15	20	30	備考
5	8.9%	5.9%	4.5%	3.0%	
7	24	17	12	8.3	
8	37	24	18	12	
10	71	48	36	24	
12	103	69	52	34	

注　誤差は＋または－のいずれかの場合であって，双方にまたがるときには，両者の絶対値を加えた値が表の%の範囲内であることを要する．

きたい．

　著名な惑星面観測者には，惑星面を観測するために必要な鏡面の精度は $1/16\lambda$ を要すると主張する人もいる．

　鏡面は球面収差の他に，さらにつぎの条件が整わないと充分な能力は発揮できない．

(1)　鏡面にはリング，ターンダウン，平面鏡の径を超える山や穴がない平坦な面であること．

　たとえリング等の強さがレイリーの限界内であっても面が平坦でないと像の鮮明さは損なわれる．

(2)　鏡面には砂穴の残存，研磨痕，レモンじわ等がなく，光沢の良い面であること．

　傷も少ないことが必要であるが，フーコーテストで目立たない傷であれば，数本以内であれば特に障害はない．

(3)　偏心がないこと．

　すなわち，以上の条件が整っていてレイリーの限界内になくては，星像は充分なものではない．

　反射鏡の像がコントラストが悪いといわれる主な原因は，上記欠陥によるものである．

　コントラストが低下すれば，微光星が見えにくくなり，不等光2重星も分離が難しくなる．

鏡面が荒びると，コントラストと共に鮮鋭さが低下する．

このため鏡面は球面収差を少なくすると同等以上の努力を鏡面が平坦で光沢の良いものとするために費やすことを熟練者といわれる作者は行っている．

第3　観測時の鏡形

夜間星を観測するときには，温い屋内からの望遠鏡の持ち出しや，或いは気温の降下などでガラス材が温度変化を起こし鏡面が変化する．

温い屋内から持ち出した直後に星のジフラクション像を見ると，鏡周は過修正に中央部は山が生じた鏡形になっていることがわかる．

この鏡形の変化は，普通ガラスでは強く現われ，15cmF 8 鏡では，正常の鏡面の 2 倍以上も鏡周が過修正となることも発生する．

この差は屋内外の温度差によって異なり，夏期には少ない．

この変化はパイレックス系ガラス材ではかなり小さく，実用上の障害は少ない．

かつて普通ガラスを使用していたときには温度変化に対応した鏡形について種々論じられ，実行もされていたのであり，普通ガラスを用いるときには今日でもこのことはいぜんとして残されている．

夜間気温がぜんじ低下するときには，普通ガラスの鏡面では，鏡形が安定しにくい．

かつて反射望遠鏡の中心地でもあった英国の名工といわれたジョン・カルバーが，鏡周を負修正に，鏡央を過修正に製作していて，その鏡面の卓抜な精能をうたわれ，このような鏡形が実用上最良であるといわれていた．

これに対し，同じく英国のエリソンは，眼視鏡では理論値の 80％の修正に止むべきことを主張し，これを実行してその作品の名声と共に，彼の信頼者も多くいた．

パイレックス系ガラス材であれば，正しい曲線にできるだけ近づけて作るのが良く，敢えてこれを変える要はないものである．

青ガラス材であっても，筆者はできるだけ正しい曲率に近い面を作ることが良いと考えこれに努めているのであるが，低膨張ガラス材やことに超低膨張ガ

ラス材が自由に求められる今日，これを論じようとは思わない．

ただ，いずれが良いかといえば鏡周は過修正をさけ，負修正に留めることが良いことは事実である．

望遠鏡をスリットを設けた観測室に入れると，野天での観測に比べて鏡面の変化は相当減少する．

ことにパイレックス系ガラスでは変化が少なくなり，実用上鏡面の温度補正の必要がなくなる．

観測時の鏡形変化の著しいのは太陽観測であり，パイレックス系でも鏡面は強く変化させられる．

太陽観測には超低膨張ガラス使用が特に望まれる．

第4 焦点距離

焦点距離は，便宜上人工星とナイフが鏡面から等距離となるよう平行しておき，鏡面の中央が左右同じに影が生じる位置，すなわち中央部の球面半径を計り，その1/2をとる．

正しくは平均焦点位置を算出して決定すべきであるが，実用上眼視鏡ではあまり意味がないので行われない．

ただし，収差の大きい鏡面，例えば双曲線面では，最も良く見える焦点位置は，上記球心による値よりも少し長い位置にある．

偏球面ではこれが逆になる．

観測時の鏡面は，普通ガラスでは相当変化し，暗室内のものと焦点距離は変るので，眼視鏡では5mm以下の端数を整理して，表示されていることもあり，実用的にはこれで良いのである．

正確にいうなら，反射鏡の最小錯乱円の生じる位置（表9参照）を基準とし，光軸上の鏡面までの距離をとったとしても，アイピースの焦点距離は正しく表示どおりではなく，かつ肉眼の最も鋭く見える位置にも相当な個人差があるもので，さらにこれに鏡面の温度変化が加われば，眼視鏡では正しい焦点距離の決定はあまり意味をもたないようになる．

平均焦点位置の求め方については，帯測定の実例の項で説明したとおりであ

るのでこれを参照されたい．

　しかし，こうして求めた平均焦点位置及び星像収差については暗室内の数値で，いわば静的な値であり，実際観測上の場合は少量ではあるが異なることが普通であることを理解いただきたい．

第5　整型完了後の鏡の処理

整型を完了した鏡は，次の処理を行う．

1. 鏡周及び角についた研磨粉を除く．

紅がらは塩酸で除くことができる．

または♯500のエメリーを軟らかい木片，たとえば桐などの小片に水をつけて鏡周にすりつけると簡単に取れる．

酸化セリウムは後者の方法で除くとよい．

2. ハンドルは横から木棒や木槌で打って取りさり，ガラス面のピッチはシンナーか灯油等で溶かして除く．

もしピッチの付着している端のところでガラス面に斑文が生じているときには，研磨粉を布面につけて磨くと簡単にとれる．

3. 鏡面の裏面には，焦点距離，作者名，製作ナンバー，完成月目等をガラス切りで入れる．

ガラス切りは，切れ味の鈍ったもので，ガラス面を傷つけるだけのものが良いのである．

良く切れるガラス切りを用いると，ガラス面が深く切れこんで文字が太くなって見にくくなり，深い傷だとひびわれさえ生じる．

4. 鏡面のメッキはできるだけ早く行うのが良いが，事情によって無メッキで保存するときには次のようにする．

　(1)　まず鏡面を石けんで良く洗い，充分水洗し，洗いさらしたガーゼ等で水をふき去る．

　(2)　無水エチルアルコール及び液状エーテルの等量の混合液で脱脂綿を用い鏡面を良くふく．

ついで乾いた洗いさらしの木綿布やガーゼで鏡面をふく．

(3) 以上のように処理した鏡を脱脂綿にくるみ，木綿布でつつんで，金属製の箱に入れて保存する．

デシケーターに入れて保存すればさらに良いことはいうまでもない．

箱はボール箱でも良い．

こうして保存しても，雨期ではその始めと終りには必ず鏡面をアルコールとエーテルの混合またはアルコールだけでも良いので，これを用いて良くふいて保存しかえる．

鏡面は直接手でふれたままにしておくことが最も悪い．

手のついた跡にはカビが発生しやすく，またガラス質によっては，数カ月も放置するとその痕跡が鏡面に固着したようになってガラス面が変質し，拭いてとることができなくなることも多い．

第6 フーコーテストの影の写真撮影

フーコーテストによって生じる鏡面の影の状態を写真に撮っておくと良い参考になる．

写真は或る場合には肉眼以上に鏡面の欠陥を明瞭に表わす．

例えば淡いリングや斑文などの場合がそれである．

1 撮影に適当な写真レンズ

ネガ上の鏡面像が小さすぎると，鏡面の詳細がわからないので，適当な大きさの像が得られる焦点距離のレンズを使用する．

鏡のネガ像のスケールは次の式で求める．

$$l = f \tan\theta$$

但し　$l=$ ネガ像のスケール

　　　$f=$ 写真レンズの焦点距離

　　　$\theta=$ 鏡面を球心から見わたした視角であり，F 5 鏡で約 $5°\,45'$，F 8 鏡で約 $3°\,35'$ である．

35mm 判では，F5 より F 8 鏡までは f 200mm の望遠レンズが適当で，F5 鏡のとき，約 20mm の鏡像が得られる．

2 装置と撮影

図 59 のように，フーコーテストにおける眼の位置にカメラのレンズの先端を置き，ピントをテストする鏡面に合わせる．

こうして置いてナイフの位置を調整して影が適当に生じるようにして露出を与える．

1眼レフでは鏡面の影をファインダーを通して見ることができるが，ペンタプリズムを取りはずして直接ピントグラスの像を見る方がずっと明るく良く見える．

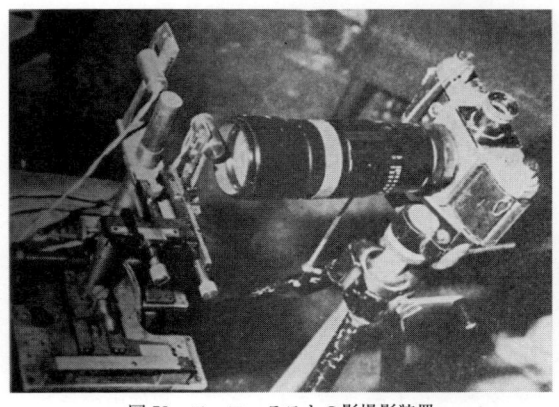

図59 フーコーテストの影撮影装置

露出は光源の明るさとピンホール又はスリット巾で差が生じるので，実験的に求める．

像は暗いので，使用フイルムは高感度のものを使用し，現像は増感性のものよりクリヤーなネガが得られるものがよい．*

撮影のさい，シボリは開放にしておく．

露出はナイフのところに生じる人工星像が入射瞳となるので，レンズのシボリ及び明るさは関係しない．

露出中振動や気流の乱れがあると像がぶれたりむらとなる．

ことに強い気流の乱れがあると，鏡面は奇怪な像模様となり，鏡面の判断ができなくなる．

ロンキー縞も同じ方法で撮影できる．

なお，鏡面の影は，レンズを用いずに，カメラを適当にナイフから遠ざけて写すこともできる．

レンズなしで撮影した像は，人工星のピンホールを充分小さくしてもレンズ

---

* 筆者の場合，SSS を用いてピンホールで 5 分以上，スリットで約 2 分が最低露出となっている．

使用の場合にくらべて鮮鋭さが大きく劣る．

鏡材の裏面が磨かれているものでは，裏面の反射により小さな丸い像の中に光源やナイフ像が写るが，像が小さいので判定のさまたげにはならない．

こうしてナイフの位置，切る深さ，露出の量をかえて写すと良い研究材料になる．

各種の鏡面テスト

フーコーテスト以外にも鏡面テストの方法は種々ある．

このうち，光の干渉を用いたマイケルソンやトワイマンの干渉計のように鏡面の状況が直接観察できる極めて有効なものがあるが，これらは設備に多大の費用を要し，アマチュアが設備できるものではない．

また完成鏡のテストとして有名なハルトマンテストもあるが製作中のテストではないので省いた．

以下アマチュアでも設備が可能なテストについて説明しておく．

第1　ロンキーテスト

ロンキーテストは，1923年イタリアのバスコ・ロンキー（Vasco Ronchi）により考案された．

テストのレイアウトを図60に示した．

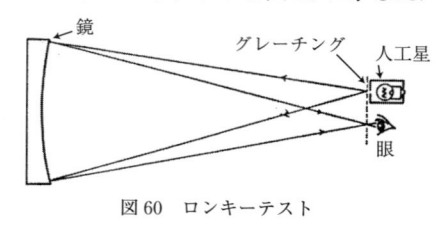

図60　ロンキーテスト

テストにはロンキーグレーチングという細い平行の黒白の縞のはいったグリッド（格子）を人工星及び眼の直前に置き，黒白縞の光の干渉によるテストである．

ロンキーグレーチングは，1mm当り5本程度の縞のものが用いられる．

図38に示したものは，1インチに133本の等間隔の黒い縞をガラス面に入れたものを使用している．この縞は透明部と黒い縞の巾は同じである．

自作には白紙に黒と白の縞が等間隔となるように墨入れした縞を画き，これ

を 1mm 当り約 5 本となるようミニコピーフイルムで複写したものを薄いガラス板にはさんでサンドウィッチして使用することができる．

人工星の光は散光して用いる．スリット巾は，縞が 2 本以上半端にかからないように調整するのが良い．

グレーチングの位置が球心をはずれていると細い縞が多数見える．

球心に近づくにつれて縞は巾を広げその数を減じ，ついに球心では縞が全面に広がり，フーコーテストと同じ影を作る．

ロンキーテストでは球面は干渉縞が真直ぐの平行線となる．

このテストは後述のナルテストに用いて効果があり，ことに F 数の小さいシュミットカメラ等のナルテストには有力である．

眼視用の中口径比のパラボラ鏡のテストでは有用ではないが，鏡面の研磨痕などは眼につきやすいので，併用してみる価値はある．

輪帯収差の測定も，あらかじめ計算した形の細いワイヤーで作ったマスクを鏡面に接して置くことでできないこともないが，特に効果もないのであまり実行されていない．

パラボラのような鏡面の中央ほど球面半径の短くなった面では，球心内では縞は O 形となり，球心外では X 形となる．

F 数の極めて大きい鏡面では，フーコーテストでは過修正か負修正面かわか

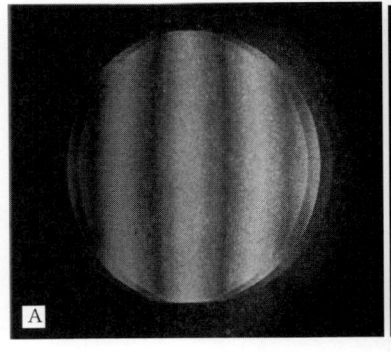

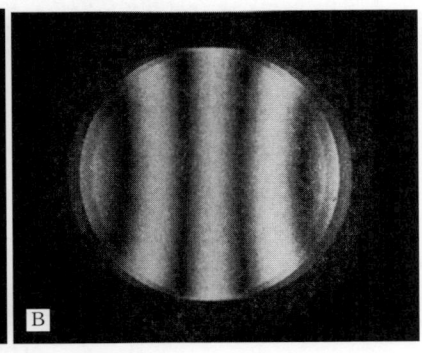

図 61　パラボラ鏡のロンキーテスト
　　　A　球心内のパターンの写真
　　　B　球心外のパターンの写真
スリットとロンキー縞の端が少しずれているため鏡面が 3 重に重なって写っている

りにくいときなどは有効である．

ロンキーテストでは，人工星にロンキーグレーチングを取り付け，人工星と一体に前後するように作る．

グレーチングはガラス面に腐食法で等間隔の縞を入れた良品が販売されているので，これを用いると便利である．

第2　焦線テスト
1　焦線テストの原理

フーコーテストは鏡面の状況を見るには極めて鋭敏であるが，ゾーンテストでは精度が低下する．またF数の小さい鏡面では感度が鈍る．

このため，口径も大きくF数が小さいパラボラ鏡のゾーンテストではフーコーテストより鋭敏な焦線テストが優っている．

図62にパラボラ鏡の各ゾーンで生ずる焦点位置を点線で示した．

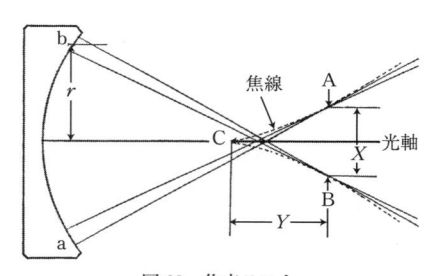

図62　焦点テスト

この点線で示す線を焦線という．

いま図62において各符号を次のとおりとする．

R＝ 鏡面の光軸上の曲率半径

C＝ 鏡面の光軸上の球心

A＝ 鏡面の輪帯上の位置aの結像点

B＝ 同上　　　　　bの結像点

このとき，CとAB間の距離をY，AとBの間をXとすれば，次の式が得られる．

$$Y = \frac{3r^2}{R}$$

$$X = \frac{4R^3}{R^2}$$

すなわち，Yの値は光源を固定し，ナイフのみを移動して計測するフーコー

テストの場合の3倍の数値となる．

またA及びB点は人工星像の結像点であるので，フーコーテストのような面積を持った影の判断ではなく，焦点像であるから明瞭である．

焦線テストは，Y 及び X の値を計測する．

2　焦線テストの器具

テスト器具の例を図63に示した．

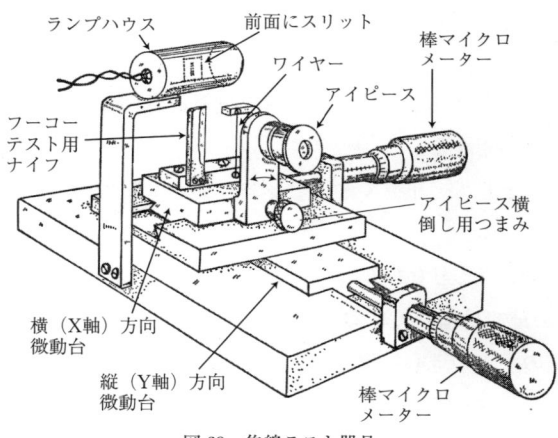

図63　焦線テスト器具

人工星はスリットに作るのが良い．この人工星はエルボウ型の支持脚により台に取り付ける．

人工星を取り付けた台上にあって，前後及び左右にそれぞれ直交して移動し，その量が正確に読み取れる二つの移動台を取り付ける．

この移動台のうち，左右動の台上に人工星のスリットに平行する垂直のワイヤーをとりつける．

使用するワイヤーは直径 0.1mm 程度の銅又は鋼線がよい．

フーコーテストにおいては，人工星像は人工星の横に同一水平線上となるようにするが，焦線テストでは構造上人工星像を人工星の下に作り，ワイヤーによる測定に便利なようにする．

ワイヤー後方に低倍率のアイピースを取り付け，ワイヤーにピントが合うようにセットし，人工星像と重なって両者にピントが合うように調整して用いると測定が正確になる．

このアイピースは，横にたおし，ワイヤーと鏡面がすどおしで見えるようにして置くと，小さな面のゾーンの反射光をさがしたり，ナイフエッヂを用いて中央の球心を求めるときに便利である．

またワイヤーの横にナイフを設置しておくと，フーコーテストや上記の鏡の

中央の球心位置を求めるのに便利である．

　移動台の測定の精度は，Y軸は1/100mm目盛の測微尺をつけた可動範囲数cmのもの，X軸は1/20mmの読取りのできるもので，可動範囲は2cm程度であれば充分である．

　これに使用する微動尺は，バーマイクロメーターを用いるのが良い．

　もしマイクロメーターを用いないときにはゆるみを無く作った機構では1/10mmが正確に読み取れるものであれば充分実用できる．

3　測定方法

　ゾーンはフーコーテストのときと異なり，左右の対象位置に丸い穴をあけたスクリンを鏡面に接して置き使用する．

　穴の径は精度を良くしようとして，小さくするとジフラクションの影響が強くなって精度がかえって低下する．

　穴の径は曲率半径の1%程度が適当である．

　その数も，fの短い明るい鏡では増して作る．

　測定にはまず人工星を鏡の中央の球心に置く．このためには，ナイフを人工星と等距離に置き，鏡面のフーコーテストを行って球心位置に人工星のスリットを置く．

　またY軸測定用の移動台が，正しく光軸にそって前後するように，台を調整する．

　こうして置いてY及びXの値を読みとり，計算値とくらべてテストを行う．このテストは，測定器具が精密でなくては誤差が大きくなって不適であり，かつ使用がフーコーテストのように簡便でない．

　またこのテストのみでは鏡面全体の様子がわからないので，どうしてもナイフエッヂの使用を併用しなければならない．

　従って，中程度のF数の眼視鏡ではとくに必要ではないが，F5よりも明るい口径の大きい鏡では有効である．

第3　リッチーテスト

　有名なアメリカの鏡作者リッチー（G.W.Ritchey）が考案し，60インチ鏡の

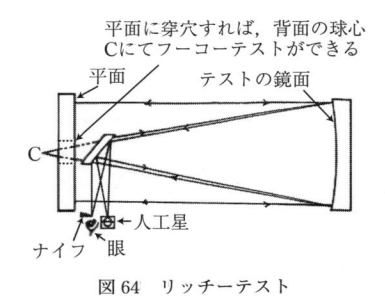

製作に用いた.

このテストは，ナルテスト（Null test）といわれるもので，テストでは鏡面が球面のように部分的な影が生じない面に鏡面を整形すれば良く，深いパラボラ鏡には有力なテスト方法である.

このテストの精度は使用する平面鏡の精度による.

図64 リッチーテスト

良好な大平面鏡，及び鏡面を平面鏡の面に正しくセットするための設備を要するので，アマチュアには利用しかねる.

平面鏡は穿穴して使用すれば，図64に示す斜鏡が不要となるので，小口径用には利用しやすい.

このテストは，平面鏡による平行光線を用いるので，オートコリメーションテストともいう.

第4 その他の室内テスト

深いパラボラ鏡のテストには，後章で述べる同口径か，それより大きな口径の望遠鏡をコリメーターとして使用するナルテスト法もある.

テストする鏡面よりも小さい望遠鏡を用いてもテストはできるが，鏡面の全面が同時に見られないのでテストが行いにくい.

またコリメーターに反射望遠鏡を使用すると，第2鏡によりテスト鏡の中央部がカットされる.

フーコーテストが行いがたいF数の小さい鏡面では利用価値がある.

第5 星像テスト

完成した望遠鏡のテストとして，恒星のジフラクション像の見え方によって光学系の良否を判定する有力なテスト方法がある.

1 テスト用のアイピース及びテストの倍率等

使用するアイピースはオルソスコピック級の収差の少ないものが必要である.

アイピースに収差が多ければ，これが相対的にジフラクション像に影響し，鏡面の判定が不能となる．ハイゲンはミッテンゼータイプでも収差が多くてテストはできない．

倍率は口径 1cm 当り 15 倍程度の高い倍率を用い，ジフラクションリングを見やすいようにする．

テストに用いる恒星は，口径に応じて適当な明るさのものが良い．15cm 鏡では 2〜3 等星が適している．

テスト星が明るすぎると光芒が強すぎて，正しい判定ができがたく，暗いとジフラクションリングの状況がよくわからないので，適当な明るさの星を選ばなくてはならない．

テストは，光軸を良く調整して置き，視野の中央で行う．

また，テストは天頂附近の星をえらび，シーイングの良いときに行う．

シーイングが不良であれば星像が強く乱れテストは不能となる．

2 ジフラクションリングと鏡面の関係

望遠鏡が充分外気になじんで鏡面が落ちついたころ，テスト星をアイピースの視野に入れ，焦点位置より内側に数 mm 接眼筒を引き入れて星像を見ると，光輪が何個か重なって見える．

このリングがジフラクションリング（回折光輪）である．

ニュートン式反射鏡では，斜鏡によってジフラクシリングの中央に暗い大きな穴が生じ，外側のリングと内側のリングは巾が広く明るい．前者を外輪といい，後者を内輪という．

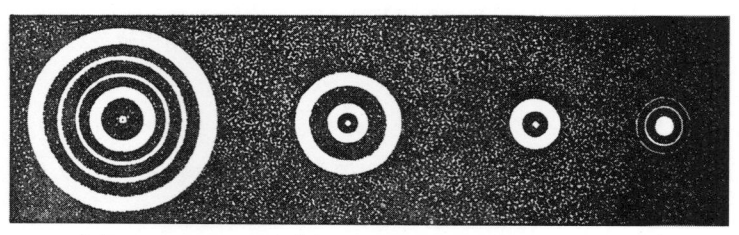

| 焦点の
数mm前後 | 焦点の
約2mm前後 | 焦点直前
又は直後 | 焦点像 |

図 65　焦点内外のジフラクション像

外輪と内輪の中間に 2～3 本の細いリングが見え，これを中間輪という．
　つぎにジフラクションリングが同じ大きさに見えるまで接眼筒を引き出し，焦点外でジフラクションリングを見る．
　こうして焦点内外のジフラクションリングを観察して，鏡面の状況を判定する．
　(1)　鏡面が完全なパラボラ面であれば，焦点位置から同じ距離だけアイピースを離してできる焦点内外のジフラクションリングは全く同形であって，かつ焦点位置をはさむ焦点内外でのジフラクションリングの変化は同形である．
　(2)　ターンダウン・エッヂ鏡では，内像の外輪の外周がぼけて不鮮明となり，ターンダウンが強いと毛ば立つように光が散乱する．
　中間輪は淡くなるか，或いは見えなくなる．
　鏡周は，極めてわずかでも過修正となっていると，内像の外周は外像の外周より鮮明さが劣る．
　外像では内像とは逆になって，外輪の外周は明瞭となり，中間輪が鮮明である．
　(3)　ターンアップ・エッヂ鏡では，ターンダウン鏡とは逆となり，内像のジフラクションリングが明瞭である．
　外像では外輪の外周が不鮮明となるが，概してターンダウンほどの悪化は少ない．
　(4)　鏡面の中央に山があると，焦点直後のジフラクション像の中央に明るい核が生じ，焦点のすぐ内側では，中央が暗い穴のある光輪となる．
　(5)　鏡面の中央に穴があると，山がある場合と逆になる．
　(6)　偏球面，楕円面，球面等の負修正鏡は程度の差はあるが，中央に山のある鏡面に似たジフラクション像を示す．
　双曲線鏡や軽いターンダウンのある過修正鏡では，中央に穴のある鏡面に似た内外像を焦点近くで示す．
　(7)　鏡面にリングがあると，中間の小輪に強弱が生じ，リングが強いと焦点内外，いずれかの中間リングが消え，場所によっては内外輪の強さに差が生じる．

鏡面に段層のある場合もリングに似る．

(8)　鏡面の一部に穴（山のことはまずないであろう）があると，焦点の内側でジフラクションリングの一部に小さな核が生じる．

(9)　平面鏡の面が乱れているとジフラクション像の姿が異形に乱れる．

主鏡は収差が大きくても円形を乱さないが，平面鏡が不整に乱れた面であれば，ジフラクション像は円形が失われるのである．

(10)　光軸が合っていないとジフラクション像の中心が偏る．

焦点の内側では正しい同心のジフラクション像を示すが，外側では偏るのも同じく光軸が乱れている．

この逆も同じである．

(11)　ジフラクション像が楕円形となったり一部が異形に乱れるときは，主鏡や平面鏡のガラス材がセル中で一部に圧迫を受け，ガラス材が歪んだために生じたものが普通である．

(12)　ガラス材のわずかな歪の他に，鏡面の偏心，平面鏡の強い凹凸によってジフラクション像は楕円形となる．

焦点内外像のテストは，極めてわずかの鏡面の欠陥も明瞭に示す．

しかしその欠陥を定量的に示さないので，どの程度の欠陥であれば実用上充分であるかについては基準がない．

一般的にいって，焦点内像において，中間輪が2〜3本見える位置で外輪の外周の乱れがないかほとんど無く，中間輪が鮮明に見える鏡面であれば，実用上良鏡といってさしつかえはないであろう．

焦点内側及び外側におけるジフラクション像の対象性は多少欠いたとしても上記のような鏡面であれば焦点像は鮮鋭であるのが普通である．

焦点内外像が対象的であっても，内像の外輪の外周が鮮明さを欠き，内輪全体が鮮明でなく，薄いベールをかぶったような鏡面の方が焦点像の鮮鋭さは一般に劣る．

焦点内外におけるジフラクション像の鮮明さは鏡面が円滑で磨きの良さを示すものである．

内外像のテストで完全な像が得られることは稀であり，通常何等かの欠陥を

示す.

　試みに屈折鏡の焦点外側のジフラクション像を見ると，ほとんどのものが欠陥を示すのがわかる．しかし実際には良く見えるのが普通である.

　内外像に多少の欠陥を示したとしても，直ちに鏡面は不良とはいえないものであることを理解していただきたい.

　ことに，その対象性だけで良否の判断はできないものであることを理解願いたい.

鏡面のメッキ

第1　銀メッキ

アルミナイズが普及している現在，利用価値は減少したが，製作中途でテストに必要なこともあるので，手軽にできる化学的銀メッキについて説明しておく.

1　還元液

硝酸銀より銀を還元し，ガラス面に付着させるために用いるもので，銀の色調の良いことからブドウ糖を用いる.

　ブドウ糖は薬用のアンプル入り液でもよいが，次の処方で調合したものが良い結果が得られるので昔から賞用されている.

　　ブドウ糖液
　　蒸溜水　　　　　　　　500cc
　　精　糖　　　　　　　　45g
　　酒石酸　　　　　　　　4g
　　無水エチル
　　アルコール　　　　　　90cc

精糖は上質の氷砂糖がよい．氷砂糖がないときは上質の角砂糖でもよい.

　蒸溜水に精糖を入れ，容器を直接火にかけずに他の容器に水を入れ，これを火にかけて熱し，その湯の中に蒸溜水容器を入れて熱し（湯煎）完全に溶解し，熱いうちに酒石酸を加える.

冷却後無水エチルアルコールを加え，ガラスビンに入れ密栓して熟成をまつ．液は古いほど良く，夏期で10日程度以上冬期では1カ月以上を経ないと良い銀がつかない．冬期は温いところにおいて熟成を早める．

2　メッキ液の調合

調合は必ずメッキ直前に行う．

15cm鏡を下向きにメッキする場合の標準量を示すと次のとおりである．

a　蒸溜水80ccに硝酸銀8gを溶解する．

b　同上80ccに苛性カリ4gを溶解

c　同上20ccに硝酸銀1gを溶解

つぎにこの液をもととして調合にうつる．

(1) a液に10～15％のアンモニア液を小量ずつスポイドで滴下する．

液は最初急速に褐色となり，さらにアンモニア液を加えていくと次第に透明となってくる．

完全に透明となる少し手前でアンモニア液を止める．液はわずかに褐色であることが良い銀をつけるために必要である．

(2) つぎに，こうしてアンモニア液で調合したa液にb液の苛性カリ溶液を全量加える．

液は直ちに黒褐色となる．

これに前と同じ要領でアンモニア液を小量ずつ加え，完全に透明となる少し手前でアンモニア液を止める．

しばらくの後にこの液が透明になって来たらc液を少しずつ加え，淡褐色となるようにする．

c液は必ずしも加えなくてよく，必要に応じて加える．

3　鏡面の脱脂洗浄

鏡面は苛性カリの溶液で良く洗い，水洗後硝酸を脱脂綿に含ませて良くふき，さらに充分に水洗してから表面が乾かないように別に用意したメッキ容器に蒸溜水を入れた中に鏡面を下向きにしてつけておく．

メッキのとき，鏡面はメッキ液の液温と同じか或いは僅かに高いが銀が良くつく．

4 メッキの操作

メッキ用の容器は適当に凹んだ皿や写真用のホウロウのバットを用い，鏡面を下向きにして入れたとき，容器と鏡面の間に3個の木製クサビを入れ，鏡面を容器の底から数mm離す．

つぎに調合ずみのメッキ液に前記の還元液30ccを加えてす早くかきまぜる．

液は急速に黒化してくるので，遅滞なく容器中の蒸溜水を流し出し，そのあとにメッキ液を流しこむ．

メッキが斑のないように鏡面に気泡がのこっていれば，傾けてゆり出しメッキ中は容器をゆすってメッキの平均化を図る．

メッキが終りかけると液は灰褐色となり，銀が浮いてくる．

メッキ液は，温度が20℃±2の範囲内にあることが非常に大切である．

液温が低いとメッキが進まず，高すぎると早く終了して銀面が弱い．

従って，メッキ液は上記の範囲で行う．

メッキは，化学作用が終るまで必ず行う必要はない．

この処方では，終りまで行うと銀は厚くつきすぎるはずである．

馴れるとメッキの中途で鏡面を引き上げてメッキを適当のところでストップすることができる．

メッキが終れば流水で良く水洗し，鏡面を立てかけて自然に乾かす．

メッキは薄いと色調は良いが，弱くて磨くときにはげやすい．厚いと強いが白ける．

厚さは，明るい空と地上を見たとき，空の部分はすけて見えるくらいのものが良い．

メッキしたままの面は，薄いベールがかかったようになっている．

いちど使用した紅がらや酸化セリウムの乾いた粉を極めて小量セーム皮につけて鏡面を静かに拭くように磨くと美しくなる．

銀メッキは，メッキした直後は眼視域の波長ではアルミメッキに優るが，硫化のため早く反射率が低下する．

斜鏡のメッキも同様に行えばよい．その量は面積に比例して硝酸銀量を加減する．

大きな鏡面では，鏡周に厚手のビニールの帯状片をまきつけ，鏡面を上向けてメッキ液を入れてメッキを行うことができる．

　こうした上向きメッキでは液量は少なくてすむが鏡面に斑が多く生じる．

　銀メッキをはがすには硝酸を使用してメッキをとかし去る．

　メッキを終った廃液は水で薄めてすてる．

　調合液は爆発性のある雷銀（$AgNH_3$）を生じるといわれているので，放置しないように注意する．

　なお，調合用の水は必ずしも蒸溜水でなくてもよく，雨水を用いてもよい．

第2　アルミメッキ

　鏡面のアルミメッキは，純度の高いアルミニウムを真空中で蒸発させてガラス面に付着させる蒸着メッキ法で行われる．

　アルミメッキは銀が速かに硫化して変色するのにくらべてはるかに耐久性があり，短波長域での反射率の優れていることで鏡面メッキといえばアルミメッキが通常のことである．

　普通銀メッキでは1年程度で黒変して反射率が著しく低下するが，アルミメッキでは数年は使用にたえる．

　アルミメッキは多額の経費を要する設備が必要であるので，個人では設備しがたい．

　アマチュアの依頼に自由に応じてくれる会社があるので，これに依頼してメッキすることができる．

　アルミメッキも天体用反射鏡のメッキ経験の深い会社や工場に依頼するのが間違いが少ない．

　単にアルミメッキするだけでは天体望遠鏡用の反射鏡では不充分で，斑がなく，小穴などの無い色調の美しいもので，アルミ膜の厚さに厚薄があってはいけない．

　一般の鏡製造所でアルミ蒸着を行っている工場も多いが，メッキに厚薄や斑があり，表面メッキの天体望遠鏡用反射鏡では使用できないものであることが多い．

アルミメッキ面を保護し，さらに耐久性を増すためのシリコンコーティングが行われている．

　メッキ面の耐久性は増すが，僅少ではあるがこのため収差（球面収差及び色収差）が発生するので大口径鏡では行われない．

　またシリコンは鏡面からガラス面を全く損うことなく除くことがむつかしく，王水で除かねばならないが，これをすり取ることも行われるが，こうした取り方で鏡面を全く損なわないで除くことはむつかしい．

　多層膜（通常3層）のコーティングを行い反射率の増加を行うことがレンズでは実施されている．

　ただこれらのコーティング物質が，鏡面に全く害を及ぼすことがない方法で取り除くことのできるものでないといけない．

　古いアルミメッキのまま長く放置すると，青ガラスでは化学的にアルミメッキを除くことが不能となることがある．

　とくに水にぬれてメッキ面が白色に変色したものにこの傾向が生じる．

　アルミメッキは苛性ソーダ溶液につけて溶解して除く．

　アンモニア水でも除くことができるが作用が遅い．

　汚れや埃がついたアルミメッキ面は，石ケン水を軟らかい筆につけて洗うのがよい．

　アルミニウム以外でも蒸着法でメッキができるが，眼視用としてはアルミメッキに及ばないので行われない．

第4章 平　面　鏡

ニュートン式反射望遠鏡用平面鏡

　ニュートン式反射望遠鏡に用いる平面鏡は，通常楕円形の光学平面を使用する．
　平面鏡に必要な事項はつぎのとおりである．

第1　楕円形平面鏡に必要な短径と厚さ
　1. ニュートン式反射望遠鏡に使用する平面鏡の短径は，小さすぎると視野がけられ，大きすぎると無用に主鏡で集める光をさえぎる．
　必要にして充分な短径は次により求める．
　(1)　所要の視野の広さを角度の 2α
　(2)　求める平面鏡の短径　　　d
とすれば d の値は次式で得られる．
$$d = (Dl/f) + \{2\tan\alpha(f-l)\}$$
但し　$D=$ 主鏡の有効口径
　　　$l=$ 平面鏡の中心から焦点までの距離
　　　$f=$ 主鏡の焦点距離

　視野の広さ 2α はアイピースの見かけの広さではない．2α は実視野である．
　従って眼視用では，2α は使用するアイピースの最低の倍率及び見かけの広さで定まることは，設計のところで述べたとおりである．
　写真用に用いるときは 2α は写野の広さをとる．
　もし使用する写野が円形ではなくて，正方形や長方形のときには，完全に写野の端まで減光をしないためには対角線長の写野をとるべきであるが，これで

は平面鏡の直径があまりにも巨大となるので，実用上はその90％以内とし多少の減光を許すことが行われる．

一般に必要な平面の短径はF8の眼視鏡では主鏡径の1/4乃至1/5である．

2. 平面鏡に必要なガラス材の厚さは，短径の1/6かそれより厚いものであることを要する．

しかし厚くても短径の1/4程度あれば良くこれ以上は厚くても実効がない．

1/6より薄いと，セル中でわずかな圧迫でガラス面が歪みやすい．

第2　平面鏡に必要な精度等

平面鏡に必要な精度は，短径の1/4波長以上である．

平面鏡が平坦な面のときには1/2波長までは実用できるが，1波長の誤差では無影響ではなく，焦点内外像が延長する．

平面鏡は焦点近くの集束光線中に斜めに置かれているので，精度だけ良くても充分でない．

すなわち砂穴や傷が無く，研磨痕やレモンじわのない光沢の良い面であること，及びリングや段層のない平坦な面であることが強く望まれる．

光学平面の製作

小口径反射鏡に用いる斜鏡用平面を製作することはさして困難ではない．

ただテストが主鏡のときのようなフーコーテストという簡便な器具によることができないために製作を困難にしているだけである．

平面鏡製作のうち，最も簡単な方法である基準平面によるテストで平面を製作することについてまず説明をしておく．

第1　使用するガラス材

手磨きで1枚の平面を作るときには，必ず円形のガラス材を用い，研磨整型後に楕円形に切りとって作る．

使用する丸ガラス材は必要とする楕円平面の長径にガラス材の厚さを加えた

ものに，さらに 10mm は余裕を加えた径のものを使用する．

従って作例の 15cm 鏡に短径 35m の平面を使用するときには，その長径は $35 \times \sqrt{2}$ となり約 50mm 弱である．

これに 8mm のガラスを使うとすれば，最小 60mm のガラスが必要となるが，これに余裕をもたせて径 70〜75mm のガラス材が適当である．

ガラス材は傷の少ないガラス材を 4 枚（3 枚でもできる）用意する．このうち 3 枚で相互に砂ずりを行い，他の 1 枚でピッチ盤を作る．

平面鏡は研磨したガラス材から 1 枚だけでなく，例えば 85mm〜90mm のガラス材を磨いて 2 分し，2 枚の短径 35mm 平面を作ることもできる．

第 2 砂ずり

傷のない面の 3 枚をえらびすり合わせを行う．

1. 最初の砂は 500 番エメリーを使用する．傷がなく，面が平坦なものでは 1000 番から始めることができるが，一般には 500 番エメリーから始めるのが無難である．

2. すり方は，3 枚のガラス材をそれぞれ A，B，C とし，まず A を下，B を上にして 3〜5 分間程すり合わせる．このときの研磨運動は基本の 3 運動を正しく行う．

とくに第 1 運動量が長くならないよう，ガラス径の 1/4 以内がよい．

次に B を下にし C を上にして同様にすり合わせる．

ついで C を下にし，A を上にしてすり合わせる．

これで 3 枚共上下で同じ時間作業したことになる．

最初用いる 500 番エメリーでは，この程度で凹凸や傷が消えたなら，次の砂に移る．

次は 1000 番砂を用い最後の仕上げずりは 2000 番エメリーで行う．

通常 1000 番と 2000 番では，正味 30 分の研磨時間で充分前段の砂穴は除かれているはずである．

ガラス材が薄いのでガラス材の中央を力を入れておしつけてすると，中央が多くすられるので力を入れすぎないように注意する．

3. 平面の砂ずりは反転してすり合わせるので，研磨台にとりつけて作業するのはわずらわしく，また小平面ではその必要もない．

すなわち，平らな机上などに古新聞紙などをしき，その上にガラス材を単に置いたままですり合わせることができる．

もちろんガラス材にはハンドルはつけない．

下にしたガラス材がするときに動くようなら，ガラスの下面に水を与えて敷き紙にくっつくようにすればよい．

こうしてすり上ったガラス面は，通常凸面となっている．

第3 ピッチ研磨

ピッチ磨きは，主鏡研磨と同様である．ただ直径も小さくガラスも薄いので運動が長くなったり力の加えすぎがないよう注意する．

1 研磨台

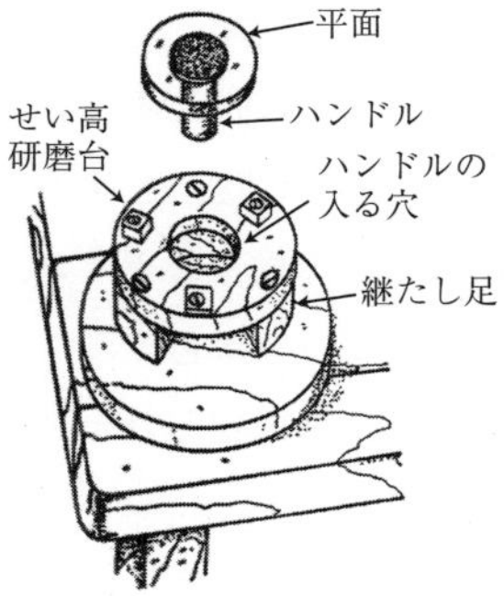

口径が小さいので，第3運動は研磨台を回すことで行うのがよい．

また平面の研磨では，鏡面を下に置き，ピッチ盤を手にもって行ういわゆる反転磨きも必要となるので，鏡材にハンドルをつけたままこれができるよう図66のようにハンドルのはいる穴のあいた背高台が便利である．

図66 平面用研磨台

2 ピッチ盤

ピッチは硬すぎるとスリークや小傷ができやすいが，軟らかすぎると中央部が磨かれすぎて凹面に強く移行し，面も荒れる．

従って，やや軟らか目に近いピッチ盤がよい．

溝は，わずか径7～8cmのものでも一方向に4本以上を作るのがよい．

溝巾も2mm程度の小さなもので，溝数はむしろ多い方が部分的なピッチの凹凸も少なくなるのでよい．

3 研 磨

研磨運動や研磨液の補給など主鏡と同様であるので説明を省略する．

研磨液が盤のまわりに流れおちないようにして研磨することは，是非実行していただきたい．

こうして研磨すると光沢の良い傷の少ない面が得られる．

砂穴の検査は特に厳重に行い，砂穴が認められなくなってからさらに30分間程度研磨して最終の整型にかかるようにする．

第4　基準平面によるテスト

テストは基準平面と製作中の平面を合わせて，ニュートンフリンヂを見て判断する．

1　テスト用光源

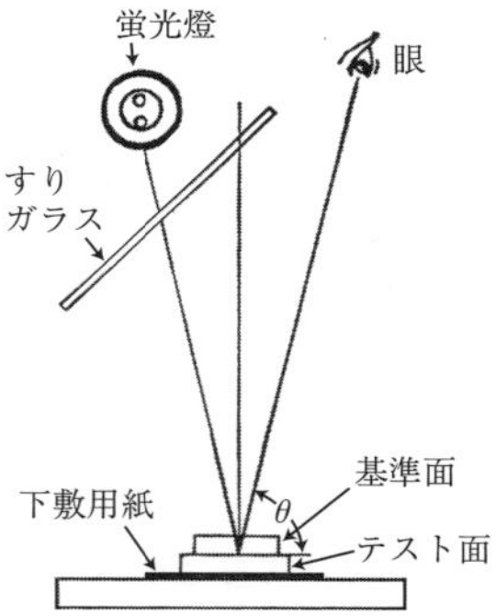

自然光でもテストはできるが，そのためには基準平面と被検面を充分密着させなければならず，このため埃などによって傷をつけやすいので，人造光源を通常使用する．光源には螢光灯が使用できる．

図67のように螢光灯とテスト物の間にすりガラスかトレーシングペーパーを入れて散光させるとニュートンフリンヂが全面に見えて検査しやすい．

光源にはナトリウムランプのような単色光源を用いると影は黒色となって極めて鮮明に現われテストが行いやすく精度も正確にわかる．

図68はナトリウムランプを用いたテスト装置である．

図67　ニュートンフリンヂテストのレイアウト
テストの精度は$\sin\theta$に比例する

ナトリウムランプには劣るが，低電圧殺菌用水銀灯も影は螢光灯よりも濃くでてテストが行いやすい．発熱も少なく価格もナトリウムランプに比べてずっと安価であるが，紫外線を強く出し，眼や皮膚に有害であるので，厚い青ガラスを用いて紫外線を吸収させ，また密閉して紫外線の漏洩を防がなくてはならない．

鉄線のコイルに食塩水をしたし，アルコールランプにかざしてナトリウム光を得てテストに使用することもでき，昔は良く用いられていた．

反射鏡の製作 165

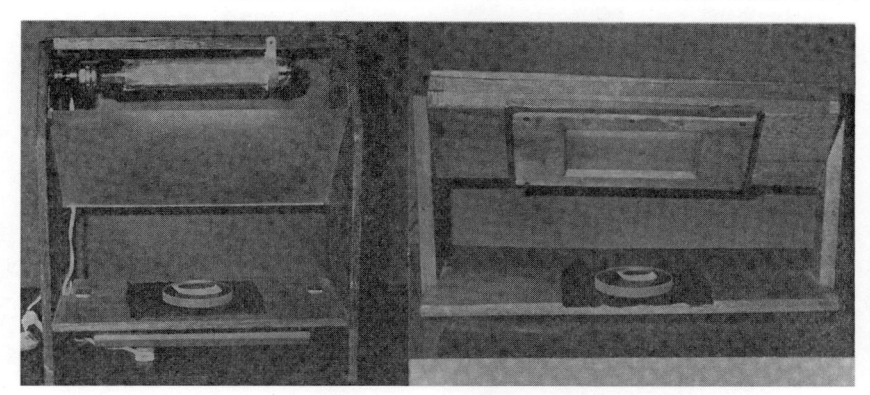

図68 ナトリウムランプの平面
    テスト器
60W100Vのナトリウムランプを用いた
平面テスト器   筆者

図69 低電圧水銀灯使用のテスト
    器
紫外線を防ぐため密閉箱に入れ，厚6mm
の青ガラスのすりガラスを用いた窓から光線
をとり出したもの   筆者

アマチュアの自作では螢光灯で用がたりる．

2 テストとその注意

被検面と基準面を重ねるときには，埃などがついていないように清潔な布で良く面を拭き，さらに写真バケなどの毛筆で面の埃をはらって静かに重ねる．

フリンヂがでないときや，小さな縞が無数に現われるときには，必ず埃などが間にはいって合っていないので清掃をやり直して重ねて見る．

いちど重ね合わせた面は決してずらしてはならない．

ずらしたことで取りかえしのつかない傷を作ることは極めて多い．

フリンヂが現われたなら少なくとも10分間は放置し，ガラス材の温度変化がほぼなくなるまでまつ．

3 フリンヂの判定

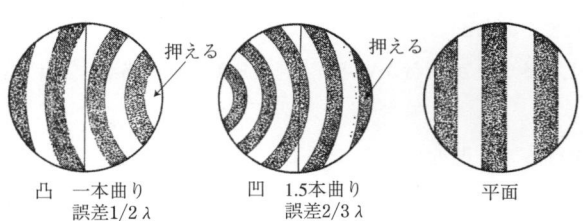

凸 一本曲り
  誤差1/2λ

凹 1.5本曲り
  誤差2/3λ

平面

図70 ニュートンフリンヂの判定

縞は1/2波長ごとに1本生じる．

もし縞が直線か，或は縞の間隔が広がり，全面が一様に見えれば，基準面が完

全な平面であれば，他方もまた平面である．

　両者の曲率半径が一致すれば直線か,巾を広げて１色（ワンカラー）となる．

　基準平面が正しい平面であるとき，被検面が鏡面の中心を通る直線で切って見て，縞が1本かかっていれば，誤差はその半分の $1/2\lambda$ である．

　被検面が凸か凹かの判断は，被検面（基準平面でも可）の端を圧して見る．

　このとき

(1)　弧の中心が近よるとき，すなわち，弧が内側に曲っているときは凸面である．

(2)　逆に弧の中心が他方に遠ざかり，弧が背を向けると凹面である．

　テストは，見る角度が変わると縞の曲り工合いが変わる．その度合は図67のようにガラス面と見る角度とのなす角のサイン値の積に比例する．

　誤差は基準平面の直径にも関連し，例えば径5cmでは $1/2\lambda$ の誤差でも，同じ曲りで径10cmでは 1λ の誤差となる．

　従って，径7cmの面から短径35mmの平面を切り取ると，誤差は7cmのときの半分となる．

　径7cmのガラス面を $1/2\lambda$ まで整型することは容易であり，これより35mmの平面をカットすれば，誤差 $1/4\lambda$ の平面鏡が得られる．

　平面も小さなものはやさしいが，口径が増大すると困難さが増す．

第5　整　型

　下向き研磨では，適度の硬さの盤で磨いていると，次第に凹に面は進んでくる．

　三面すり合わせた面では，通常数波長の凸となっており，磨き開始当時は相当強い凸面であるのが普通である．

　凹面になり始めるのは，ピッチが軟らかいと早く，研磨加重が多いときにも早く始まる．

　磨きの中途でテストを行って，凹面にならないように注意し，凹になりかかれば，鏡面を下に置き，盤を上にして手に持って磨き，凹に進むのを防ぐ．

　中央の磨きが進み，鏡周に砂穴が残るものは強く凹面になる恐れが強い．

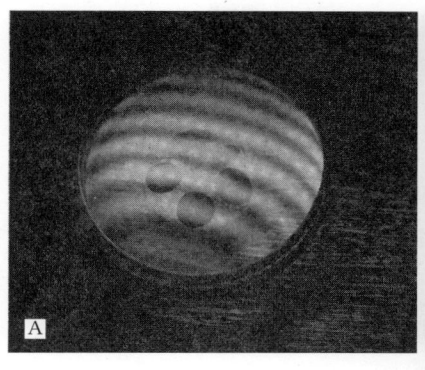

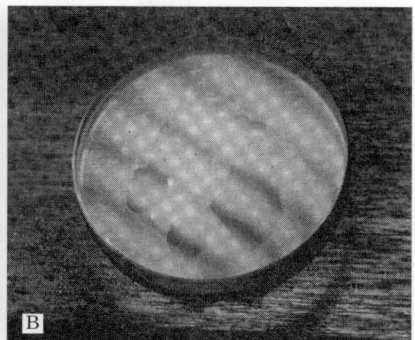

図71　ニュートンフリンヂ
A　整型中の平面で凸面
B　同整型の終りの面
C　磨き板ガラスの面
　　径12cm厚12mmのピルキントン板ガラス面中の良いものである．筆者

　整型にかかる前に凹面とならないようにして磨きを完了する．

　(1)　磨き上ったときに凸面であったときには，横ずらしを行って，凸面を低くし，全面研磨で平坦化を図る．

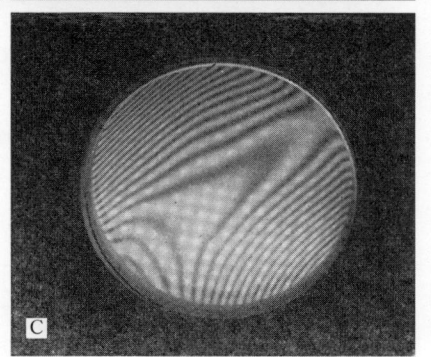

　こうして整型すると，鏡周が曲り，ターンダウンの巾広いものが残るが，中央部で必要な斜鏡がとれれば良いので，関係のない部分の曲りは整型する必要はない．

　(2)　凸リングや山は横ずらして取るのが原則である．

　もし横ずらして取ると凹となるときには，凸面としてから除く．

　(3)　凹リングや穴は対応するピッチ面の表面を削って修正する．

　(4)　強い凹面の修正には，鏡面を下に置いた反転研磨を行うか，ピッチ面の表面削りで修正をする．直径の大きいピッチ盤でも凸面になる．弱い凹面のときでは，反転研磨がよい．

　(5)　小リングが除きがたいときには，ピッチ盤の型直しか又は新たにピッチ盤を作りかえる．

中央の小さな山が除きにくいときにも同様である．

　ピッチ盤を作った直後は，中央がやや凹み，ピッチ面の部分的な凹凸も出ないので，平坦な面が得やすい．

　平面は前にも述べたとおり，精度だけでは不足で，面が光沢のよい美しいものでなくてはならないので，整型用の研磨液は新たな粉は少なくとも最終には使用しないようにして，溝中の粉などをほりおこして使用するようにする．

平面の楕円形加工

　小中口径のニュートン式反射望遠鏡では斜鏡は楕円形に加工し，最小面積となるようにする．

　整型が完了した平面は，カットして楕円形に加工をしなくてはならないが，この加工は手数もかかり，表面に傷をつくりやすく，表面も多少の乱れが生じるので嫌な感じが深い作業ではある．

　大口径鏡では平面鏡は円型のまま使用するのが普通である．

第1　厚ガラスの切り方

　厚ガラスをガラス切りで切って，間違いなくカットすることは相当な技術を要する．

　初めての経験でも割合間違いの少ない方法に次のものがある．

1. 図72-Aのように，まずガラス切りで切り目を入れる．

　つぎに，先が平たい小さい金槌で切り目の入ってない側から，金槌の平たい先と切り目が平行になるようにして，軽く打つと切れ目から割れる．

　要領は金槌は小さくて柄は細く長いものが良い．切り傷の真下から傷に平行して金槌の平たい先で短く鋭く打つことにある．

　この切り方では，真半分かそれに近い切り方ではうまくいくが，厚いガラスの端っこを切るのは難しい．

2. 図72-Bのような鉄製のノミを用い，切り傷を下向けてガラスを平らな板の上に布をしいてその上に置き，ちょうど切傷の上に相当する裏面に刃を切

り傷に平行にして当てハンマーで打って切る方法である．
　これはAよりもやりやすいが，巾広いノミが必要となる．
　使用するハンマーは軽いもので良く，打つときには重く鈍く打つのではなく，軽く鋭く打つ．

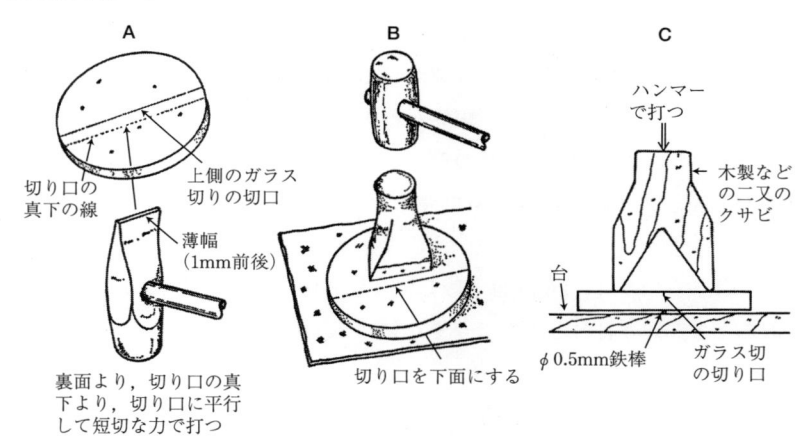

図72　厚板ガラスの切り方

　3．図72-Cのように切り目の下に直径0.5mmほどの真直な鋼線を平行に置き，二叉の道具を用いて切る方法がある．
　この道具は硬い木製でよい．なお，光学面にはこうした道具を直接当てないよう，紙などを貼りつけた上から当てがう．
　図74のように，バイスにガラスをはさんで打って切る方法もある．

第2　厚ガラスの欠き取り

　例えば径70mmの丸ガラスから短径35mmの平面を切りとる場合，ガラス切りを用いて切りとることは難しい．
　こうしたときにはヤットコやプライヤーを用いて欠き取るのが安全である．
　まず所要の平面鏡の形で，長径はガラスの厚みを加えた細長い楕円形の紙型をハトロン紙などの丈夫な紙で作り，これをあらかじめ光学面に貼りつけて保護しておく．
　こうしておいてから図73のようにヤットコやプライヤーでガラスの端を

2 mm くらい銜えて引く力も加味して欠きとる.

このときプライヤー等の口は，ガラスを銜えたとき，両顎がガラスの厚さに平行となるのが良いが，或いは先方で挟みつけるものがよく，手前でガラスの端が挟みつけられ先方は隙間ができるものは使いにくく，欠き取る限界がわかりにくい.

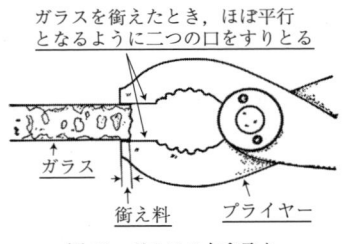

図73 ガラスの欠き取り

プロではガラスの厚さ別に数種のヤットコを用いている.

厚さが 10 mm 以下のガラスでもアマチュアでも一度に多く欠き取ろうとしないかぎりうまくいく.

なお，紙型のまわりに，2 mm ほど離してガラス切りで切り目を入れておくと，欠き取るとき，切り目のところでうまく欠けて，欠け目がそろいやすい.

第3 特に厚いガラスの切り方

厚さが 15 mm を超えるとアマチュアでは欠き取ることも難しくなる.

専門工場に加工を依頼するのが安全ではあるが，どうしても自分で加工したいときには図74の方法で切ることができる.

♯120 程度のカーボランダムを用い，初めはゆっくりと金切鋸の歯の背でおしつけて凹みをつける.

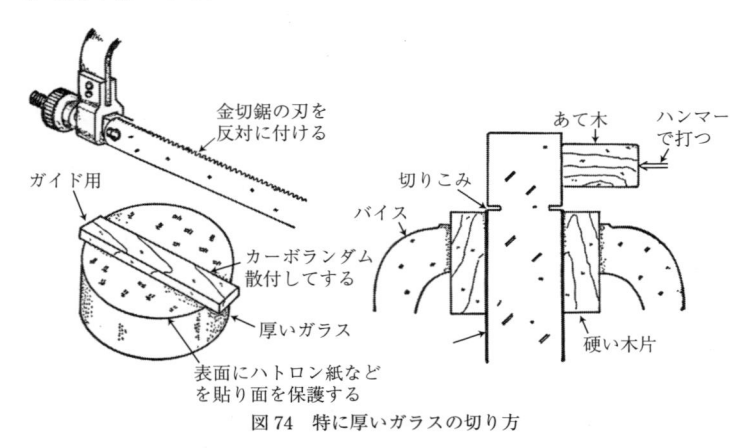

図74 特に厚いガラスの切り方

少し凹みがつくと後は割合に作業ははかどる．

切り目はできるだけ深く入れてから折り取るようにする．

切り目が浅いと思わぬ部分が破れるので，充分切りこんでから折るようにするのが良い．ダイヤモンドカッターがあれば厚ガラスの加工は極めて簡単であるが，その使用ができないときには上述のようにして加工する．

第4　外形の砂ずり加工

欠き取って荒い外形とした平面は楕円形に仕上げるために木製か金属製のジグを用いて砂ずり加工を行う．

ジグは所要の短径と等しい直径の丸棒を作り，1端を45°に正しく作る．

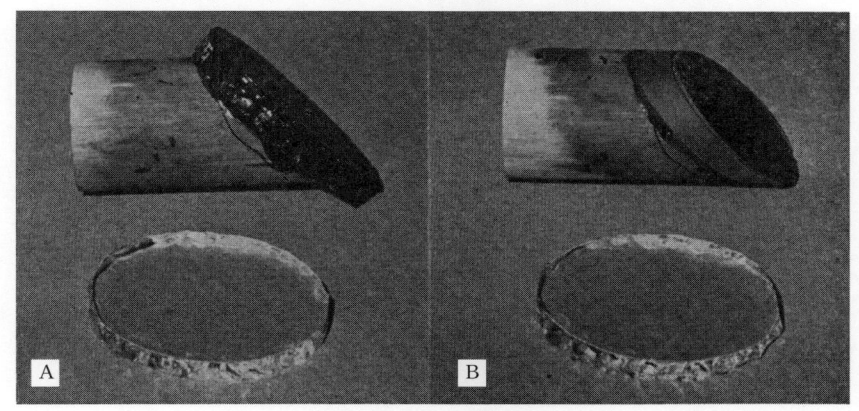

図75　平面鏡の楕円形加工
A　ジグに取り付けた粗形平面
B　加工終了した平面

この45°に作った切り口に平面素材の裏面をピッチで貼りつける．*

光学面には素材と同じ大きさの薄板ガラスをピッチで貼りつけて保護する．

こうしておいてから次の方法で加工する．

1. ジグを旋盤等の回転する軸にとりつけて，まわりに巾の広いブリキ等の薄鉄板のバンドをまき，カーボランダムと水を補給して平面素材の回りからすり取っていく．

---

* ジグに取り付ける平面は1個だけでなく，2個以上はつけて加工し能率を上げることも行われる．

最初に用いる荒ずりの砂は♯120番前後のカーボランダムが適する．

仕上げずりは，250〜500番で行う．

小径の平面ではグラインダーに取り付け，手動で回転して砂ずりを行うことができる．

こうしたバンドをまいて砂ずりを行う加工は，短径の側面が長径の側よりも早く多くすり取られ，正しい楕円形ができず，細長い形のものとなる欠陥がある．

できるだけ正しい楕円形とするためには，長径の側を平らな鉄板面などにカーボランダムであらかじめ多くすりとってから上記加工を行うか，中途で修正しつつ加工する．

或いは平らな鉄板などでほとんど外形加工を整えた後に，仕上げのためだけに上記方法を用いるのがよい．

2. 完全な楕円形に加工するためには，ジグを回転する軸にとりつけ，下から鉄板をネジで押し上げながら，砂ずりを行う．

旋盤を使用すると便利であるが，砂がとび散るので，その充分な予防を行ってから加工にはいらなくてはならない．

このとき回転数は毎分200回転程度のむしろ遅すぎるくらいの低速にしてカーボランダム等のとび散りを極力防ぐのがよい．

3. ジグをたよりに鉄板上で砂ずりを行って仕上げまでする方法がある．

ジクの丸棒部をころがしながら仕上げていくと美しい楕円形に作ることができる．

時間はかかるが，むしろバンドを巻いて回転してする方法よりも正しい楕円形が得やすい．

回転する鉄円板にすりつけて同様の方法で加工すると早く加工ができる．

4. ジグから平面をとりはずすには，ゆっくり加熱してピッチをやわらげてはずす．

自然に冷えるのをまって灯油か石油にしばらく入れてピッチを溶解し去る．

つぎにベンヂンかシンナーで灯油を除き，石ケンで良く洗う．

最後に面の角を200番程度の砂と厚ガラス片などによって少しすり取り，

500番砂で仕上げて美しくする.

楕円平面は尖った先が極めて弱いので良く注意して取扱う.

裏面の尖った先を多量にすり取り, 欠けこみを防ぐことも行われる.

美しく磨いた面には傷が極めてつきやすいので, 作業は清潔にかつ注意して行う.

第5 最終のテスト

外形加工を終えた平面は, 表面の傷を良くしらべてみる.

小傷が1～2本程度あっても使用には支障はないが, 多くのすり傷が生じていることもよくある.

最後に基準平面でテストを行う.

使用不能となる程の悪化はないはずであるが, 尖って薄くなった先端部が悪化することは防ぎがたい.

すなわち薄くなった先端側は凹に移行し, 厚い方の側は凸に移行している.

図76 完成平面のテスト
尖った方の面が凹, 他の側が凸に曲っている. 径50 mm 厚12mm 普通ガラス使用　筆者

これは必ず発生する. 然し使用不能になるほどの悪化はないであろう.

とくに薄い方の側での凹になる程度が少し強いので, 整型は凸で終るように作ることが大きな楕円平面では行われている.

完成した平面にも裏面にナンバーや作者名を記入することが行われている.

磨きガラスでは表裏を間違えられることもあるので, 文字の記入の他に裏面をすりガラスとすることも多い.

しかし完成後に裏面をすりガラスとすると面が乱れ, 精度が低下することが多いので, 特に行う必要は全くない.

その他

第1 切り取り平面

良質の磨き厚板ガラスから切り取った平面を切り取り平面と呼んでいる．

切り取り平面が実用上良いものであるかどうかについては，筆者ははっきりいって否定的である．

螢光灯を用いたニュートンフリンヂのテストで1/4λ或いはそれ以上の面も磨き板ガラス中には数多く見い出すことができる．（図71-C）

しかし，ナトリウムランプを用い，縞の端の状況を注意して見ると，黒い縞の端がかすかではあるが滲んでいることがわかる．

これに反して研磨した光学面では，縞の端が極めて滑らかである．

磨き板ガラスのこの欠陥は，マイクロリップル（さざ波状）といわれる面の荒れであり，この状況は後に述べる球面鏡によるテストでも眼につきにくい．

平面の度合いにはピルキントンガラスの10mm以上のものでは良いものも多いが，以上の欠陥があって実用上不充分である．

安価な販売品の中には，切り取り平面製の斜鏡もあるので，購入するときには必ず前もって確める必要がある．

平面度は良いが面が荒れている斜鏡では，解像力の低下はほとんど無くても，像の鮮明さ（クリアネス）が低下する．

第2 楕円形加工後の平面研磨

大きな平面で，ガラス材も厚くて平面に研磨後に切り取り加工することが無理なものや工業的に量産する場合には，ガラス材を楕円形に加工した後に平面に磨くことが行われる．

この場合，ガラス材は平らな鋳鉄製等の盤上に円形に対象的に貼りつけ，隙き間には適当な形の埋めガラスを同じ厚さのもので作り，研磨に当って各素材面に均等なむらのない作用が及ぶようにする．*

---

* こうした量産的に研磨することを集合研磨といい，1個だけを研磨するものを1面磨きという．

これらを貼りつけるには，平らなガラス面上或いは定盤上に研磨する面をつけておき，これらの素材と埋めガラスの間に数 mm となるつめものを入れ，石膏で盤をのせて固定する方法や，或いは後述の貼付ピッチで貼りつける．

大型平面の例を図 77 に示した．

こうして同径の厚板ガラスまたは平鉄皿（後述）により，砂ずり及びピッチ磨きを行う．

この方法で製作すると，角の曲りや尖って薄い方の先の曲りが発生することが多く，ことに後者は強く現われやすい．

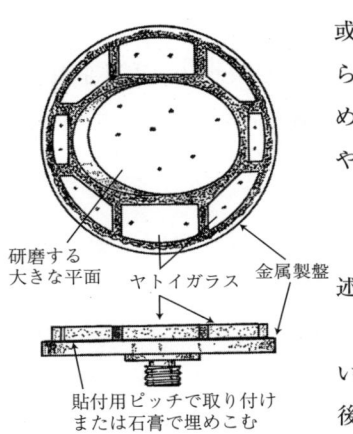

研磨する大きな平面　ヤトイガラス　金属製盤

貼付用ピッチで取り付けまたは石膏で埋めこむ

図 77　楕円形加工後の平面研磨

小さなものでは磨いた平面から切り取るものの方が面はやや優るが，実用上の差はないと思ってよい．

第3　貼付用ピッチ

集合研磨用等で素材ガラスを盤上に貼付するピッチは，強く接着する外に，貼付後移動が少ないものが必要であり，この目的のため次に示す貼付用ピッチが用いられている．*

貼付用ピッチの組成例

a　　ピッチ　40%　松ヤニ　20%　石膏　40%
b　　ピッチ　60%　松ヤニ　30%　封ろう 10%

以上の他にも組成には種々ある．

こうした貼付用ピッチは，爪あとがほとんどつかないくらい硬いものが一般に用いられる．

貼付には石膏を単体で用いることも多いが使用する石膏は膨張率の少ないものが光学ガラス研磨用として販売されている．一般の石膏でも使用できるが，光学用の石膏は，ガラス材を取りはずした後におけるガラス材の歪が一般品にくらべて少ない特長がある．

---

*　貼付用ピッチの販売品がある．

第4 球面鏡を用いた平面テスト

球面鏡を用いたテストでは，平面の表面の状況が直接わかり，基準平面によるテストのように両者のガラス材の温度による影響も直接関係しない．

このテストには次の問題点がある．

1. 良好な球面鏡が必要であること
2. テストは鋭敏であるが暗くて見にくいので，明るい人工星が必要である
3. 面の平坦さはわかるが，凹か凸かは直接にはわからない

完全な球面を作ることはパラボラよりも難しい．これはフーコーテストが球面に近い面では極めて鋭敏であって技術がこれに追随できがたいこともある．完全な球面でなくても，面が平坦で球面近いものであれば小平面鏡のテストには使用できる．

テストの配置を図78に掲げた．

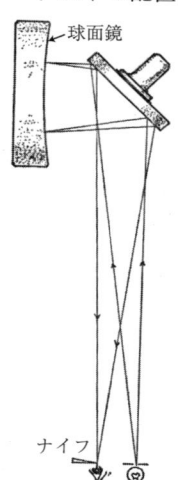

球面鏡はもちろんメッキをして使用する．

テストする平面が裏面がすりガラスであれば人工星の反射像は2個，裏面が磨かれていれば4個生じる．

いずれでも右端の最も明いものが求めるものである．

ナイフで反射光を切ると，平面に凹凸があれば影で見える．

ただ像が一般に暗く，楕円形に見えるのでパラボラ鏡を作るときのテストよりずっとわかりにくい．

面が凹か凸かはアイピースで像を拡大して見て判定する．

10mm程度のアイピースを用い，反射像の焦点内外像を見て判断する．

このためにはテストする平面の前に接して長軸が水平となるよう楕円形に切りぬいた厚紙製のスクリンを置き，テストするとき平面鏡面が丸く見えるようにしておく．

図78 球面鏡による平面テスト

こうしておいてアイピースで見て，焦点内で像が垂直方向に延長し，外像では水平方向に伸びれば凹面である．

これが逆なら凸面である．

凹凸の判定は，平面の傾きが深くなればさらに鋭敏となる．

このテストはオートコリメーションテストともいわれ，平面を光が2回とおり極めて精密なテストであり，良平面を作るときには必要なテストである．

使用する球面はF 8～F 10 程度が使用される．

小平面鏡用には，面が平坦でリングや山などがなければパラボラ鏡でも有用である．

ニュートンフリンヂではわからないような弱いリングや中央の山や穴もこのテストでは明瞭に現われる．精密すぎて小斜鏡製作用には使用がわずらわしく実用上必要もないので一般には用いられない．

第5 大形平面鏡の整型方法

シーロスタット用などの平面は端まで良好に作らなければならない．

このようなときには，鏡面をできるだけ平坦に保ちながら弱い凹面（約1波長以内）としておき，新たにピッチ盤を作り，ピッチ面の端の抵抗が多いときを利用し，第1運動を小さ目にした全面研磨で凸面化を図ると，鏡周も良好に修正されることが多い．

凸面からの修正は，例えば横ずらしでは端に曲り（すなわちターンダウン）が残り，これを除くのが難しい．

弱い凸面でも端を良好にするには，下向きの全面研磨で凹へぜんじに移行させながら，まず鏡周に平面部を作ってからの横ずらしでないとうまくいかない．また凹面の修正でも，反転研磨では鏡周にターンダウンの発生を免れることは困難であり，最良の場合でも角の曲りが生じやすい．

なお，平面鏡の場合でもピッチ盤の直径は，鏡面の径より少し小さく作ることは，鏡面の端を良好に作る上で必要である．

第6 斜鏡用平面製作用の代用基準面の製作

小さな斜鏡をとる平面のテストには，高級な基準平面でなくても，面がリング等のない平坦なもので，誤差が正確にわかっている平面で代用できる．

この目的で代用平面の製作が行われているので，以下これについて説明しておく．

1 使用するガラス材

口径が大きくなると作りにくいので，径 8cm 程度が最初に作るには手ごろである．

径 8cm で厚さは 10mm 以上 14mm 程度のガラス材 4 枚を求める．

このうち 3 枚をすり合わせと平面用に使い他の 1 枚でピッチ盤を作る．

2 砂ずり

先にも述べた方法で 3 面を交互にすり合わせる．500 番で開始し，2000 番で仕上げるのは平面鏡のときと同じである．

3 ピッチ磨き

適度の硬さでピッチ盤を作り，3 面を磨くのであるが，このときにはハンドルは付けずガラス材を直接手でもって磨く．

研磨の 3 運動は正しく行うようにする．

1 面を 30 分ほど磨くと，かなり透明となりニュートンフリンヂのテストができるようになる．

4 テスト

光源は螢光灯を用いてよい．テストできるまでになった 3 面を合わせてニュートンフリンヂテストを行う．

各面をそれぞれ A，B，C としテストの結果が次のようであったとする．

　　A＋B　　リング 8 本曲りの凸

　　B＋C　　同 14 本曲りの凸

　　C＋A　　同 12 本曲りの凸

これは 3 元 1 次式であるので解いて根を求めると

　　A　　4 本曲りの凸

　　B　　6 本　〃

　　C　　8 本　〃

となる．全部凸面であるが，このうち縞の曲りの少ない A を基準として，B 又は C をさらに磨き続けて，A 面と合わせて縞が 4 本曲りの凸に近づく

まで磨いていく．

　ピッチが硬目でないときには，通常 2 時間以内の研磨で B 又は C 面は平面近いものへと進んでくる．

　この自然に凹に進む傾向を生かしながら平面に近づける．

　平面に近づいたなら，鏡周に砂穴が多く残っていても，或いは全面に残っていてもテスト用には使用できる．

　平面に近づくとガラスの温度変化が強く影響を現わしてくるので，重ね合わせて 10 分以上放置し，鏡面変化が落ちつくのをまって判定する．

　この間他の一面を磨くようにするとよい．

　ガラス材を手に持って磨くので，テストした直後では強く凹に移行しているので，合わせた直後は平面近いと思っても，凸面となってくる．

　この温度変化は 2 波長以上にも及ぶことがある．

　こうして得られた平面には，球面鏡テストで見ればリング等は多少残っているのが普通であるが，小平面のテスト用には使用できる．

　こうした代用平面の製作がうまくいかない原因は，ほとんどピッチ盤の不良による．

　ピッチが硬すぎるものに力を加えて鏡面をおしつけて無理をして磨くと面が強く乱れ，強いターンダウンや段層などが発生する．

　軟らかすぎると中央ばかり磨かれ，中が深くくぼんだ面となる．

　研磨加重，運動量は適当なものでないと口径の大小にかかわらず面は必ずといってよく悪くなる．

　ピッチが適当な硬さで研磨加重や運動量が適当であれば，下向き研磨では面は自然と凹面へと進むので，これを利用してゆっくり整型の進みについて行けば相等なものが得られる．

　ピッチが古くなると部分的な高低が生じるので，そのときにはピッチ盤を作り直すのがよい．型直しよりも長もちするので，例えば整型に失敗したときなどには新たにピッチ盤を作りかえるのがよい．

III
マウンチング

第1章　経緯台マウンチング

ニュートン式反射望遠鏡の鏡筒部

ニュートン式反射望遠鏡の鏡筒部断面図を図79に示した．
筒部の製作に当り注意すべきことは，第1に光学系すなわち主鏡，平面鏡，

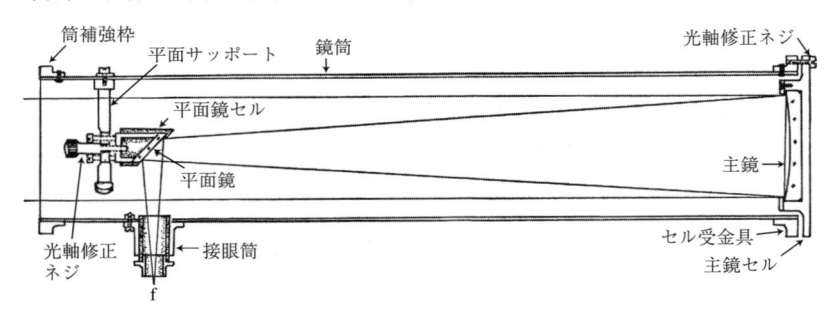

図79　ニュートン式反射望遠鏡の鏡筒部断面図

アイピースの光軸を正しく保持することであり，第2は振動や自重による歪などを防ぐように強く作ることである．

部品にそれぞれ精粗の差が生じることは，自作品では止むを得ないことではあるが，例えば主鏡の取付誤差を例にとると，15cmF 8鏡の最大の許容誤差は角度で数分以内，量として主鏡のずれは2mm以下でなくてはならない．

第1　鏡　筒

鏡筒は主鏡，平面鏡，接眼鏡等光学部品を正しく保持し架台に取り付けて使用するとき，筒に撓みが生じないよう充分な強度と，光学系の光軸を正しく一致させ得るよう歪やねじれなどのないものが必要である．

1　円筒形鏡筒

小中口径では最も普通の鏡筒である．

アルミ等の引抜きパイプを用いると筒に凹凸がなく美しいが，反射用は直径が大きいので引抜パイプが一般には入手できないため，板金を丸めて作る．

a　鏡筒の材料

　a　鉄　板　　15cm鏡以下では亜鉛引き鉄板（トタン板）の厚手のものが多く用いられる．

　トタン板も厚いものは1mm近くまであるが，通常入手できるものは0.5mmまでであり15cm鏡用にはやや薄いが，どうにか使用できる．

　口径が大きくなると，生鉄板と呼ぶロールして作った表面に黒い酸化被膜のついたものや，半鋼板と呼ぶ加工しやすく強い鉄板を用いる．

　厚さは円筒としたとき，その直径の1/20の厚さは最小必要である．

　口径が増すと著しい重量を軽減するため，全面に丸穴などの小穴を作った鉄板を使用することもある．

　b　アルミ板　　重量が軽く，軟らかく鉄板より加工しやすい．

　ただ強度が鉄板より弱いので，鉄板より厚いものを用いる必要がある．

　すなわち，鉄板より最低50%以上厚さを増して使用する．

　アルミ板金は，口径30cm鏡用までは特に支障も少ないが，これ以上の口径となると主鏡セル等の重量が増すのでアルミは強度の点で不適となる．

　ジュラルミン板は，同一の厚さの生鉄板よりもはるかに強いが，加工が困難である．

　c　その他　　黄銅板は高価であることと重くて強度は半鋼板より劣る．

　小口径用に用いると錆が生ぜず，かつアルミのように腐食もされないので，表面を磨いて透明塗料をぬった美しい筒ができるので用いられていたことがある．

　ステンレス板も鉄板にくらべて高価ではあるが強くて錆ず白く美しい．軟質のものもあるので，これを使用すると自作加工もできる．

　硬質品は工作道具を持たないと加工が難しい．

　金属以外で鏡筒に用いられるのにファイバーグラスがある．アメリカで販売されているがわが国ではまだ販売されていない．

　極めて軽く丈夫であるという．

下水管に用いる，大きな口径の硬質ビニール管もアマチュアにしばしば用いられている．

軟らかく加工しやすく，相等強度もあるが経年変化を生じるので，小口径用はともかく 15cm 鏡以上の使用には不適である．

b　板金の加工

　　a　板金の丸め方　　手で巻くには，鉄管や木の丸棒で径が完成筒より少し小さいものを補助具として用い，これにおしつけて丸める．

まず板金の端を道具棒に当て，木製の槌や 5cm 角で長さ 30cm ほどの木（柏子木という）で打って丸めておいてから巻くようにする．

板金が厚くなり，長さが 1m をこえるとこうした巻き方ができなくなる．このときには図 80 に示した方法で巻くことができる．

まず丸棒の両端を幅 3～5cm ほどの鉄板で材木や工作机の端などに取り付ける．

こうしておいて，丸棒とこれを取り付けた材木等の間に板金をさし入れ，一端からぜんじに曲げて巻いていく．

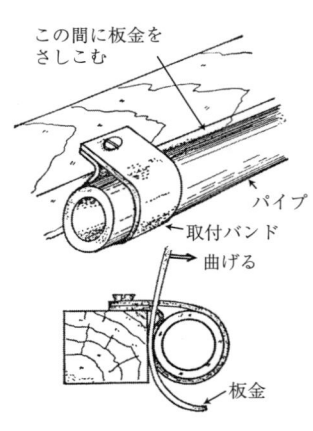

図 80　板金の丸め方

このときも板金の両端はあらかじめ丸めておいてから巻くのがよい．

この方法で鉄板で約 1mm の厚さまでは自作加工できる．

これ以上になると三本ロールという板金を丸める機械が必要となる．

製缶工場には三本ロールを設けているのであらかじめ電話帳でしらべて問い合わせるなどしてしらべるとよい．一般の鉄工所で持っていることも多い．

製缶工場では材料の板金も同時に購入できることが多い．

　　b　板金の端の留め方　　トタン板で♯24 までのものは普通の板金工作所（通称ブリキ屋）で丸めたものを購入できる．

このときは図 81-A のように重ね合わせた両端を内側に巻きこんで留めるコハゼ留めをしてもらい，ハンダ付けする．

このコハゼ部は内側に作り，外見を美しくできるので，これで留めてもらう

とよい.

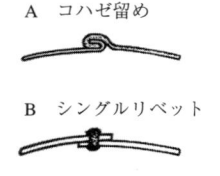

　自分で巻くときには，コハゼ留めは難しいので，2cm刻みに深さ5～10mmの切りこみを両端に入れ，これを互い違いにさし入れてハンダ付けすると丈夫なものができる.

　または図81-Bのように，単に重ね合わせただけでリベット留めをする.

A　コハゼ留め
B　シングルリベット
C　ダブルリベット

図81　板金の端のとめ方

　口径が大きくなれば，図81-Cのようにダブルリベット留めを行い強度を増す.

　リベットの代りにボルトとナットで留めてもよい.

　小口径用ではこのボルトとナット（通称ビス）は真ちゅう製が良い.

　こうしたビスは工具店で購入すると安価である.

　ラジオ用部品は鉄製にメッキしたものがあり，錆が生じるので不適であり，かつ価格も割高である.

　　c　鏡筒の穴あけ　　筒には接眼筒用の穴や鏡の蓋を出し入れするための窓を作る.

　これらは板金を丸める前に作ると工作しやすいが，丸めるとき手巻きではその部分で美しく丸くできがたいので，丸めた後にあけるのがよい.

　穴のあけ方は図82のように，まずϕ4～5mmのドリルで必要な個所の内側に穴を連ねてあけ，つぎに穴間を金切り鋏みや金切り鋸の刃を手にもって一部の隙間をつくってさしこんで切り離す.

　ついでヤスリで予定の線まですって仕上げる.

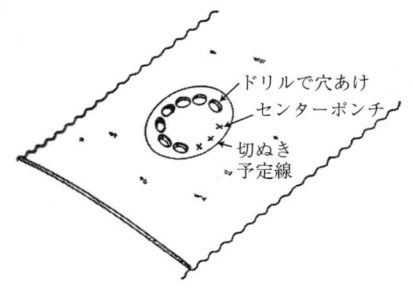

図82　鏡筒の窓のあけ方

　タガネを用い，下に丸鉄管をしいて打ち切るのは簡単であるが，板金の切り口が延びてみにくくなるので，もし使用するときでも前記のようにドリルで連なった穴をあけ，その間を切り落すようにする.

2 枠組み鏡筒

口径が増してくると，鏡筒を円筒に作らないで，枠を組んでいわゆるスケルトンチューブで作られることが多くなる．

大口径鏡ではこれが普通のタイプであるが小口径用では円筒が作りやすいのでこのタイプは少ない．

必要な強度に比して重量が軽くできるのと筒内気流が発生しない特長がある．

大きな口径用では自作しやすいこともわれわれアマチュアには利点である．

欠点としては鏡面に埃が付きやすく，斜入する外光のための障害がある．

これを避けるため図83のように接眼部と主鏡部を金属板等でまいて保護し，その中間を枠組みに作るアイディアがある．

図84にアングル材組み立ての一例を示した．

図83　15cmF9鏡枠組筒経緯台　堀口　令一氏

この組み方は簡単で自作に向いている．

枠は鉄アングル材を溶接して作るか，或いはアルミ鋳物で作り，アングル材はアルミを用いると軽いものができる．

アングル材の組み方は，鉄材であれば溶接所で溶接してもらえば簡単で強いものができる．

アルミ材では通常の溶接ができないので，ボルトとナットで組み立てる．

鉄アングルでもボルトとナットで組み立てることももちろんできる．

完成後使用に際して歪やボルトのゆるみが生じないようにするには，枠にネ

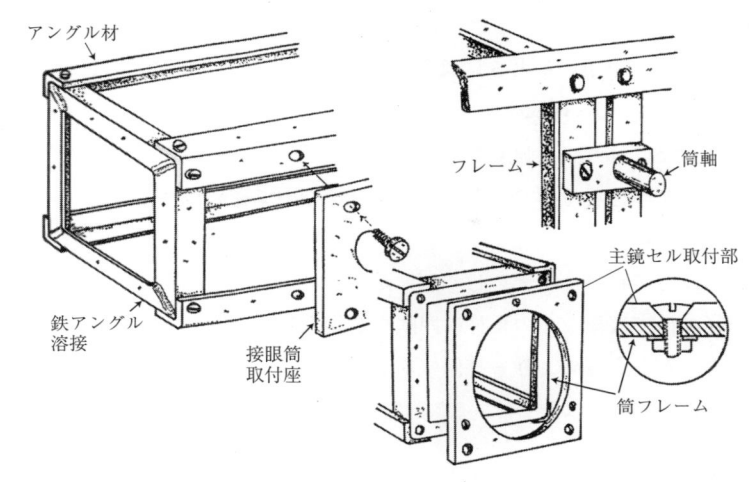

図84 アングル材の組立筒例

ジを切って取り付け，さらにナットで締めつけ，斜にアングル材を取り付け歪を防ぐ．

こうした斜に補強材を取り付けることは必ずといって良いくらい用いられ，

図85 26cmパイプ組筒経緯台
　　　小石川　正弘氏

歪に対して強度が著しく増す．

いちいちネジを切って取り付けることは手数のかかることではあるが，ゆるみなく組立てられ，それだけの効果はある．鉄パイプを用いて組み立てる

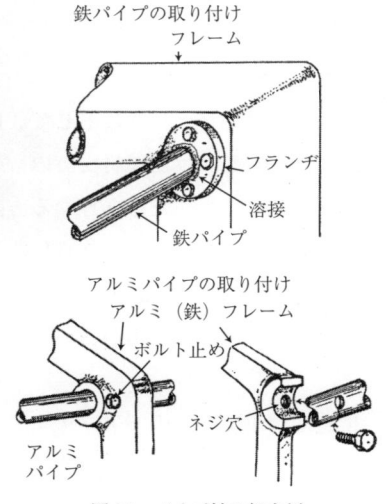

図86 パイプ材の組立例

ときには，フランヂ金具をつけ，これにより枠に取り付けることが行われる．

アルミパイプを用いるときには，図86のように枠を作ってこれにボルトで取り付ける．

このような取付方法は強度の点から見て不充分であるので，口径が大きくなると使用が無理となるので，全面にパイプを抱いて締めつける．

3 木製鏡筒

木製の筒は現在ではめずらしくなった．

小口径の筒で桜板などの良材に四隅を黄銅金具で補強したものなど古典的な面影があるが，金属筒よりも高価である．

木製筒は15cm鏡以上では一般に丈夫に作ろうとすれば重くなり，良材でないと歪や縮みが多い．

木製筒は熱の不良導体であるので鏡面に露もつきにくく，筒内気流も比較的少ない特長がある．

ラワン材などで組み立てるときには四隅に角柱を入れ，接着材と木ネジで組み立てる．

大きく重くなること及び良材では高価となるので使用するのは少なくなったが，写真鏡筒などには利用価値はある．

第2　主鏡セル

主鏡セルは口径と目的に応じて3個の爪でささえた木製から，平衡装置（エコライザー）をつけた鏡材支持のものまで多くのものがある．

いずれにしても，鏡をあらゆる方向に渉って歪やゆるみなく保持できて，かつ光軸修正ができるように作られることが必要である．

1 三本爪による主鏡セル

鏡材を保持する枠を用いないで，単に3個の金具により鏡をささえるものである．

構造が簡単であるのでアマチュアに自作されることが多い．

この構造では口径10cm以下の鏡にとどめるようお願いしたい．

鏡材が大きく重くなれば，どうしても無理がかかり，ガラスが歪み像が乱れ

ることが多い．
　少なくとも15cm鏡以上では用いないようにされたい．
　構造上，たとえゴムなど金具の内貼りを行って，鏡材の緩衝を図っても不充分である．

2　木製枠と厚板金の組み合わせセル

　自作しやすく，性能もよいので小口径用によく用いられる．
　木は木目のつまった硬いものがよい．
　全周を1枚板から丸くくりぬいて枠をつくるのは大変手数がかかるので，自作するときには図87のように枠を数個に分割して作り組み合わせると作りやすい．
　鏡の表面を支える金具（通称つばという）は，鏡面の全周をカバーするもので，シボリを兼ねたものがよい．
　ツバは15cm鏡用では厚さ1mmほどのアルミ板で，前述の方法で穴をあけて作るのが簡単である．

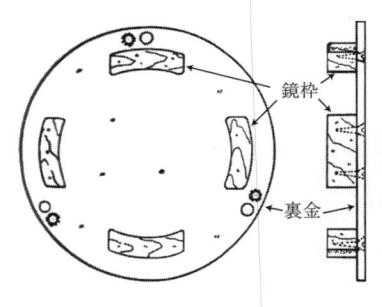

図87　木製分割鏡枠

　3～4個所の爪でささえるのは小口径用にはよいが，15cm鏡以上では全周をおおうつばに作るのがよい．
　裏板金は15cm用には厚さ2mm以上のアルミ板が作りやすい．厚いアルミ板が入手できないときには，1mm以上でも使えないことはない．
　こうした薄い裏板に光軸修正ネジを取り付けるときには，別の厚い板金片をボルトなどで取り付け，これにネジを切って使用する．
　或いはこのままで用いるには，筒側のセル受け金具にボルトを取り付け，ナットの間に裏金をはさむようにして，ナットの移動により鏡の傾きを変えるようにして光軸修正もできる．
　この構造は修正に手数はかかるが最も作りやすいものである．

3　鋳物製セル

　鋳物の材質は，20cm鏡以下では通常アルミニウム又はその合金が使われる．
口径が大きくなると鋳鉄が使用される．

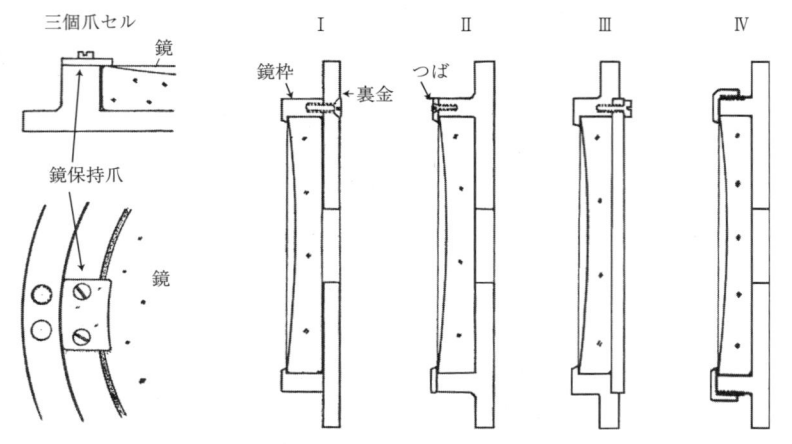

図88 鋳物加工セルの各種

図89 木型と鋳物
15cm鏡用セルとセル受け金具の例．後方が木型である．

鋳物製セルにも型式は種々あり，代表的なものを図88に示した．

鋳物をするには木型が必要である．木型は1個だけの鋳物を作るときには，鋳物代よりも木型代が一般に高価になる．従って木型は自作するのが有利になる．

木型は，手製でも簡単な形のものは充分なものができる．

自作では次のことに注意する．

(1) 木型は鋳物砂で型取りを行い，その空隙に溶けた金属を流しこんで鋳物を作るので，砂で型を取ったら砂の型をくずさないで，砂から取り出せる形のものでなくてはいけない．

この点を考えなくて木型を作ると，鋳物屋氏に頭をひねられ，或いはことわられる．

木型に砂から容易に抜けるよう一方向に向い傾斜（テーパー）をつけておか

なければならない．

(2) 隅や角のところには丸みのカーブをつけ，砂くずれを防ぐようにする．

(3) 木型の表面はできるだけ滑かにして，砂から抜きやすく，かつ鋳物の表面（鋳肌）を美しくする．

(4) 鋳物は冷えるとき縮小する（鋳縮み）ので，木型は少し大きく作る．

その割合は鋳物に用いる金属によって異なるが，通常予定寸法の5%を増しておけばよい．

また旋盤加工で削り取る量（削り代）を考えて，大き目になるように充分な安全率を見込んで作っておくのがよい．

(5) 木型は複雑なものになると割り型といって，部品をホゾで組み合わせたものや，或いは簡単と思う型でも，砂型を組み合わせるための部分を組み合わせる必要があったりするので素人考えの及ばないことも多い．

従って自作に先立って詳しい知人等や鋳物屋氏に相談されるのがよい．

木型は立体的であるので基礎がないと考えにくいものである．木型を木型屋に依頼するときには，鋳縮みと削り代を加えた寸法の設計図を付して行うのがよい．

鋳物ができ上ればこれを鉄工所で設計図を示して所要寸法に削ってもらう．

4 セル部品の組立て

鋳物加工の部品が完成したら，その組立てや穴あけなどを自分で行うと大きな経費節約ができる．

製品代金中に占める人件費のコストは高いので，必要最低の加工を工場に依頼し，他は自分で行うようにすれば，経費の節約ができて，工具費などに向けられる．

図88に示す例の組立や修正ネジの取り付けには，雌ネジを切る工具のタップ及びタップハンドルが必要である．

ネジを切るには，まずネジ下ドリルで穴をあけ，次に荒タップを用いて最初は少し押しながらハンドルでタップをまわしてネジを作る．

荒タップが底に行き当れば，中タップから仕上げタップと代えてネジを完成させる．

タップは良く喰いこんで回らなくなる．

このとき少しでも無理に回そうとすると細いタップではすぐ折れてしまう．

スピンドル油（自転車油でよい）を与え，少し喰いこんだら逆に回転してから回したり或いはいちどタップをぬき出し，切り粉を出してから作業を行う．

折れこんだタップは，先を尖らした鋼棒の先で，切くずの通る凹みのところを逆にタップを抜き出すようにして，小さなハンマーで軽く打ちながら回して抜くようにする．

どうしても，抜けないときには，丸鉄釘の先を平にして当てハンマーで打ちぬき，ひと回り大きいタップでネジを立てるか，他の場所にネジを作る．

径 6mm 以下のタップは折れやすく，ことに 3～4mm のものは指でひねるくらいでも折れるから充分の注意を要する．

組立用のネジは，5mm 以下の径のミリサイズには，日本規格と世界共通規格（iso 規格）がある．

同径でも互に交換ネジこみができないので注意を要する．

ミリネジの他にインチサイズのネジも販売されている．

このネジは目が荒く，アルミなどには適している．

主鏡セルには蓋を付けるのがよい．蓋があると鏡面が埃で汚れることやメッキの退色が相当防がれ，筒口から物をおとしたときの鏡面保護に役立つ．

小口径ではボール紙で作り，ラシャやビロード布をはって用いるとよい．

トタン板などの板金で作るときにも，少し口径を大く作り，これらの布を貼って用いると，しっくりはいって工合がよい．

5 主鏡のゆるみ取り支持機構

写真撮影用に使用するときとか，口径の大きい鏡を精密にセル内に収めるときなどでは，単純にセルを作って収めたのでは，どうしても相当なゆるみを持たせなくてはならない．

このため，鏡材を裏面及び側面から別に取り付けた金具でささえてゆるみ取りと共に，鏡材を無理なく支持するように作る．

裏面のささえの最も簡単な例を図 90 に示した．

支持金具は丸い金属板で作り，3 個所にとりつけてネジで裏板でささえる．

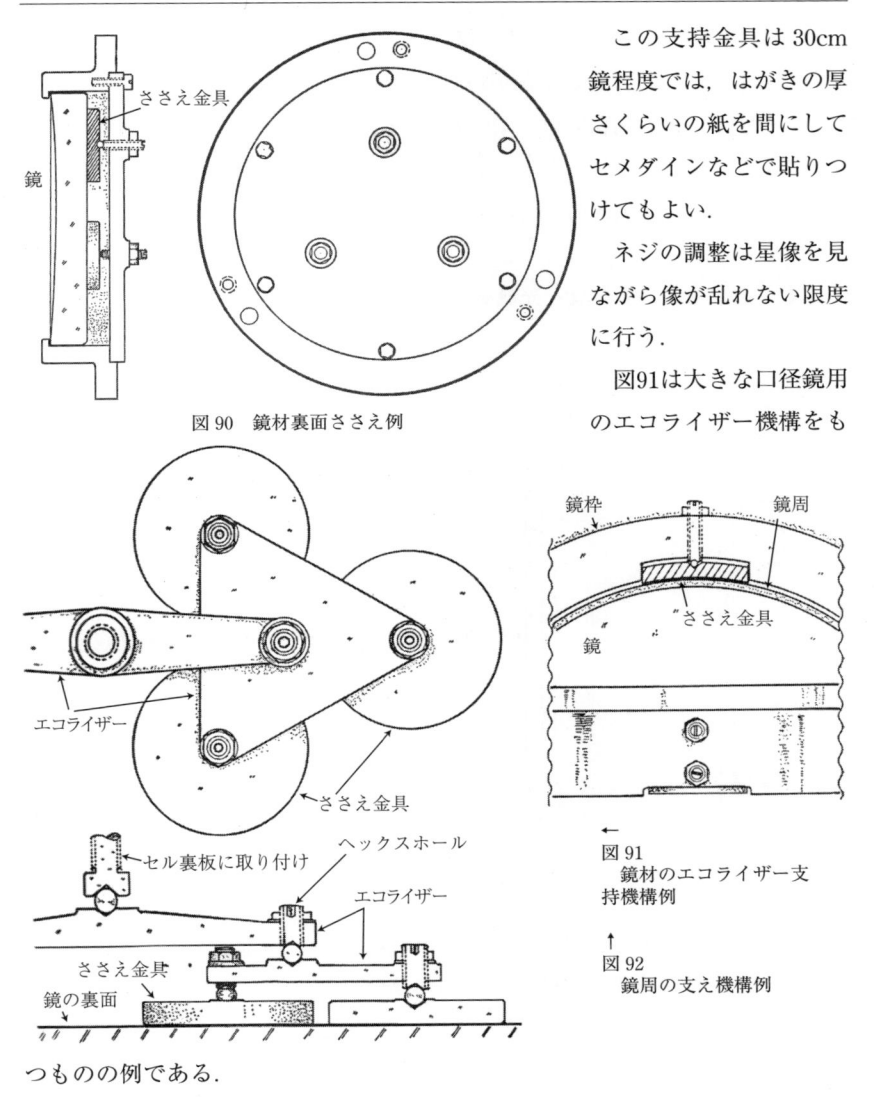

この支持金具は 30cm 鏡程度では，はがきの厚さくらいの紙を間にしてセメダインなどで貼りつけてもよい．

ネジの調整は星像を見ながら像が乱れない限度に行う．

図91は大きな口径鏡用のエコライザー機構をも

図 90　鏡材裏面ささえ例

図 91　鏡材のエコライザー支持機構例

図 92　鏡周の支え機構例

つものの例である．

ささえる方向によって偏りがでないようにするもので，大きく重い鏡材を歪なくささえるために必要である．ガラス材とセルの金属の熱膨張率の相違は，口径の増大と共に重大な問題となり，支え機構も複雑化してくる．

鏡周の支持機構の簡単な例を図 92 に示した．

良く1本のネジで鏡周を圧してゆるみをとろうとする機構を見るが，これは少なくとも15cm鏡以上では使用すべきではない．

ネジ先のわずかな面積では，重いガラス材を歪なくささえられるものではないのである．

大口径鏡では，鏡周支持にもエコライザー構造のものが必要となる．

第3　主鏡セルの受金具と光軸修正装置
1　主鏡セル受金具

筒の下端に取り付け，筒補強を兼ねて作る．

図93に鋳物加工の例を示した．セル受金具は20cm鏡以下ではアルミ鋳物が多く用いられる．

セル受金具を筒へ取り付けるときには，傾いて取り付けないように充分注意する．

これが大きく狂っていると短焦点鏡などでは光軸修正が完全にできない結果も生じるので，充分気をつけて取り付ける．

2　光軸修正装置

主鏡の光軸修正装置の例を図94に示した．

図94-Aは押と引きのネジを並んで取り付けたもので，4個所か3個所に作る．セルやセル受けが薄くて直接ネジが切れないときには，別に厚い金属板をリベットかボルトで留め，これにネジを切って用いる．

図94-Bは親子ネジを用いたものである．

光軸修正は最も簡単に行うことができるが，修正部が外部に凸出するため作るのに手数もかかり，物をひっかけたりするので使用は少ない．

図94-Cはセルをすっかり筒内に入れこむ機構である．

スプリングを用いない構造にも作れる．

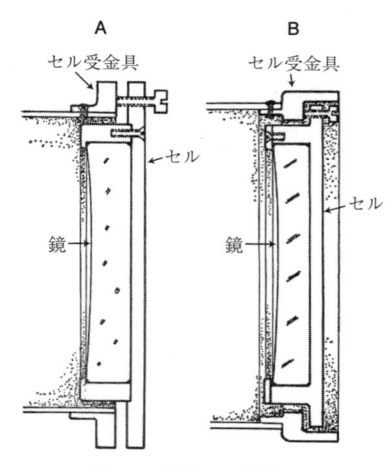

図93　主鏡セル受金具

図94 主鏡光軸修正装置

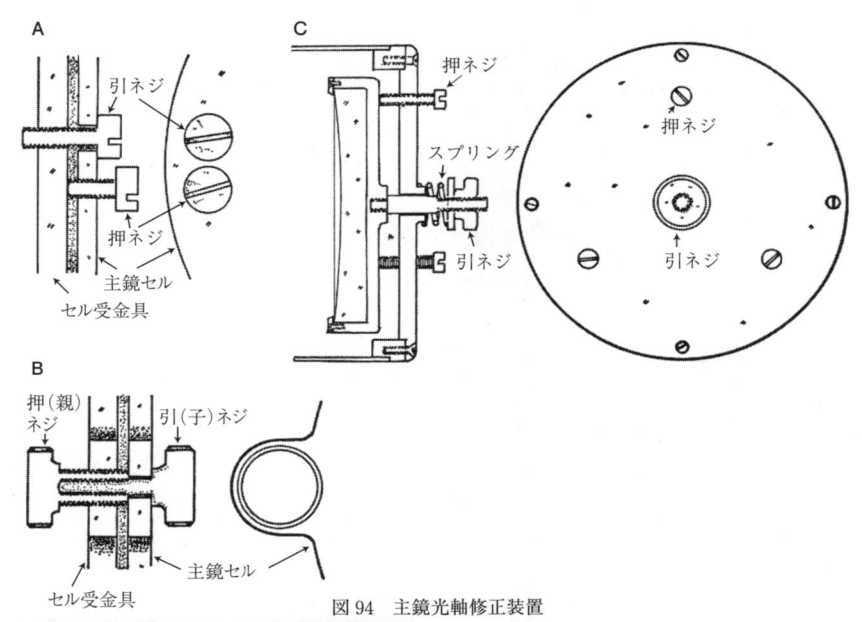

図95 主鏡セル光軸修正装置

小口径用には作られることも多いが，口径が大きくなると重量のため機構上不適となる．

第4 筒口補強枠

セル受金具を鋳物で作るときには，木型を1個ですますため，これと同形に作ることが多い．

口径が20cmをこえるものでは，鏡材とセル重量が大きくなるので，筒口補強枠は鋳鉄で作り，重心を少しでも筒口の方へ移すようにするのが普通である．

筒口補強枠を幅広く作り，この部に斜鏡や凸鏡の脚を取り付けるのは良い方法である．

大きな口径のものでは，これら第2鏡の金具の重量も増すので薄い鏡筒に取

り付けると重みで撓みも生じる．

また第2鏡の脚を筒補強枠につけると，主鏡と第2鏡の中心をそろえやすい特長もある．

第5　筒　軸

経緯台で鏡筒に付けて使用する軸で，耳軸といい2個必要である．

図96に厚板金と丸棒を用いた作例を示した．材料は黄銅がよい．

軸は基板が厚いときには，一端にネジを切って取り付けてもよいが，基板が薄いときにはカシメて留めハンダを流しておく．

鉄製では溶接して作るのが簡単である．

鋳物で作るのもよいが，こうした組立式でも充分なものができる．

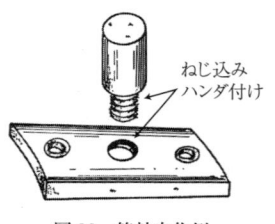

図96　筒軸自作例

筒が薄いときには，そのまま取り付けると弱いので，補強用のバンドを筒にまき，これと共に筒にとりつける．

軸の位置は，フオーク式架台では少し筒口の方を重くするのがよいので，筒部がすべて完成してからその取付位置を求めて取り付ける．

筒口の方を重くしておくと，上下微動装置を働かしたとき，筒がふらつかなくてスムースに操作ができる．

第6　接眼筒

接眼筒はできるだけ大きく，可動距離が長いものが望ましい．

ニュートン式反射望遠鏡では，構造上可動距離には制限をうけるので種々不便なことが生じる．

接眼筒は自作しにくい部品であり，高級な機構のものを1個だけ作ろうとすると，かえって既製品より高価となるものである．

接眼筒に必要な点は次のとおりである．

1　接眼筒に必要な条件

(1)　接眼筒は必要な直径及び可動距離を具えていなくてはならない．

直径が小さいと必要な視野又は写野が得られない．

可動距離は写真用に用いるときには，通常眼視用よりも長いものが必要とされる．

このためには筒からの焦点引出し量は多いことが必要となるが，ニュートン式反射望遠鏡は斜鏡径が増すので自ら制限を受ける．

(2) 接眼筒は筒に取り付けたとき，光軸に正しく垂直となるものでなくてはならない．

(3) 伸縮が円滑であり，とまった位置でふらつきや移動がない構造でなくてはならない．

(4) カメラを取り付けたこと等による撓みが生じないものであること．

およそ以上のことが必要となる．

ニュートン式反射では，通常接眼筒は薄く弱い鏡筒に直接取り付けられ，可動長を伸すため二重構造として引伸し筒を具えるなど構造的に大変好ましくない形をとらざるを得ない．

既製品を購入するときでも，或いは自作に当っても以上の件については良く理解して当る必要がある．

2　15cm鏡用接眼筒自作例

安価で自作容易な眼視主体の実用品についての例を図97に示した．

アイピースアダプターだけは既製品を求めるか，鉄工所で黄銅丸棒から旋盤で引いてもらうのがよい．

引ぬきパイプや厚板は古金商などをさがすと良く手ごろの品がみつかる．

接眼筒の自作では，まずこうした部品入手の障害が

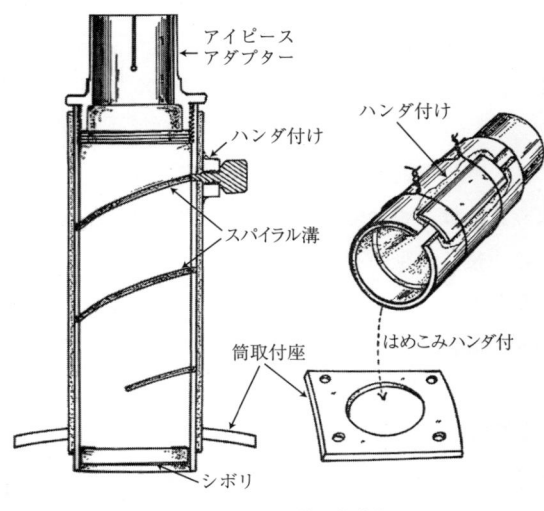

図97　15cm鏡用接眼筒自作例

あり，直ちに部品をそろえることの難さがある．従ってこれらは日常気をつけておく必要がある．

内管は外径37mm（1インチ1/2径）でなるべく肉の厚い引ぬき黄銅パイプを用いる．この一端に内径36mm，ピッチ1mm又は1/32インチ山のネジを切る．このところにアイピースアダプターを取り付ける．

パイプにネジが切りにくいときには，別にアダプターを作り，パイプに取り付けてネジ又はハンダ付けし，このアダプターにアイピースアダプターを取り付ける．

低倍率のアイピース，例えば40mmケルナーを用いるときには，内径36mmのネジを切っておくことが必要である．

現在40mmケルナーには，外径36mmでネジが1mmのピッチのものと1インチに32山の二種がある．

これは全く好ましくないが現実であるので，接眼筒には上記いずれかの雌ネジを設けておき，アダプターを用いていずれでも使用できるようにする．

25mmより短い焦点のアイピースはほとんどがツアイスのサイズで，径24.5mmのさしこみであり，アイピースアダプターはこれに合わせる．

外筒もちょうど良い黄銅パイプが入手できればよいが，一般にはないので，厚さの1mmの黄銅板を用いる．

黄銅板は焼き鈍しといって，薄赤くなるまで黄銅板を火で熱すると軟らかくなり加工しやすい．

こうして軟らかくして丸め，一部に隙間を持たせておき，当て板金をこのところに当てて，内筒に図のようにしばりつけてハンダ付けすると，割合内筒がきっちりとはいるようにできる．後に多少の不密着部は外筒の外がわから軽く金槌でコンコンと打つと良くなじむ．

内筒外筒共に鋳物又は丸棒から旋盤加工しても作れるが，高価となって安い製品との差がなくなる．

3 ラック・ピニオン使用接眼筒

ラック及びピニオンギヤを用いて微動を行うもので，接眼部の定形ともなっている．

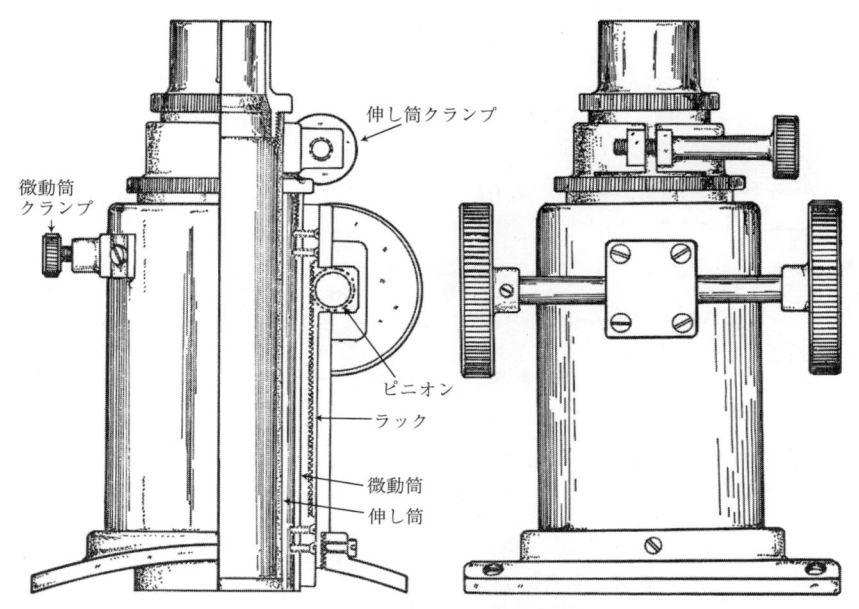

図 98　ラック・ピニオン使用2重接眼筒

図 99　20cm鏡の接眼筒とフアインダー
西村製作所製　桑野　善之氏有

図98はその設計例である．可動筒が2重になっていて，これを引き出すことによって接眼筒の可動距離を大きく可能にしている．

可動筒及び引伸し筒には固定装置を付けることが極めて望ましい．

その例を図100に示した．

製作には手数がかかるが，1本のネジで押えるものよりも抱き合わせて締め付ける式が強くて歪まず良いものである．

ラックギヤは黄銅製，ピニオンギヤ及びその軸は半鋼製とする．

ピニオンギヤとその軸が黄銅製品もあるがこれは大変早く摩耗するので不適

である.

クランプ用のネジは鉄製がよいがその他は黄銅で作るのが良い.

アルミを外筒に使用すると,ラックの通る溝が摩耗したときなど修理に困るが黄銅であれば当て金をろう付けして復元できる.

ラック及びピニオンは斜に歯のついたもの(はす歯)が良いが,平歯では不良ということではない.ラックとピニオンが作れると,他はすべて旋盤でできる.

自分で加工製作すればともかく,この程度の品を1個だけ鉄工所に特注すると既製品より一般に高価となる.

ラック及びピニオンも JIS 規格品が販売されているので,これを用いるのもよい.

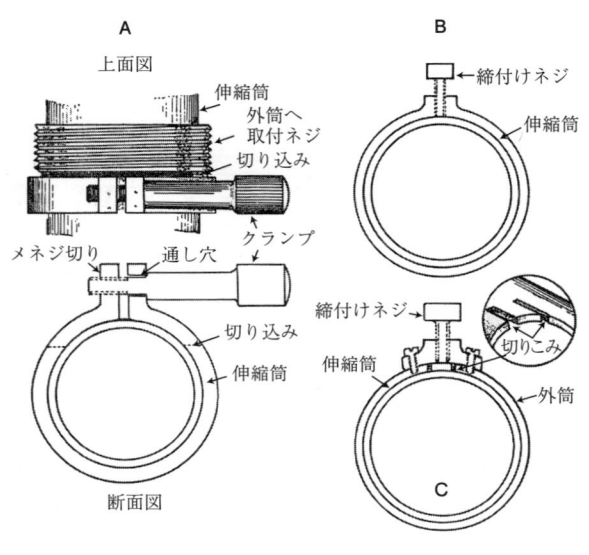

図 100 接眼筒固定装置

4 接眼部スライド装置

写真用等のように,斜鏡の直径が必要最小限度となるように作る必要があるときに用いるのに適した装置である.

焦点調節は,接眼部と平面鏡が一体となって主鏡に対して前後に移動して行われる.

実際の製作例を図 101 に示した.図は焦点調節をラックとピニオンで行う構造のものであるが,ネジ送りで行うこともでき,この方が部品製作はやさしいが,送りが遅くなる.

ネジ送りについては,後章の極軸等の部分微動等の構造を参考にされたい.

平面鏡用の脚は1本で厚く,かつ幅広く作って強度を充分に持たせる.

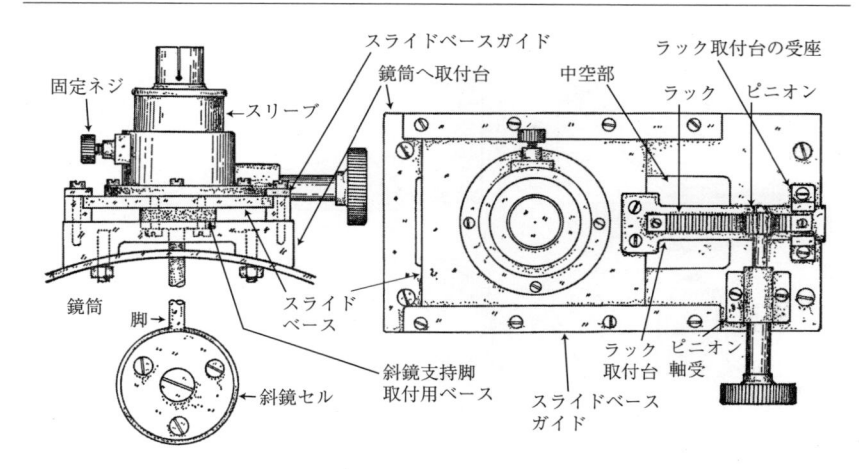

図 101　スライド式接眼部

　2本脚に作るときは逆V型に作るのがよいが，できるだけ1本脚とするのがジフラクションの出方が少なくてよい．

　鏡筒取付部は鋳物で作るのがよい．ベース板や移動板などは厚い板金から作るのが作りやすい．

　可動部にスチールボールを入れて用いると極めてスムースに動くようにできるが，図の方法でも摺動するところにグリスをつけると充分円滑になる．

　スチールボールを用いると締めつけてゆるみを取ることができるのが特長である．

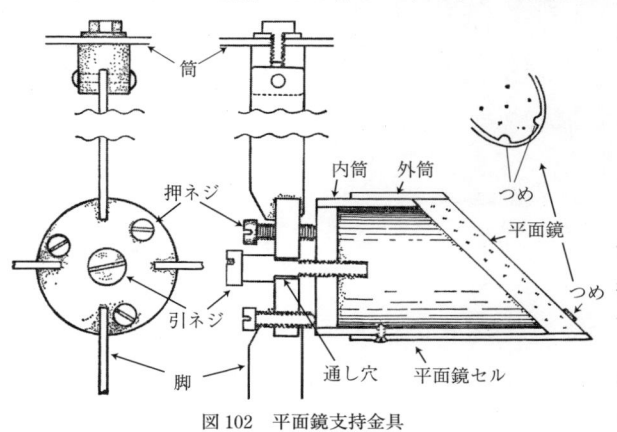

第7　平面鏡支持金具

　接眼筒と共にアマチュアの自作が難しい部品のひとつである．

　しかし若干の工具があれば売品と変らないものが自作できる．

図 102　平面鏡支持金具

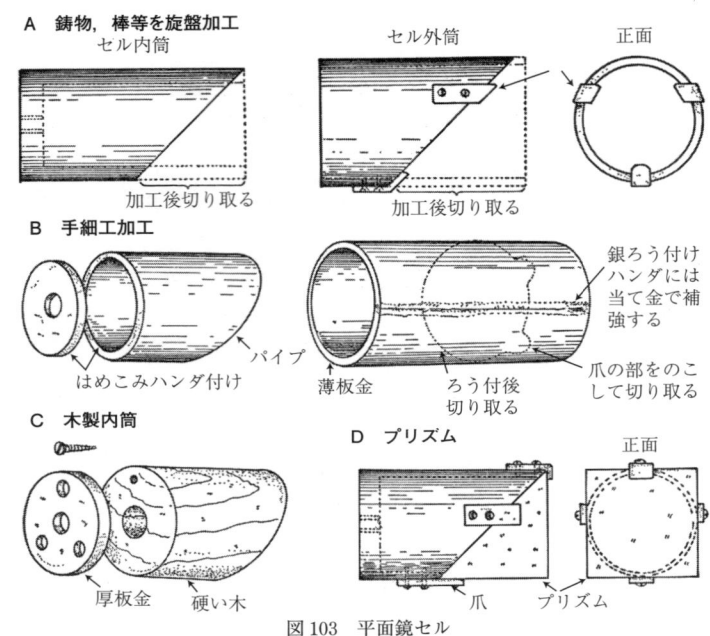

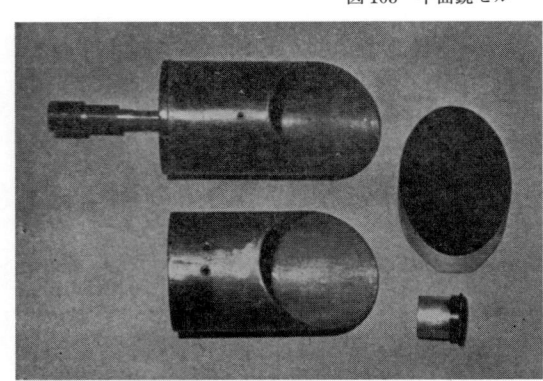

A 鋳物，棒等を旋盤加工
セル内筒／セル外筒／正面／加工後切り取る／加工後切り取る

B 手細工加工
はめこみハンダ付け／パイプ／薄板金／ろう付後切り取る／銀ろう付けハンダには当て金で補強する／爪の部をのこして切り取る

C 木製内筒
厚板金／硬い木

D プリズム
正面／爪／プリズム

図103 平面鏡セル

図104 平面鏡とセル
70mm 平面とセル　筆者

1　平面鏡セル

　平面鏡が斜めの楕円形であるために，平面鏡をゆるみなく，かつ歪みなく保持することは難しい．

　平面鏡は物にはり付けて使用することができない．温度変化のため平面が乱されるからである．

　従ってセルに収めて使用する．

　図103-Aは旋盤加工によって作るセルである．

　加工は円筒形に削ってから一端を45°に切り落して仕上げる．

　外筒の爪はネジ留めでつける．

図103-Bは内筒には引抜きパイプを使用するハンドメイドの例である.

内筒の一端には，引ネジを兼ねた支持金具への取付ネジがとりつけられるネジ穴を中央に付けた金具をはめこみハンダ付けする.

外筒は15cm用の短径35mm鏡では，厚さ0.5～0.7の黄銅板で作る.

加工は焼き鈍して行うと行いやすい．続ぎ目は銀ろう付けが最も強くて良い．ハンダ付けでは当て金をして補強する.

筒ができ上ってから爪を残して一端を45°に斜めに切り取る．切り取りは或る程度粗雑な形に金切り鋏で切り，ヤスリで仕上げる.

爪は最後に内筒に入れてその端に当てて折り曲げて仕上げる.

銀ろうはハンダに比べて高温に加熱しなくてはならないが，接合部が強く，打ち延しもできる優れた接合法であるので，その方法および要領を説明しておく.

a 銀鑞（ろう）の付け方

(1) 銀ろうは銀に亜鉛等をまぜ，その割合で5分ろうとか7分ろうの別があり，銀の割合の多いほど高温で接合しなくてはならないが接合部は強い．とくに黄銅には良くつく.

(2) 溶剤には硼砂を用いる．商品名フラックスという製品もある.

硼砂は少量の水で練って接合部に塗りつけて用いる.

(3) 接合部は錆，汚れを良くとり去り，隙間のないように密着させる．隙間があると溶けた銀ろうが流れない.

(4) 接合部が加熱したとき離れないように細い鉄線でしばりつける.

こうしておいて継ぎ目に水で練った硼砂又はフラックスを隙目のないよう塗りつけ，3～5mm間に1mm角で厚さ0.3mmくらいの銀ろう片を継目にくっつけておく.

(5) 加熱は，初めは遠火で硼砂が水分を蒸発し，ふくれ上りが止るまでゆっくり加熱する.

つぎに強熱して銀ろうは溶けて白い玉になり，ついで継目に充分流れるまで行う.

銀ろうが良く流れたら加熱をやめ，水につけて冷却し，跡にのこる硼砂をと

り去り，ヤスリで仕上げる．

　銀ろうは工具店，時計材料店で求められるが，少量しか必要ないので，貴金属加工店や，或いは帯鋸を用いる木工所などにお願いして分けてもらうのがよい．価格は安価ではあるが販売品では量が多すぎる．

　加熱はガスバーナー，プロバンガスなどでよく，プロパントーチなど便利である．

　付けるものが量の大きなものでは，熱量が多く必要であるので，まわりを木炭などでかこい，熱が逃げないようにしたり，或いは炭火で下から加熱しながら行うなどする．

　銀ろうは黄銅の他，砲金，銅などには良くつき美しく強いので利用範囲は広い．

　図 103-C は内筒の本体を硬い木で作る例である．

　同 D はプリズムの取り付け保持の例である．

　平面セルには平面鏡のメッキの保護のためキャップを付けるのが良い．

　キャップは薄い金属板金で作るが，自作ではボール紙に布をはって用いてもよいから，キャップは付けるようにされたい．

2　平面セル支持金具

　自作は黄銅の厚い丸い金具に，同じく黄銅製の脚を図 105A-a のように切りばめてろう付けするのがよい．

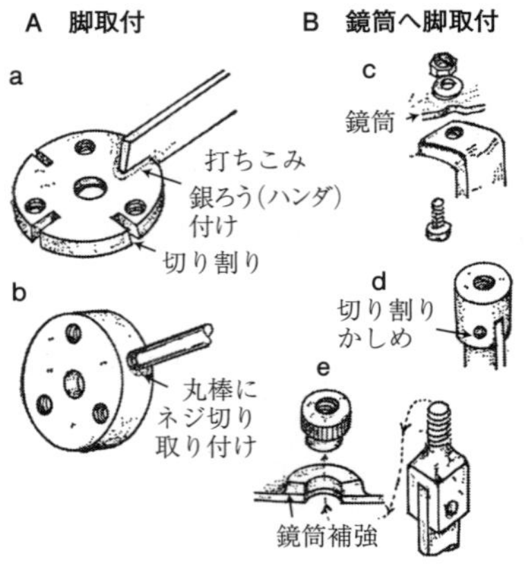

　この部のろう付けも銀ろうを用いると丈夫なものができる．

　脚は丸棒で b のようにも作れるが，バンド脚の方が強いので小口径しか使用しない．

　脚は 3 本又は 4 本に作り，3 本のときは各々 120° をへだてて取り付ける．

　脚は 15cm 鏡用で厚さ 1.5mm，幅 10〜15mm，20cm 鏡用では厚さ 2mm，幅 20mm くらいにする．

図 105　平面セル支持金具

さらに口径が増せば脚と本体を一体に黄銅か鋳鉄で鋳造して作る．

脚の鏡筒への取り付け自作例を図 105-B に示した．

例のうち d が強くてよい．e は脚の長さが調整できるがやや弱いので，鏡筒の内側にナットを入れて外側のナットと共に鏡筒に締めつけるようにするのがよい．

c は簡単で丈夫であり，15cm 鏡以下に適する．

3　光軸修正装置

引きネジをセル支持金具の中央に通してセルのネジにはめて両者を結合する（図 102 参照）．押ネジは 3 個所又は大型になれば 4 個所に設け，支持金具にネジを切って取り付ける．

引ネジは支持金具の穴を通しているので，セルの傾きを変えたとき，少し余裕をもっていないといけない理論にはなるが，その余裕は厚さ 4〜5mm の支持金具のとき 0.1mm あれば良い．

脚の長さに不同があったり，或いは脚の鏡筒取付けが不良などの原因があるので，まずその個所から直す．

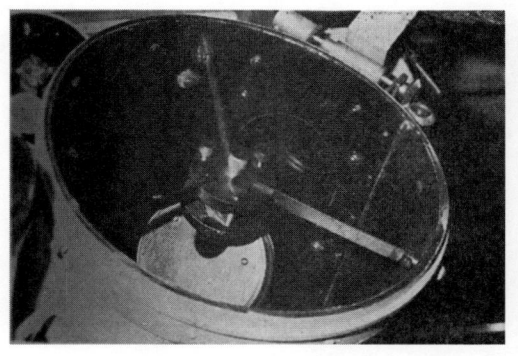

図 106　円型平面鏡セルと平面鏡支持金具　筆者

修正ネジでセルの傾きを大きくしないと光軸が合わないようでは，構造的に欠陥があるのであって，充分な光軸修正はできない．

引ネジは押ネジよりやや大きく作り，15cm 鏡用で径 4〜5mm，20cm 鏡用で 5〜6mm，押ネジは約 1mm 小さく作る．

4　円型平面鏡セル

楕円型の平面鏡をセル内でゆるみなく，かつガラス材を圧迫して歪ませることもないように保持することは難しく，平面が大形になればその外形加工も難しいこととも相まって，斜鏡を円型のまま用いることが多い．

小口径では光の損失がおしまれるが，口径が大きくなると構造上止むを得な

いものとなる．

円型平面鏡を斜鏡に使用するときのセルの例を図107に掲げた．

小型の写真鏡でも斜鏡を円型で用い，傾いた面の上下方向の面の余裕をネガ面の長径方向に使用して減光を防ぐなどにも活用できる．

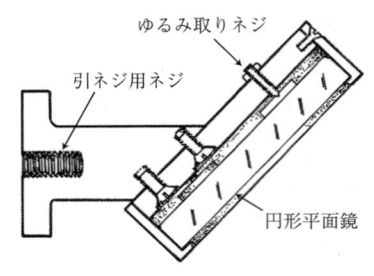

図107 円形平面鏡用セル断面図

5 平面金具の塗装

平面金具は，つや消しラッカーを塗ると厚く塗料がついて工合いの悪いことが多い．例えば修正ネジの部分やセル部がそれである．

またアイピースの内部など小さな部品へのラッカー塗装は工合が悪い．

黄銅部品には，化学的な黒染めが簡単にできる．その一例を示すと次のとおりである．

b 黄銅黒色処理方法

(1) 使用薬品

  a 硫酸銅 水1 l につき25g

  b アンモニア水   少量

(2) 使用方法

黒色に処理する黄銅の表面は錆や汚れを完全におとし，磨き粉で良く磨いた後表面に脂肪等が完全になくなるように洗済で洗い，最後にできれば稀硝酸で洗ってから水中につけておく．或いは灰液で洗うのも良い．

表面に少しでも油分などがあれば美しく黒化しない．

硫酸銅溶液にアンモニア水を少量ずつ加える．初め白青色に乳濁するが，次第に透明の濃青色となるので，濃青色のところでアンモニアを止める．

この液をホウロウ引きの容器などに入れ，80℃程度に加熱し，これに黄銅部品を入れると数分で黒く着色する．

着色したらよく水洗し，苛性カリの2%溶液につけて安定させるとよいが，これをはぶいて良く水洗いしただけでも良い．

(3) 同様の方法で銅及び鉄の黒色又は青黒色着色ができる．

銅の黒色着色
 a　硫化カリ　　水 1 l に 5～12g
 b　塩化アンモニア　水 1 l に 20～200g
 c　常温で使用する

鉄の青黒色着色
 a　チオ硫酸ナトリウム　水 1 l に 60g
 b　酢酸鉛　　　　　　　水 1 l に 15g
 c　鉄を入れて沸騰させる

チオ硫酸ナトリウムだけ用いて，良く煮て黒く着色することもできる．このときは，表面をときどき磨いてやる．鉄の黒染薬品は市販品がある．

第8　ファインダー

眼視用ニュートン式反射望遠鏡に用いるファインダーは，主鏡口径の 1/4 程度の口径の小屈折鏡を用いるのが標準となっている．

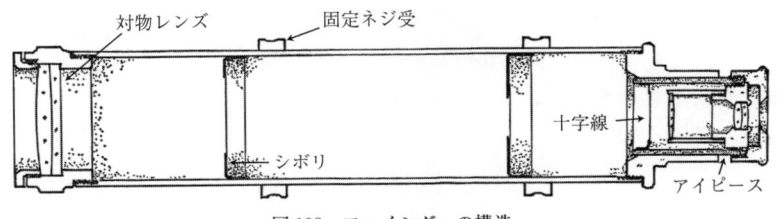

図108　ファインダーの構造

経緯台では微光の天体を探すときなど赤道儀以上に有力なものが望ましい．

ファインダーは，広視野で収差の少ないものが良く，1個だけ使用するときには数倍乃至 10 倍程度が使いやすい．

視野の明るさは，射出瞳径 4mm 以下にはならないようにしたい．できれば 6～7mm となる倍率で上記の倍率となる口径が望ましい．

アイピースは，できるだけ視野が広い収差の少ない正のアイピースの良質のものが望ましい．

構造の一例を図 108 に示した．

十字線は細すぎると見えにくいので適当なものを選ぶ．拡大された線が明視

距離で 0.5mm となる程度がよい．

十字線はアイピースのシボリに取り付けて，星像と重なって明瞭に見えるよう調節して用いる．

ファインダーには単レンズの組み合わせの簡単なものから，接眼部にラックピニオン接眼筒と暗視野照明付きのものまで多くの段階がある．

図 109 にパイプや厚板金を組み合わせた脚自作例を示した．

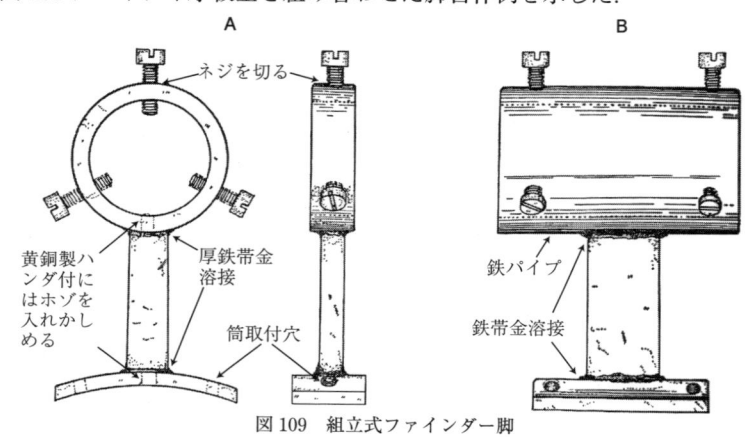

図 109 組立式ファインダー脚

脚は充分強度のあるものでないと，ファインダーの光軸が狂いやすくて実用上困る．

脚が弱いファインダーが販売品には多く，とくに調整ネジが一方側だけにしか付けられていないものは不良のものが多い．

脚だけは図のようなものを作って用いることがよい．

鋳物製の傾斜脚例を図110に示した．

できるだけ接眼部に近よらせるのが使いやすいので，こうしたタイプに作るのもよい．

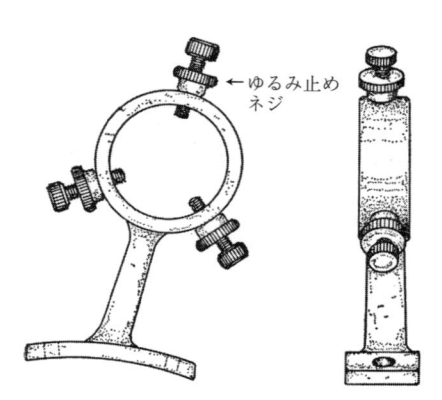

図 110 鋳造傾斜ファインダー脚

光軸調整ネジには固定用ナットを設けると調節ネジが自然にゆるむことが少

なくなる．

第9 ニュートン式反射望遠鏡の光軸修正

ニュートン式反射望遠鏡の光軸修正も，光軸を一直線上に置く（センターリング）こと及び各光学系が光軸に正しく垂直な面に平行している（スクエアリング・オン）ことが必要である．

図 111 に一般的な光軸修正の参考図を示した．F 数が 8 以上の主鏡では，ほぼこのように見えるもので良い．

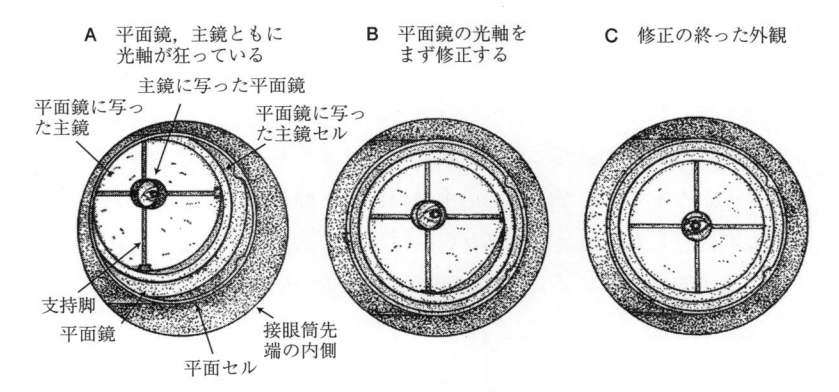

A 平面鏡，主鏡ともに光軸が狂っている
　主鏡に写った平面鏡
　平面鏡に写った主鏡
　平面鏡に写った主鏡セル
　支持脚
　平面鏡
　平面セル
　接眼筒先端の内側

B 平面鏡の光軸をまず修正する

C 修正の終った外観

図 111　光軸修正図

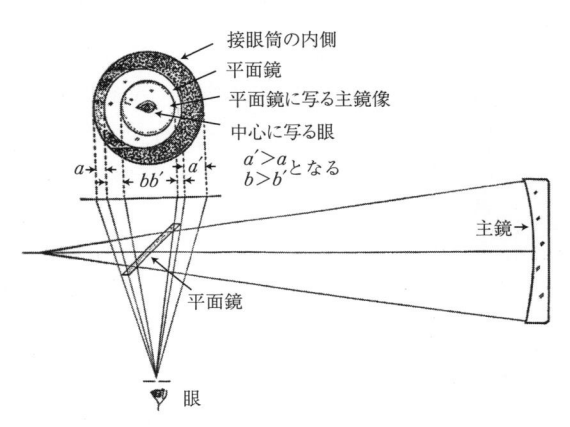

接眼筒の内側
平面鏡
平面鏡に写る主鏡像
中心に写る眼
$a' > a$ となる
$b > b'$
主鏡→
平面鏡
眼

図 112　斜鏡と主鏡の関係

F 数が小さいものでは，外観上図 111 のように調整しても，焦点内外像で楕円型となる場合に出会う．

これはスクエアリング・オンの不充分なことによる．

接眼筒の中心から見渡した斜鏡と主鏡の関係位置像についての極

端に関係位置の相異を拡大した図112を示した．

　F数の大きい暗い主鏡でも，その差が小さいだけであって，正しくは接眼筒の内側を始めとする関係位置は，こうした差があるのが正しいのである．

　F数が大きいとその許容誤差の範囲が広いので，各部が同心的に見えるように光軸調整を行っても実用上許されるのである．

　焦点内外像が，一方では円型であるが，他方では楕円型となるときには，平面鏡の位置が適当でなく，主鏡に近すぎるか或いは遠すぎる位置で見かけ上良く見えるように，接眼筒の中心から見とおして光軸を調整したものである．

　従ってこうした場合には，平面鏡の位置を主鏡に対して遠ざけ，或いは近づけるよう引ネジを調節して調整する．

　各部品が偏心していたり，筒への取り付けが傾いていて光軸修正が完全にできないことは，短焦点鏡のマウンティングにはよくあることである．

　光軸修正がうまくいかないので，主鏡の偏心を疑われることも多い．

　また事実偏心した反射鏡も安価な売品にはよくある例である．

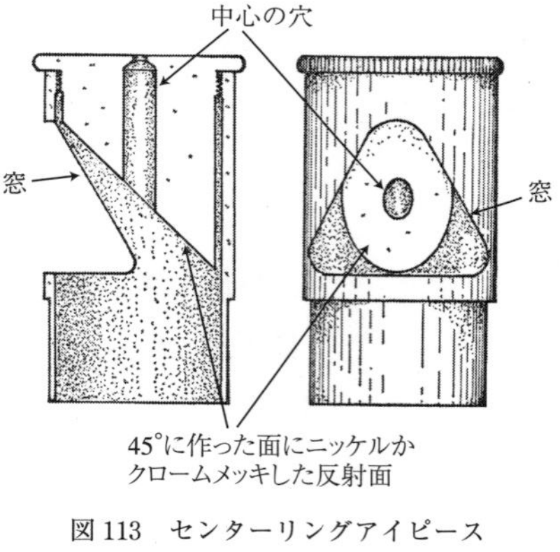

　光軸修正に便利な道具の例を図113に示した．センターリングアイピースと呼ぶもので売品もある．レンズを用いていないので価格も安いから，自作がわずらわしいときには1個求めておくと便利である．

　単に中央に小穴をあけたキャップ的な構造であれば，簡単に作れ，通常接眼筒のキャップに用いられるのでセンターリングアイピースよりは少し劣るが実用できる．

図113　センターリングアイピース

経緯台架台部

第1 経緯台式架台

経緯儀ともいう架台の形式で，垂直の軸とこれと直角の水平軸により，天のあらゆる場所に筒口が向けられる構造である．

この型式は高度及び方位の測定に便利であるので，測量機械に通常見る型式である．

天体望遠鏡でも昔は小口径の屈折，反射ともに経緯台が普通であったが，現在ではむしろ赤道儀が一般化し，経緯台が少なくなった．

経緯台は自作が容易であり，ニュートン式では接眼部が水平であるので見やすい特長もあって，低倍率で星空を観望するには赤道儀よりも使いやすい点もあり，彗星捜索用などに用いられている．

1 フォーク架台

鏡筒を支えるアームがフォーク型をしているもので，昔から反射経緯台に用いられており，構造が簡単で安定がよい特長がある．図114は木製フォーク架台を用いた15cm鏡の例である．

木製フォークは，材料に硬い板を用い，接着部にボンド等の強力な接着剤と木ネジを使用し，鉄アングル材を木ネジでとめて隅を補強すると強いものができる．フォークは筒を天頂に向けたとき，台と行き当らない限度に大きく作る．

厚さ5mm以上の鉄板を組み合わせ溶接して作ることも多い．

設計図を示して溶接店に依頼する

図114 15cm鏡木製フォーク架台 蓮尾隆一氏

と，比較的安価にできる．

　鉄製の鋳造で作るとスタイルの良いものができるが，木型を作るのは相当手数がかかり，木型店に依頼して作らせると高価なものになる．

　フォークを鉄で作ると，厚いと重くなりすぎるので，肉厚を少し薄くし，隅に補強材を付けて軽くする方法がとられる．

2　水平部分微動架台等

　水平部の部分微動構造は，後述する赤道儀における極軸部分微動装置と同様の構造であるので重複をさけ説明を略する．

　部分微動も強くゆるみなく作れば，一方の端に微動金具が行き当ったときに元にもどすことの不便がある他には手動用であるから，ウォームギヤ使用のものとくらべてあまり差がない．

　微動なしの架台も種々考えられるところであり，ピロウブロックベアリングなどを軸受に用い，軽く回転できるように作り，彗星捜索用に用いる等の構造もとられている．

　微動なしで軸受にボールベアリング等を使用すると，あまりに回転が軽過ぎ，軸が少し傾いても望遠鏡がひとりでに回転するので，簡単なブレーキを軸につけるのがよい．

3　水平全周微動架台

　ウォームギヤとホイルを用いた水平全周微動装置に次の二例がある．

　a　図115-A例　　ウォームギヤ軸受をフォーク軸部に取り付けるもので，これが最も多く用いられる．

　このタイプは架台を自由にまわしたとき，ホイルと共にウォームギヤも回転するので，ウォームギヤハンドルの位置が常に一定しているので，大変便利である．

　b　図115-B例　　ウォームギヤ軸受を台部に取り付けた構造であり，軸受が取り付けやすいので部分微動装置では採用されることが多いが，ウォームギヤ使用の場合は特別な場合しか用いない．

　ウォームギヤハンドルの位置が常に変わるので，ハンドルは両方の軸に取り付ける．

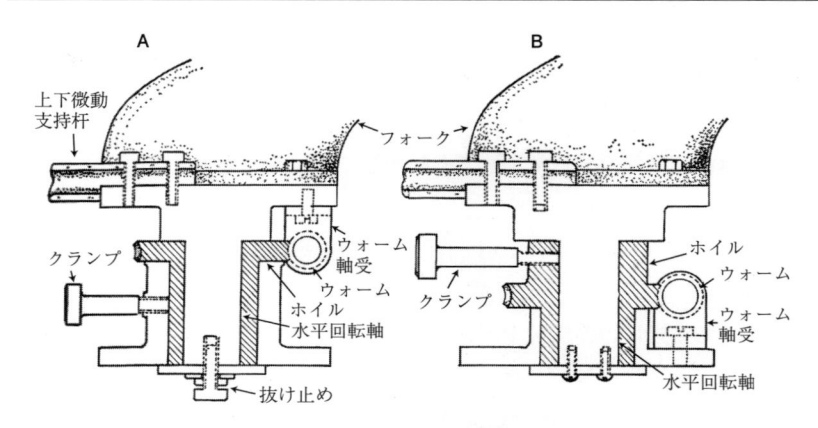

図115 ウォームギア微動装置

c ウォームギヤと軸受部　ウォームギヤは半鋼材を用いるのがよい．軟鉄でも黄銅製よりもはるかに良い．

軸はなるべく太く作る．

軸受は図116に例を示した．

A例がウォーム軸の左右のゆるみ取りに最も良いが旋盤加工が必要である．

BとCは手細工で作れる．構造上Bの方が左右のゆるみ取りは行いやすいが，Cでも充分実用できる．

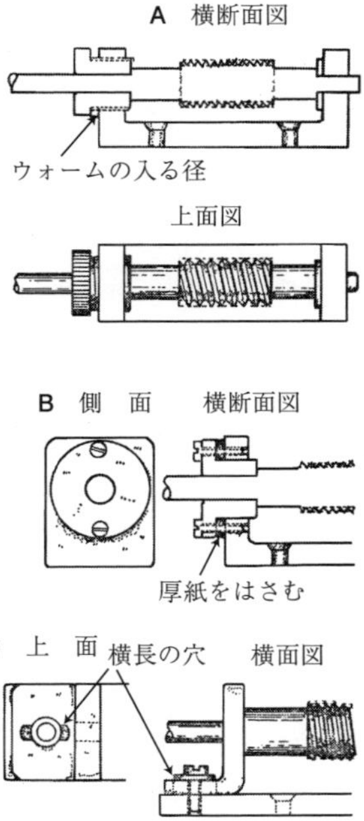

d ウォームホイル　材質は，黄銅，砲金，燐青銅がこの順序で適するが，一般には黄銅で十分である．

鋳鉄製の販売品もあるが，ウォームギヤと良くなじまず好ましくないが，手動であるから使用できる．

合成脂樹製，たとえばジュラコンと呼ぶものなどは使用できるが，歯幅の小さいものは強度の点からして作られていないが，さらに材質が進歩すれば使用可能となるものであ

図116　ウォームギア軸受

ろう．

　ピッチは 15cm 用ではモジュール 0.5（M0.5）〜 0.6，歯数 140 〜 200 程度が通常使用される．

　ギヤ類は歯車製作所で通常 1 個でも製作してくれるので，設計図を示して依頼するとよい．

　旋盤があればホイルも作れるが，フライス盤や専門工作機械で作ったものが良い．

　町工場でも最近は工作機械や工具が精密になったため昔日の比ではない優良品を作ってくれるようになった．

4　ドラムホイル使用全周微動架台

　図 117 は全周微動ドラムホイル使用架台で完成された姿の例である．

　ウォームホイルはドラム形と呼ぶものを用い，これを台部とフォーク部に

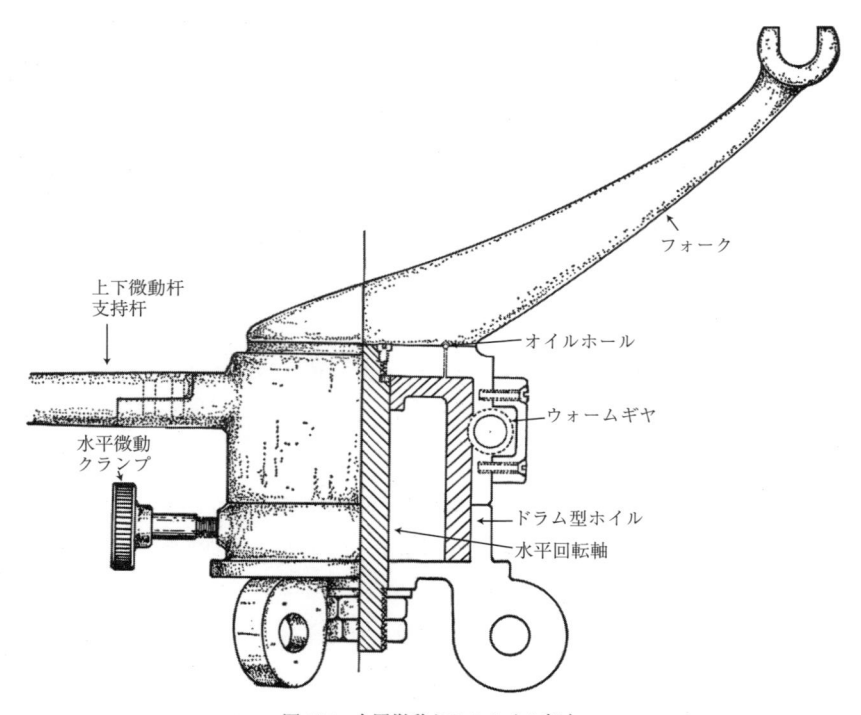

図 117　全周微動ドラムホイル架台

マウンチング 215

図118 20cm用経緯台架台
西村製作所製　桑野　善之氏有

すっかりつつみこんでおり，外観もすっきりしていて埃などもはいらない．

フォーク部は一体の鋳物で作るが，水平回転は別に作って取り付ける．

上下微動用支持杆は中継ぎ構造に作る．

フォーク部及び回転部は分解して作り，ボルトで組み立てることもできる．

第2　上下微動装置
1　ネジ使用上下微動装置

ネジを用い，鏡筒の支持杆も兼ねた上下微動装置で，英国式ともいい，古くから英国で使用されていた．

支持杆を兼ねているので，水平方向から仰角70°くらいまでは鏡筒の安定が良いが，天頂に近づくと筒がふれるようになる．

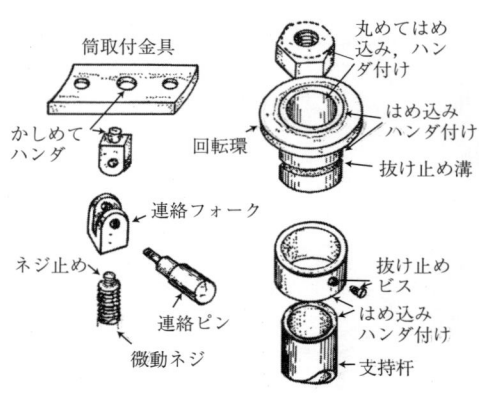

図119　上下微動装置自作例

構造はネジ部を鏡筒にとりつけ，雌ネジを切ったリングをネジにはめ，このリングを回転させてネジを出し入れして鏡筒の上下微動を行なうものである．

手で自由に粗動できるようにネジを収めているパイプ（杆）が架台より伸びた支持杆のリング中にとおり，クランプネジで自由の位置に固定されるように作る．

図119は手細工の組立式の例で

ある．15cm 用では，ネジは直径 3/8 インチの長さ 30cm の黄銅棒に全長に渉ってネジの切った通称ズン切りというネジが安価で便利である．

杆用パイプは径 15〜20mm で肉厚 1〜1.5mm のものがよい．黄銅製が良いが，家庭用金物として 1m ほどの長さの鉄パイプにクロームメッキしたパイプなども利用できる．

図 120 は旋盤加工して作るものの例であり，材質は黄銅がよい．

架台部から延長して上下微動杆を支える上下微動支持杆の構造を図 122 に例示した．

この支持杆に使用する材料は，鉄で太く強いものが必要である．

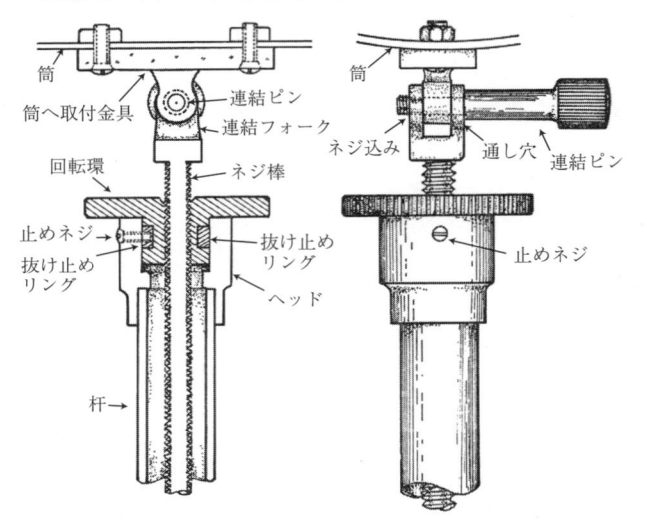

図 120　上下微動装置の例

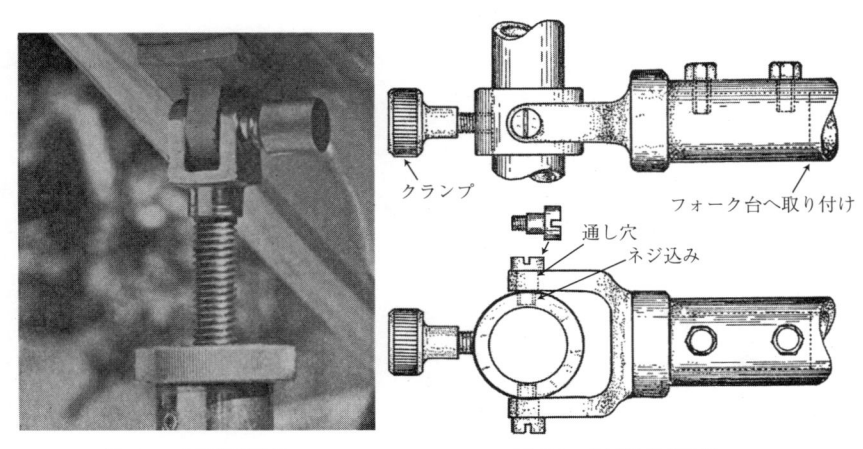

図 121　上下微動装置

図 122　上下微動支持杆

この支持杆が弱いと鏡筒振動の大きな原因となるので，強く作るように心がける．

2　ウォームギヤ使用上下微動装置

上下微動をウォームギヤとホイルで行うもので，構造的には屈折鏡に適する．別名ドイツ式ともいわれ，有名なカール・ツアイスから口径 8 ～ 11.5cm の屈折経緯台がこのタイプの微動装置を設けて作られていた．

15cm 反射経緯台にこのタイプを使用した国内製品も一時作られていた．

図 123 に構造図を示した．

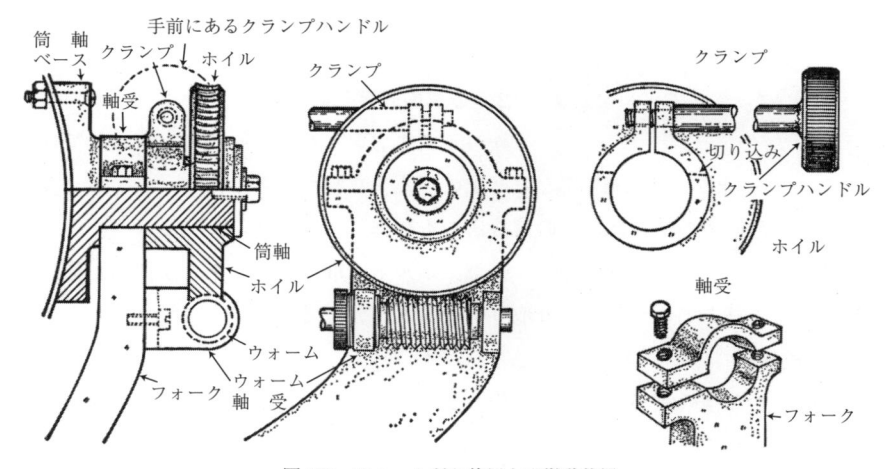

図 123　ウォームギヤ使用上下微動装置

旋盤等の工作機械を用いないと精密に作ることが困難であり，製作コストも高いので，あまり自作されることもないと思われるが，構造は赤道儀の赤緯軸微動にも転用できるのと，かつて著名な機構であったので示した．

第 3　経緯台用脚部

星を見るとき，最も困らせられる望遠鏡の振動の大きな原因となるものに脚部の弱いことがあげられる．

脚部は強く重いことが望遠鏡の振動を少なくして好ましいが，経緯台の特長でもある移動使用が不便になる．

開閉式の三脚は小口径にはよいが，弱く振動の原因になるので，15cm鏡以上では固定脚に作るのが普通である．

1 木製脚

図124に木製脚の組み方の一例を示した．

三脚式に作り，下広がりにして下方は木製の三角形の台と金具で結合すると，丈夫で横ゆれも少なくなる．

台部を木製に作るときには，切りばめして接着剤と大きな木ネジで留めると自製でも強固に作れる．

2 金属製固定三脚

鉄パイプやアングル材と厚鉄板を溶接して作ると重いが丈夫な脚ができる．

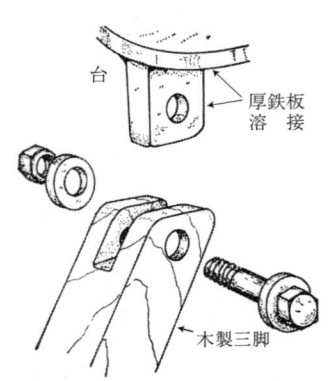

図124 木製三脚取付例

こうした鉄製の三脚はどこの溶接店でも製作してもらえる．

脚をアルミアングル等で作り，台部にボルトで取り付け，下方を開いた形に固定する金具をアングルで作り取り付けると，軽くできる．

3 柱状脚

脚を大きな径の鉄パイプ1本で作ると，天頂附近で筒が行き当ることがなく使うのに便利である．

図125は厚鉄板と太い鉄パイプを溶接して作ったものである．

柱部は両端に円板を溶接し，一方を下方の台にボルトで取り付け，他の端へ架台をボルトで付けるように作った．

移動使用には重くて不適であるが，架台部を戸外に定着使用するものや，或いは赤道儀用にも用いられる．

溶接加工でも厚さ20mm程度の厚い鉄板加工も容易にできて，鋳造にくらべて価格はずっと安くできる．

図126は大きな口径の経緯台及び脚柱である．こうした大口径鏡では微動ハンドル部をウォーム軸よりチェイン，ベベルギヤ，フック関接等を経て観測者の手許でできるように考案作成されている．

マウンチング　219

図 125　柱状脚
厚鉄板と厚肉鉄パイプ溶接加工の
柱状脚　　筆者

図 126　36cm 反射経緯台
通常の考えをこえた大きな経緯台である．水平微動を手もとで行うようウォーム軸からチェインでフォーク上方の微動ハンドル軸と連繼するなど，種々のアイディアがとり入れられている．鏡面は小原光学の E_3 で西村製作所製　　阿部　国臣氏

図 127　金属製柱状脚
10cm 経緯台用鉄製脚である．
　　　　　　梶原　達夫氏

図 128　26cm 経緯台水平微動部
ウォーム軸をベベルギヤ及びフック間接で延長し手もとで操作されるように考案されている．
　　　　　　　　　　　　　小石川　正弘氏

220　反射望遠鏡の作り方

第4　卓上型経緯台架台

微動が完備した口径 12cm より 15cm まで使用できる卓上型架台の設計を図 129 に，その実物を図 130 に示した．

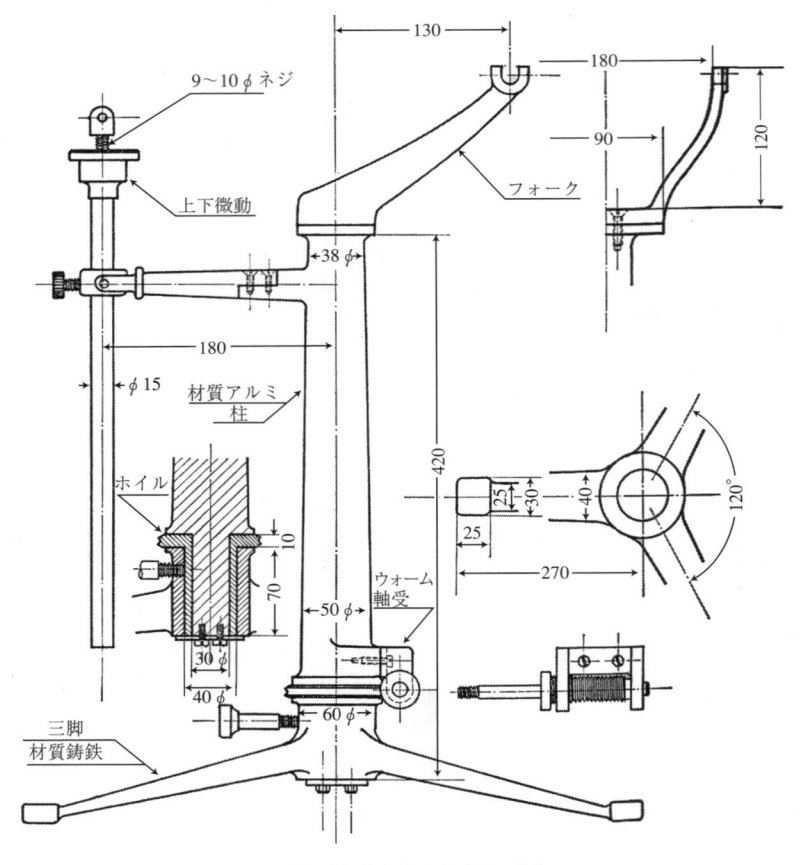

図 129　卓上型経緯台架台設計図　単位 mm

旧著記載のものよりひとまわり大きくなっている．

フィールドタイプより製作費は増すが，置き場所も取らず，取扱いやすいのが特長である．

卓上型架台は焦点距離が 1m を超えると，水平回転部をフォークのすぐ下部に設ける構造にしないと，微動ハンドルに手がとどかなくなって使いにくいも

のとなる．

　脚部は鋳鉄製である．木型を作るのが手数がかかるので，鉄材の溶接組立て式に作り，グラインダーで外形を整えるのもよい．

　柱及びフォークはアルミ合金の鋳物で作った．鋳鉄製にするとやや重くなりすぎるので少なくとも柱だけはアルミ鋳物にするのが良い．

　ウォームギヤ軸受は一端をウォーム径に作り，ウォーム軸の横のゆるみ取りを軸受金具のネジで行う基本的なタイプである．

　ウォームホイルは図のような長く太い軸のついた型に作り，歯数140，モジュール0.6である．材質は砲金を用いた．ウォームギヤ径は20mm，軸径10mmとし，焼き入れをしていない鋼材で製作した．

　三脚への柱の取り付けには，図のような構造に鉄板の厚2mmで作った円板の端を少しまげ，2本のボルトで柱に取り付け，この板金の抵抗でハーフクランプ状態となり，いちいちクランプネジの操作を行わないで，粗動と微動ができるようにした．

　卓上型経緯台では，主鏡部が重すぎて筒軸が主鏡側に近よってくると，接眼部が高くなりすぎ背伸びしたような形となり使いにくくなるので，筒口が軽いときには，補強枠を鋳鉄製としたり，或いは筒先の下部等に重りを付し，適当の姿になり使いやすいようにする．

　卓上型は実用一点ばりより離れて，室内のアクセサリーにもなるよう姿や色などを考えて製作することも楽しいことである．

図130　15cm卓上型経緯台
図129の実物である．15cmF7鏡使用
筆者

第2章 塗　装

　塗装は，筒内は艶消し黒色ラッカーを塗る．筒は白色系の明るいものが多く，他の外装は好みの色を塗ればよいが，黒色は埃りなどがつくとかえって目立つのでグレーなどがよいであろう．

　木製部にはニスを用い，木のままの姿を示す方が引き立つことが多い．

　金属部の外装は，エナメルでは塗り替えのときに古い塗料をはがすときに手数がかかるので，シンナーで簡単に溶かして拭き去ることのできるラッカーがよいであろう．

　スプレーラッカーは高価であるが仕上りは大変美しくなる．

　スプレーラッカーにも艶消し黒色ラッカーがある．

　艶消しラッカーのハケ塗り用は小さな缶入りは販売されていないようであるが，塗料販売店で普通のラッカーに艶消し剤を加えて調合してくれる．

　もしこれが得られないときには，木炭を小さく粉にしてラッカーにまぜて自製してもよい．色調はやや白けるがハミガキ粉をまぜても艶消しになる．

　塗料が厚くつくと困る小部品などはスプレー塗料で吹き付けると薄く美しく塗れる．

　平面鏡金具等の黄銅製品は化学的黒色着色を行うのがよい．

　ラッカーやエナメルは，下塗りを行ってから仕上げ塗りをするのが正しいのであり，錆が生じたりはげたりしにくいのであるが，われわれアマチュアはそうした本式の塗装は行わないのが普通である．

　まず錆止め用の下塗りを行ってから上塗りを行うことは良いことであるが，これを行わないときでも，塗る前に充分油気や汚れを除くよう，ガソリンやベンジンで表面を良く拭いてから塗ることだけは忘れないようにする．

　1度塗りでは表面の斑やすけて見える部分が残るので2度乃至3度塗りを行うが，このときは前回の塗装が良く乾いてから行い，塗る厚さは第1回より薄

くして行う．

　とくにラッカーではこのようにしないと前に塗ったものまで引きはがしてしまい，醜い外観を作る．

第3章　赤　道　儀

赤道儀のタイプ

　赤道儀は純粋な天体観測を目的として考案された望遠鏡の架台であり，形体は経緯台とは著しく異なった外観であるが，構造的には経緯台の垂直輪を地軸に平行に傾けたものである．

　極地では経緯台が赤道儀となるのである．

　図131に赤道儀の代表的なタイプを示した．

1　ドイツタイプ赤道儀（図A）

　小屈折望遠鏡に用いられており，最も一般的な赤道儀である．

　構造の概要は，地軸に平行に赤経軸（一般に極軸と呼ぶ）をおき，これに直角に取り付けられた赤緯軸の2軸で構成され，天のあらゆる場所に望遠鏡が向けられると共に，極軸の回軸により天体を追尾することができる．

　経緯台では天体の追尾は垂直軸と水平軸の2軸を動かして追尾しなければならないが，赤道儀では極軸の回転だけでできる．

　ドイツタイプの長所は，マウンチングが小型にまとまって製作され，工作しやすいこと及び移動に便利なことなどがあげられる．

　一方欠点としては，天頂近くになると鏡筒が脚柱と行き当って観測できなくなることや，極軸が構造上あまり長く作れないため精度を上げるのに難しいこと及び均合い用の重りが必要なこと等がある．

図131　赤

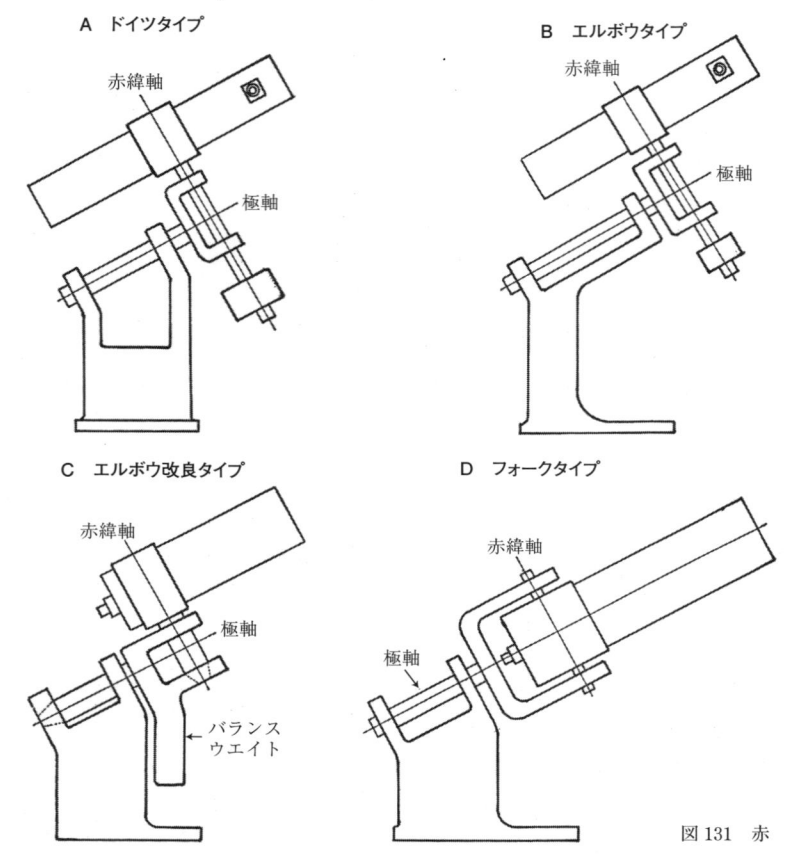

2　エルボウタイプ赤道儀（図B）

本来のドイツタイプの欠点である天頂附近での観測の妨げとなることを改良したものである．

天体写真儀や中型以下の反射望遠鏡に用いられ，能率の良い赤道儀である．

3　エルボウ改良タイプ赤道儀（図C）

改良の主点は，赤緯軸を太く短くしてバランスウエイトを架台に近接した場所に特異な形のものを取り付けて，望遠鏡操作のときの妨げを少なくしており，形体に無駄を省いて美しいスタイルとなっている．

マウンチング 225

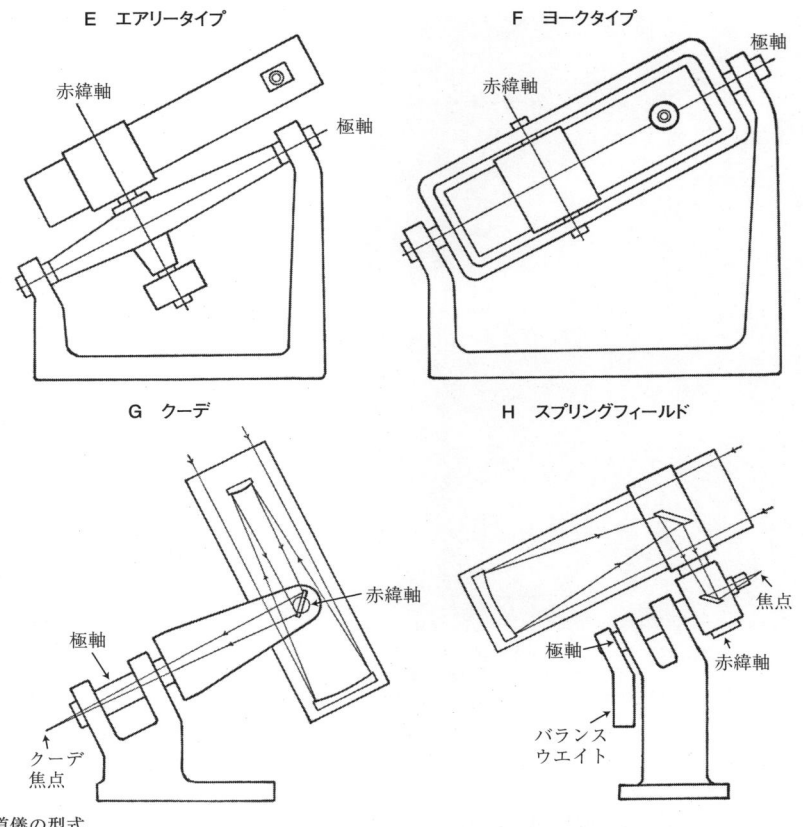

E エアリータイプ　　　　　　　F ヨークタイプ
赤緯軸　　　　極軸　　　　　赤緯軸　　　　　　　　極軸

G クーデ　　　　　　　　　　H スプリングフィールド
極軸　　　　　　赤緯軸　　　　　　　　　　　焦点
クーデ焦点　　　　　　　　　極軸　バランスウエイト　赤緯軸

道儀の型式

4　フォークタイプ赤道儀（図D）

　フォークタイプはドイツタイプの赤緯軸軸受部をフォーク型とし，赤緯軸を鏡筒の両端に設け，鏡筒をフォークの間に入れる構造である．

　フォークタイプは全天の観測が便利であり，重いバランスウエイトが不要な特長がある．

　しかし鏡筒の長い望遠鏡はフォークを長大にしなくてはならないので構造上不利である．小中口径のカセグレン鏡には適しているので利用が多い．

5　エアリータイプ赤道儀（図E）

　極軸を長く延長し，鏡筒を極軸の中間で一方の側に赤緯軸を介して取り付け，

他の側にバランスウエイトをつけ，鏡筒が南北の極軸軸受の間にはいる構造である．

エアリータイプは極軸を使用したクーデ焦点の使用に便利な構造であり，極軸が長大であるので精度も安定も良いため天文台の大口径反射鏡はこのタイプが多く用いられている．

6 ヨークタイプ赤道儀（図F）

極軸を長く延長し，その中間を枠型とし，この間に鏡筒を取付ける構造である．

極軸が長大であり，安定がよくバランスウエイトが不要である．

北極星野が見られない欠陥がある．

エアリータイプと共に英国で考案され発展したので，別名英式赤道儀といわれる．

構造的に大きな設備となる点を除けば，精度のよい赤道儀のタイプである．

7 その他

以上説明した赤道儀では観測方向に従って接眼

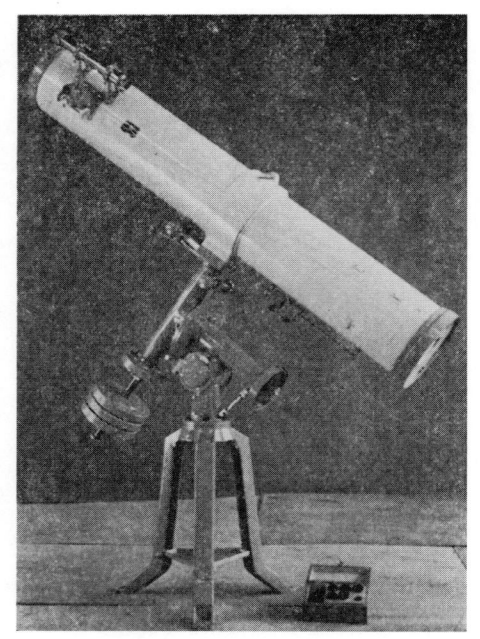

図132 ドイツタイプ赤道儀
口径20cm ドイツタイプ赤道儀で極軸駆動装置及び各部微動装置が完備している．　　　　西村製作所製

図133 エアリータイプ赤道儀
故倉持寛技師の製作にかかるエアリー型赤道儀　仙台市天文台

部の位置が変わるので，観測姿勢がかわる他種々不便である．

　もし接眼部がその位置と方向を変えることがないなら，眼視観測は非常に楽

図134　53cm口径フォークタイプ赤道儀
マウンチングはもちろん鏡面も手動で自作された．鏡材は小原光学のE3使用，F6鏡
大きく良好な鏡面は美しい紀州の空にその偉容を誇っている．　　　田阪　一郎氏

になり，その便利さは言をまたないものがある．

ことに大口径鏡に使用する分光器等の重い設備を定置して使用できるとした

図135 ヨークタイプ赤道儀

小島信久氏の自作した赤道儀で，同氏により1970r及び1972jの2個の彗星を写真捜索で発見された輝かしい功績をもつ赤道儀である．

主鏡口径31cmF5，同架鏡は口径21cmF3.8鏡で主鏡ガイド鏡を兼ねていて，独自にその方向を変更できる構造である．シンクロナスモーター駆動で独自の構造の差動装置を設けている．
（詳細は「星座写真集」恒星社刊参照されたい）　　小島　信久氏

らその利益は極めて大きい．

こうした目的のために考察され，常に同じ場所と方向で観測できる構造としたものに次のものがある．

a クーデタイプ赤道儀（図G）　別名フランス式ともいい，また極軸望遠鏡ともいう．

かつて屈折鏡に使用されていたが，現在では大口径の反射鏡の主焦点近くで凸面鏡で焦点距離を大きく拡大したカセグレン構造に作られている．

b スプリングフイールドタイプ赤道儀（図H）　ニュートン式反射望遠鏡改良タイプで、工作は難しいが見る方向が一定していて使いやすい．

以上の他にも種々のタイプはあるが，基本的には差異も少ないので省略する．

図136　スプリングフィールドタイプ赤道儀
20cmF7の駆動装置付赤道儀である．作り難い構造を良く精密にまとめている．鏡面は木辺成麿氏作
藤田　久男氏

ドイツタイプ赤道儀の設計

作例として最も多く作られており，製作しやすいドイツタイプ赤道儀をとり説明する．

第1　設計例

20cmニュートン式反射赤道儀の全面図を図137に示した．この図は赤道儀を東側より見たものである．

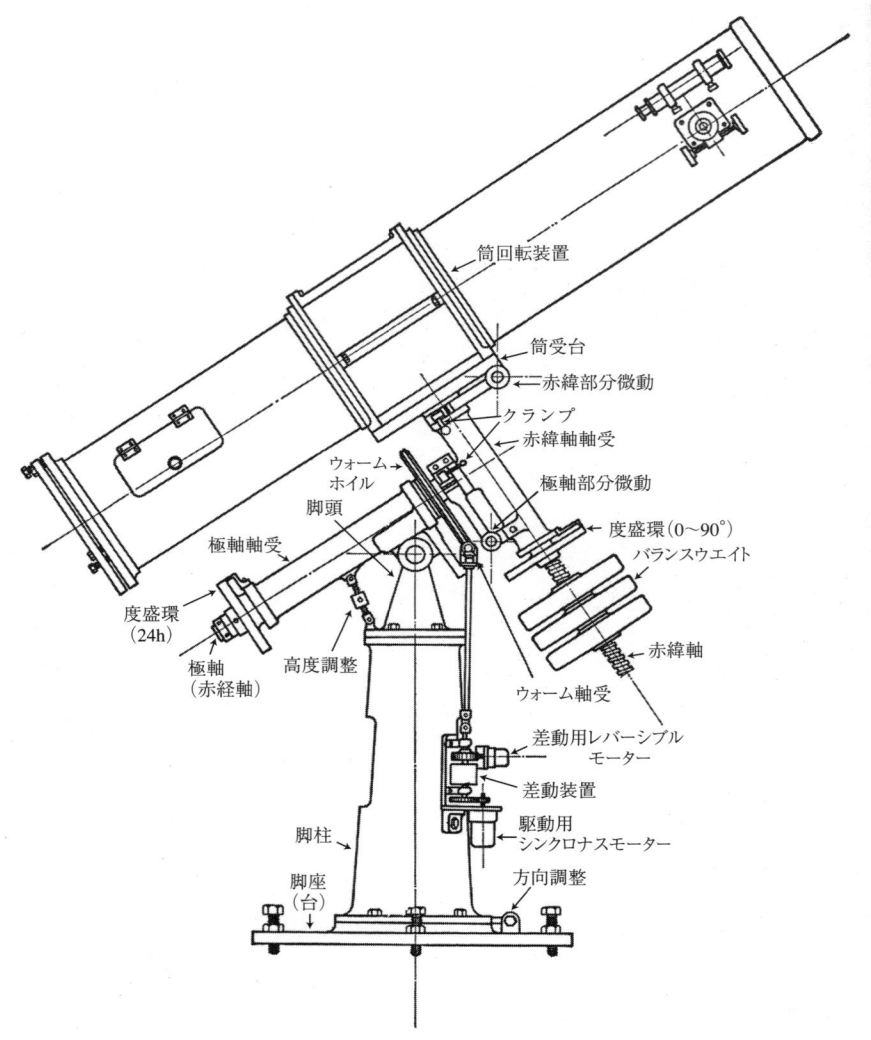

図 137　20cm ニュートン式反射赤道儀全面図

　全体図は各部のバランス及び外見を検討するため，縮尺 1/3 程度に画いてみるのがよい．

　全体図でほぼ各部の形や大きさの比率が良いようであれば，次のようにして各部の設計を進める．

最後には実際の縮尺比で全体図を画いて最終的に検討する．
図137は実際に設計製作したものの縮尺で画いた図である．

第2　設計の順序
各部についての設計は，概ね次の事項に分けて行うのが便利である．
1. 鏡筒の直径及び長さ
2. 極軸及び赤緯軸の直径及び長さを基とした軸受部の形と大きさ
3. バランスウエイトの形
4. 極軸用ウォームホイルの直径
5. 鏡筒の回転半径，天頂観測時の接眼部の高さ等に適当な脚の高さ，及び全体につり合う台部の大きさ

各部の設計図を引いていくうちには，どうしても全体図を訂正したり，或いは他の部の設計変更が必要となることが多い．

わずらわしいことではあるが，こうして部分と全体の検討と調和を図りつつ，完全な設計図を作り，製作はその後にとりかかることが必要である．

優秀さをうたわれる赤道儀のメーカーでは，まず設計に多大の時間及び労力をそそいでいるものであり，設計図が完成すれば，もう半ば完成したものといってはばからないのである．

しかしわたしたちアマチュアの自作では，むしろその後に問題がある．

各部の設計と製作

ドイツタイプ赤道儀は便宜上区分すると，およそ次の各部分に分けることができる．
1. 赤道儀ヘッド部
2. 鏡筒部
3. 脚柱部
4. 駆動装置

従って以下この区分によって説明する．

第1 赤道儀ヘッド部
ドイツタイプ赤道儀で中核をなす部分であり，自作に当り最も苦心するところである．

1 簡単な極軸回転部
極軸の微動をネジで行う簡単な構造で自作が容易な例を図138に示した．

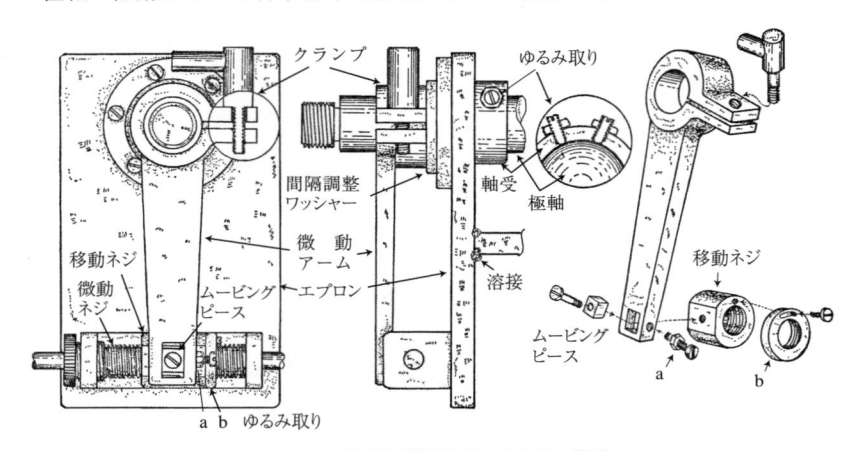

図138 極軸部分微動及びゆるみ取り構造

微動アームにはクランプを設け，自由回転及び微動が行えるようにする．

微動用のネジ棒（タンゼントスクリュー）は鉄製とし，ムービングピースは黄銅で作って回転が円滑になるようにする．

図のようにゆるみ取り機構を設け，星の観測に支障がないようにする．

図の構造は経緯台の水平部分微動，或いは赤緯軸部分微動にそのまま利用できる，ネジによる微動の基本的な型である．

ムービングピースと微動アームの接合方法は他にもいくつかあるが，ゆるみを除くには図の構造が勝っているので他は省いた．

携帯用の写真撮影用赤道儀に利用して面白い構造である．

小さく精密に作ることが可能である．

2 極軸回転用ウォームギヤ及びホイル
極軸回転用には大きな減速比が得られ，簡単にゆるみ取りができるウォーム

ギヤが主として使用される．

a ウォームギヤ　材質は軟鋼がわれわれが作る通常の中小口径赤道儀には適している．

ウォームギヤはもちろん1条の歯で，圧力角は14.5°を使用する．

ギヤの直径は，ホイルの歯を切る工具の径に一致させるのがよいが，カッターの径に必ずしも一致させることができがたいことがある．

鉄工所で作るときには，軸受にボールベアリングを使用する目的があるときには，ウォーム軸がベアリングに合うように依頼する．

完成してからベアリングに合わないときには，正しく再度加工することは難しく，精度低下が生じる恐れが多い．

軸は小さいと撓みやすく，加工精度も悪くなる恐れがあるので，太めに作るのがよい．

軸長は，軸受に取り付けてホイルにかみ合わせたとき，軸受がホイルに行き当り使用できなくなることもあるので，ボールベアリングを用いるときなどには，実際のサイズに合わせて，少し余裕をもたせた設計をするようにしなければいけない．

赤道儀の運転精度のほとんどはウォームギヤの精密さに負うものである．これは外観では不明で，使用しないとわからないものである．

b ウォームホイル

a　材　質　ホイルの材質は経緯台のときにも述べたとおり，最低でも黄銅を使用する．できれば砲金，燐青銅等を用いる．

われわれの使用する程度のもので自作には鉄製は不適である．

すなわちウォームギヤ，ホイル共に鉄材ではギヤが良くなじまず円滑さが得られない．

ウォームギヤとホイルは必ず密着して使用するので，このことはとくに必要なことである．

b　ホイルの歯数，ピッチ，歯形　ホイルの歯数は手動専用であれば，特に考慮しなくても良いが，シンクロナスモーターを使用した駆動装置を用いるときには考慮しておかないと減速ギヤの組み合わせが複雑化して困る．

通常基準として得られる1分1回転の減速シンクロナスモーターを基として、整数比の減速ギヤ組み合わせが適するホイルの歯数が望ましい.（後述駆動装置の項参照）

ピッチにはメートル制のモジュールピッチ（M・P）とインチ制のダイヤメトラルピッチ（D・P）があり，通常モジュールピッチ（Mピッチ）が使用される.

モジュール系数は，ピッチ円の径を歯数で除した値である.

例　モジュール1，歯数359のホイルのピッチ円の径Dは

$$D = M1 \times 359$$
$$= 359 \text{mm}$$

となる.

モジュールの値は，主鏡口径に応じてホイルの径と歯数に適当となる値を選ぶようにする.

なお，ホイルの外径はピッチ円の径より少し大きいので，ウォームギヤ軸受の幅や取付位置などはピッチ円直径にその1%程を加えて概算し，実際には取り付けにさいして調整装置を付して取り付ける.

歯形は，ウォームギヤと同じく圧力角14.5°とする.

これより歯の角度が広いものはかみ合わせが浅くて不適である.

ホイルの厚さも薄すぎると弱く厚すぎても効果がないので，適当な厚さとなるようにする.

一般に直径20cm程度のホイルでは8mm程度がよい.

以上のことをまとめて，主鏡の口径別に適当と思われるものを表にしたのが次のものである.

表11　反射赤道儀用ウォームホイル

主鏡口径 mm	ホイル直径 mm	モジュール M	歯数	備考
100	100〜130	0.5〜0.6	150〜250	
150	150〜180	0.5〜0.7	200〜360	
200	200〜250	0.6〜0.8	250〜360	
300	300〜400	0.8〜1.25	250〜500	

注　歯数については，シンクロナスモーターによる駆動装置を予定するときには別に考慮する.

3 極軸クランプ装置

望遠鏡が必要に応じて自由に粗動でき，またはウォームギヤによる微動を行えるような極軸の構造をとる．このような装置をクランプ装置という．

極軸クランプ装置には次のものがある．

a Ⅰ類

簡単な構造のクランプ装置例を図139に示した．

赤緯軸軸受部の一端にネジを付け，このネジでホイルを押して赤緯軸軸受部を介して極軸とホイルを結合させるものである．

このクランプ装置ではウォームギヤ軸受は極軸軸受部に取り付けられる．

図139のクランプは，ネジ先でホイルを強く圧するので，ホイルに傷がつき，またホイルの中心が極軸からずれる欠陥が大きく，結合力も弱いので小口径用にしか用いられない．

この欠陥を除くため図140に示す装置のように，一端は赤緯軸軸受部にネジで

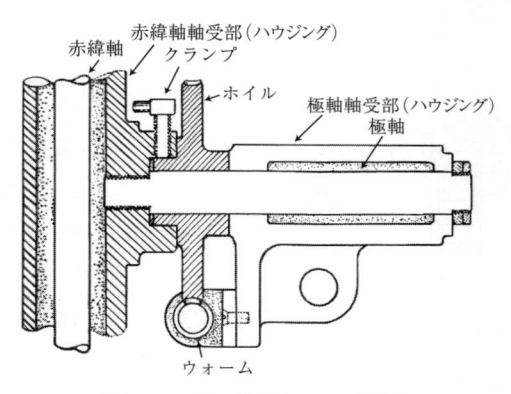

図139　Ⅰ類　簡単なクランプ装置

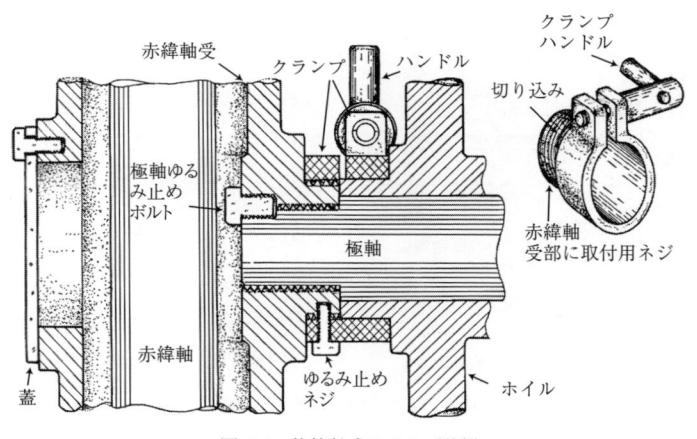

図140　抱締付式クランプ装置

取り付けられており，他の端には割り込みを作って極軸を抱いて締め付けるクランプ装置がある．

この構造ではホイルは強固にクランプされて偏心もおこさない．

このクランプ金具は，図141のように，連継鉄片（コネクター）で赤緯軸軸受部と結合させる構造があり，前者よりも製作しやすく使用例も多い．

コネクターが薄かったり，使用ボルトの直径が小さすぎると，この部分で望遠鏡がぶれる原因となるので，部品を大き目に強く作る．

b Ⅱ類　図142にその構造を示した．

ウォームギヤ軸受を赤緯軸軸受部に取り付けるものである．

ホイルは極軸軸受部に取り付けたネジでクランプされる構造で，クランプネジをゆるめると，ホイルは赤緯軸軸受部に取り付けたウォームギヤと共に赤緯軸軸受部と一体となって自由に回転することができる．

この構造は小口径屈折赤道儀に普通見られるものであるが，口径の大きな赤道儀には適しない．

以上の説明において，ホイルは極軸軸受の北側に取り付けることを基とした

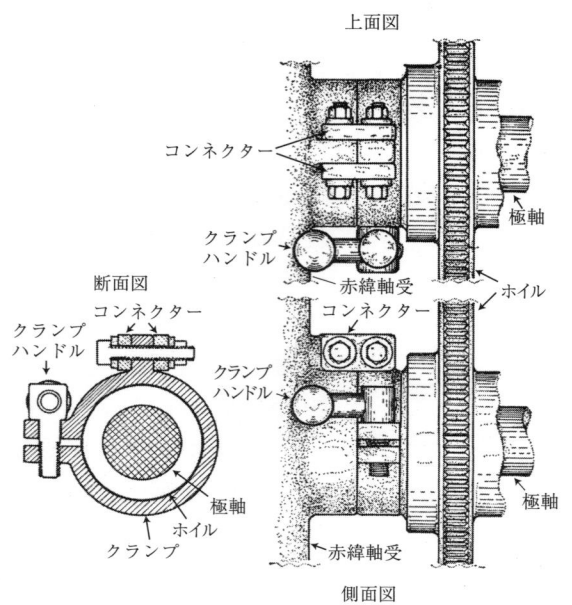

図141　コネクター結合によるクランプ装置

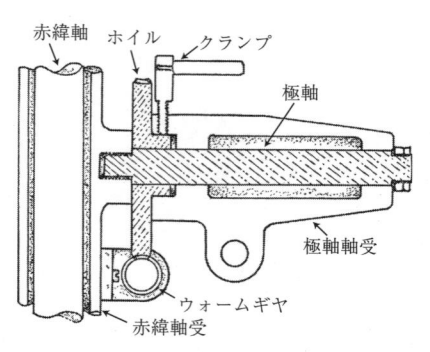

図142　Ⅱ類クランプ装置

が，ホイルは反対側の南側に取り付けてもよく，その中間でもよいが，ドイツタイプ赤道儀では通常極軸軸受の北側が適しているため，これを基準とした．

例えばエアリータイプでは通常南側の軸受部近くにホイルを設置する．

4 ウォームギヤ軸受

ウォームギヤは軸受に取り付けられて，軸方向及びその直角方向のいずれにもゆるみがあってはいけない．そして回転も円滑でなくてはならない．

またウォームギヤはホイルにゆるみなく中心線を合わせて取り付けるように調整できる構造に取付構造をとる．

プレーンベアリング軸受では，ウォームギヤの軸と直角方向のゆるみは構造上取りにくいので，ウォームギヤをホイルに押しつけることで除き，軸方向のゆるみだけ除く構造をとる．

ボールベアリングを用いるときには，軸方向及びその直角方向のゆるみを軸受部自体で除くように作る．図144はボールベアリング使用の組立枠式の軸受例である．

図143　プレーンベアリングウォーム軸受
　　　15cm鏡用黄銅製　　筆者

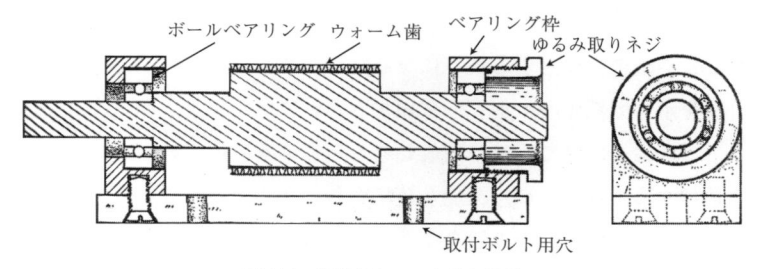

図144　枠組立ウォームギヤ軸受

軸と直角方向のゆるみはボールベアリングが最も簡単に除くことができる．

ローラーベアリングではウォームギヤをホイルにおしつけることをあわせて除く．

ただローラーベアリングは荷重がボールベアリングよりも多くかけられるので，口径が大きい赤道儀に用いるときなどには必要のこともあるが30cm鏡以下では，ボールベアリングがよい．

大口径用では，ボールベアリングを2重に用いるとか，ローラーベアリングとボールベアリングを重ねて用いて耐加重力を増し，あわせてゆるみを除くようにするとか，或いはテーパーローラーベアリングを用いる．

5 極 軸

a 材 質 磨き軟鋼棒を使用する．材料商で好む長さに切ってくれるので便利である．

特殊な鋼材を使用することはもちろん良いことではあるが，口径数十センチまでは軟鋼棒で間にあう．

b 設計及び加工 極軸の設計には，ホイルの軸穴径，これに見合うボールベアリングの軸穴径をまず確定し，これに見合う径より5mm以上は大きい径の軟鋼棒を基として，

 a 赤緯軸軸受部にはいる量
 b ホイルにはいる量
 c スラストベアリングの厚さ
 d 軸受用ベアリングの厚さを加えたベアリング間の長さ
 e 極軸南側のベアリング押え金具の厚さ
 f 度盛環用の量

などは最小限に必要とする長さになる．

設計図を示して鉄工所に加工を依頼するさいにはホイル，ベアリングの実物をそえ，これに合わせて正確に削成してもらうようにするのがよい．

加工依頼する工場の人に，機能及び精密さの必要を良く理解してもらうことは，良い赤道儀を作るのに大切なことである．

ピロウブロックベアリングを使用するときなど，やや精度は劣るが磨き軟鋼棒をそのまま外径加工をしないで使用することも多いが，このときにはベアリングの径に合った軟鋼棒を求める．

極軸は細すぎると望遠鏡のぶれや振動原因になる．

極軸は径が大きく長いものが誤差も少なくなるので，なるべく大きく作るのがよい．

ニュートン式反射赤道儀用の極軸の適当と考える直径と長さは，次表のようになる．

表12 ニュートン式反射赤道儀用極軸

口	径 mm	150	200	300
極軸	径 mm	25～30	30～45	45～60
	長さmm	200～	300～	400～

注 長さはベアリング間の軸長である．

6 極軸軸受部

軸受部はハウジングと呼ばれ，極軸用ベアリングの他にウォームギヤ軸受取付部，脚頭への取付部，或いは極軸方向高度調整機構等が設けられる．

軸受部は極軸を介して重いヘッド部及び鏡筒部の全重量がかかるところであるので，充分強く作っておかなくてはならない．

a 軸受部の作成 鉄製鋳物で作る場合，木型を自分で作ると鋳物代はそう高価なものとはならない．

しかし木型の製作は予備知識や工具及び多くの労力を要するのでアマチュアには作りにくいものである．

厚鉄板や肉厚鉄パイプを用い，溶接をうまく利用して充分実用になるものを作ることが可能であり，価格も比較的安くできる．

図145以下に厚鉄板の溶接加工による軸受部の例を示した．

図145は最も簡単な軸受例である．

図146はピロウブロックベアリングを使用する軸受部の例を示した．

ピロウブロックベアリングは自動調心構造といって，軸方向が或る角度まで変化してもベアリングがこれに対応して軸心を移動調整するものとなっているので，極軸が取り付けやすい．

従って2個をへだてて取り付けたものに極軸は支障なく取り付けられ，少しぐらい両軸受の位置がずれていても問題がない．

このベアリングはベアリングケースが一方の側だけしか固定されないので，

図145　極軸プレーン軸受

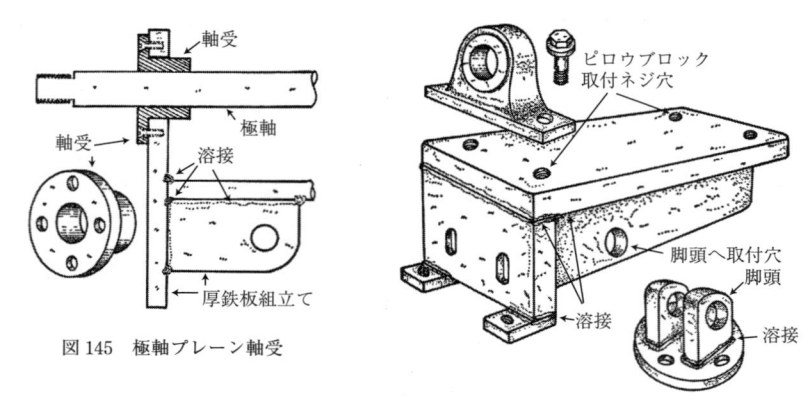

図146　ピロウブロックベアリング使用極軸軸受部の例

軸方向にかかる力に対して弱く，軸受が撓む欠陥があり，極軸を傾けて使用するためこの欠陥が生じる．

　この欠陥を除くには，後章で示すように，極軸の南端で別の金具を極軸軸受部に取り付けてネジで支えることで除くことができる．

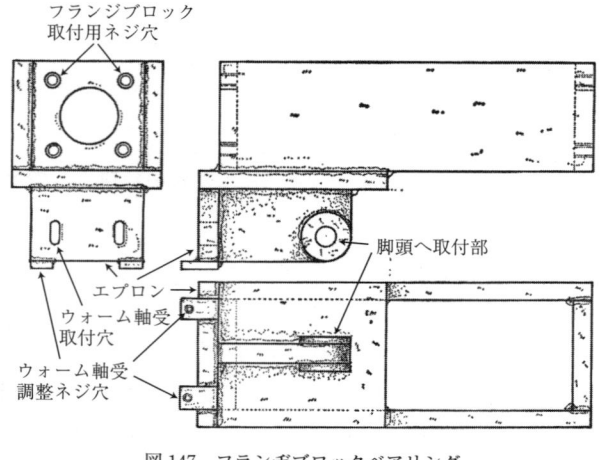

図147　フランヂブロックベアリング使用溶接組立極軸軸受部

　図147は同じく，厚鉄板を溶接加工して製作するものであるが，ベアリングにはフランジブロックベアリングを使用する．

　このベアリングケースは四角形で四隅でボルトで取り付けて使用する．

　従ってこのベアリングでは極軸の南端における支えは通常必要がない．図148はボールベアリングを使用するよう，厚鉄板と肉厚鉄管を溶接加工して作るもので，溶接組立後旋盤加工をして，ボールベアリングの取付部を仕上げる．

マウンチング　241

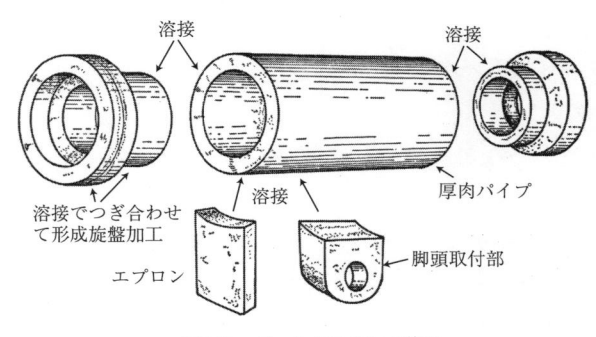

図148　ボールベアリング使用
溶接組立極軸軸受部

図149　溶接加工赤道儀軸受
20cm赤道儀用軸受部で，溶接加工成型品を旋盤加工して製作したもので鋳造に優るとも劣らないものである．　　　　　　　　松岡　德幸氏

図149はその例であり，機能，外観ともに鋳造加工品とかわらない．

軸受部は鉄アングル材の溶接加工などでも作れ，材料を選定すれば木材でも15cm鏡用には実用できるものが作れる．

b　極軸用ベアリング　ボールベアリング等のコロガリ軸受には，さきにも述べたピロウブロックベアリングのように，すぐに取り付けて使用できるベアリングケースに収めたものと，単体であるため，これを取り付けるためのハウジングや或いは別にベアリングケースを作って使用するものがある．

現在販売されているピロウブロックとフランヂブロックベアリングは，精度の良い製品でもゆるみが相当あって，単体で販売している製品にやや劣る．

従って精度を特に必要とするものでは単体のベアリングを用いる．ピロウブロックが劣る原因には自動調心構造をとっていることにある．今後さらに精密度は向上するものと考える．コロガリ軸受の種類には次のものがある．

A　ラジアルベアリング
　a　単列ボールベアリング
　b　複列自動調心ボールベアリング

c　ローラーベアリング
　　　d　テーパーローラーベアリング
　　B　スラストベアリング
　　　a　単列スラストベアリング
　　　b　複列スラストベアリング
　極軸軸受用に用いるラジアルベアリングのうち，ゆるみが除去しやすく精密な目的に応ずるものはaの単列ボールベアリングである．
　加重負担はローラーベアリングやテーパーローラーベアリングには劣る．
　精密な目的用で加重が大きいときには，単列ボールベアリングを2個並べるがローラーベアリングやテーパーローラーベアリングと並べて使用することもよい．
　ローラーベアリングを用いたとき，極軸の直角方向に対するゆるみ取りは，極軸にかかる重量にゆだねるか又はウォームギヤでホイルを強くおし上げて行うのが一般にとられる．前者では極軸にかかる極軸の重量が不充分なときには浮きといわれる視野での星像の浮動が生じやすい．従ってローラーベアリングは小口径用には適しない．
　後者の方法では無理な加重がウォームギヤ軸にかかり，ギヤ回転の摩擦抵抗が極めて大となり，各部に破損や駆動モーターに無理がかかり，はなはだ好ましくない事故を起こす．
　極軸は回転が極めて遅いので，高荷重で高速回転のものの場合とは異なったものがあることを理解されたい．
　c　極軸支え機構　　ボールベアリングを軸受に使用する場合でも，ベアリングケースとホイルが直接触れて回転すると摩擦抵抗が大きすぎ，回転が重くなるので，これをさけるためスラストベアリングを用いる．
　その例を図150-Aに示した．
　スラストベアリングは，ボールベアリングの押え金具とホイルの間に入れたものである．
　ボールベアリングが太く充分に精密なときには，一般にゆるみ取りは不要のことが多い．

このゆるみ取りには，スラストベアリングが直接ラジアルボールベアリングの回転軸受金具を圧するようにして，スラストベアリングに掛る重量で除く方法や，ホイルで直接ベアリングの回転軸受金具を圧する方法も小型の赤道儀ではとられる．

A　スラスト・ベアリング使用　　　　　B　極軸押上げ

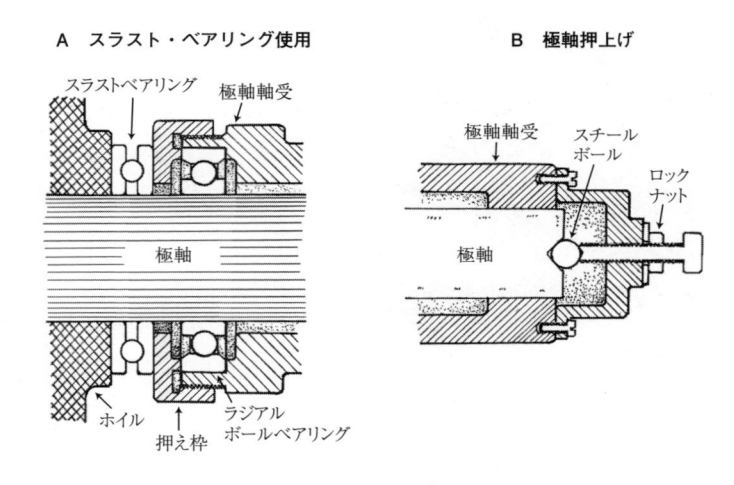

図150　極軸ささえ機構

図150-Bはプレーン軸受やピロウブロックベアリングのときに用いるもので，軸受部にかかる極軸方向の重量を排除し，この部に受持たせて摩擦抵抗や撓みを除くものである．

口径が大きく重量が増加すると，スラストベアリングも複列或いは単列を2個重ねて用いる．

d　脚頭部　　極軸軸受部を取り付ける部で，単独或いは脚の一部として作られる．

図146や図151に示したものは，厚鉄板を溶接して製作する例である．

極軸軸受部と結合する軸は直径が大きく，また締め付けができるように一方にネジを切ってナットでしめつけるようにする．

この結合軸はキーを付しておくとナット（又はネジを付けた環金具）を回すときに軸が共に回ることがなくてよい．メーカー製品では，この部を大きく作り，この中に駆動モーターを設け，外観も太く安定して見えると共に姿のスマー

トなものとしているものがある．（図132の赤道儀）

e 極軸高度方向調整装置　赤道儀は極軸を精密に調整して用いないと能率が低下するので，小口径の簡単なものでないかぎり高度と方向の精密な調整ができ，かつこれを固定できる装置を設けておかなければならない．

一般に高度調整は極軸受部と脚頭部の間で行い，方向調整は脚柱部で行うものが多い．

この方法については後述する．

高度と方向の調整を脚頭部と脚柱間で行う例を図151に示した．

高度調整は柱部に取り付けているボルトのナットを上下して脚頭部の傾きを変えることによって行う．

図152は同一方法で台部で調整を行う例である．

これらの調整方法は構造を簡略にしたものであり，多少取扱いにくい点もあるが，いちど調整すれば相当長い間調整しなくてよいところであるので，こうした機構でもよい．

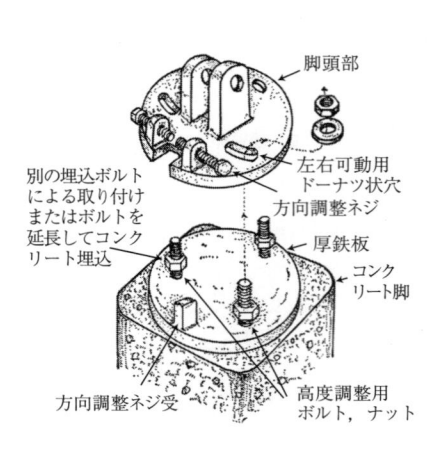

図151　高度方向調整用脚頭部

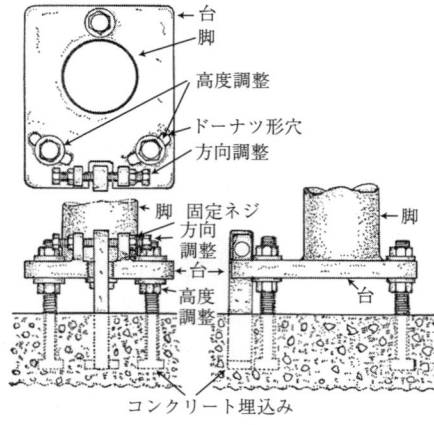

図152　高度，方向調整用台部構造

7　赤緯軸及び赤緯軸軸受部

a　赤緯軸　ドイツタイプ赤道儀の赤緯軸は，一端に鏡筒を取り付け，他端にはつり合いのための重量（バランスウエイト）を取り付ける．

赤緯軸の材料は磨き軟鋼棒を用いるのが便利である．

直径は一般に極軸より大きく作る．これはバランスウエイトを取り付ける部

分が長くなり，重いバランスウエイトが付けられるので小さいと撓むためこれを防ぐと共に，大きい径に作ると外観も良いことによる．

バランスウエイトの取り付けは，赤緯軸にネジを作って取り付けるのが普通の方法である．

このネジは角ネジか三角ネジの荒いものを用いる．

小型の赤道儀では，バランスウエイトに取り付けたボルトで赤緯軸を圧して固定するものが多いが，重量が増すとこの方法では良く赤緯軸に固定できないことがあり，落下事故が起きやすく極めて危険である．

鏡筒取り付けは，小型では筒回転用金具に直接赤緯軸を取り付けるが，普通取付台を設けて赤緯軸はこれに取り付ける．

b　赤緯軸軸受部　赤緯軸ハウジングともいう．極軸軸受部と同様鋳鉄製，厚鉄板溶接加工等で作る．

構造的には極軸部と同様であるので説明を省略した．

赤緯軸軸受部は，赤緯軸を分割し，バランスウエイトを付ける部分は別に設けた軸に取り付ける構造もとられ，小口径用にも多くとられ，口径の大きな赤道儀では赤緯軸が1本で作ると長すぎるのでこの構造がとられることが多い．

図153にその例を示した．図は極軸を赤緯軸軸受部に取り付け，固定用ボルトを設けるための軸受部構造をとっている．

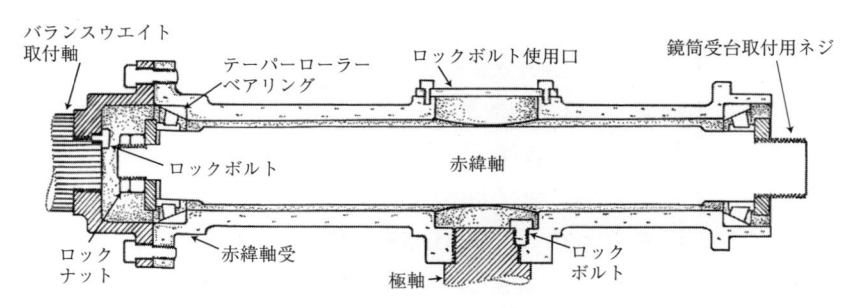

図153　分離型赤緯軸

この分離軸タイプでは，度盛環をバランスウエイト側に取り付けることが出来難いので鏡筒側に付ける．

図の構造では鏡筒取付台の赤緯軸取付部に接して台の端を円型に作り，度盛

環をはめて使用する．

　赤緯軸軸受部への極軸の取り付けは，小型では極軸の先に切ったネジで取り付け，抜け止めネジを横から締めるように作る．

　口径が大きくなれば，図153のように極軸を取り付ける側と反対の側にゆるみ止めネジ用の窓を軸受部に設ける．

　c　鏡筒取付部　　図154は赤緯軸に鏡筒取付用の台を設けず，直接鏡筒回転枠に赤緯軸を取り付ける小口径用の例を示した．

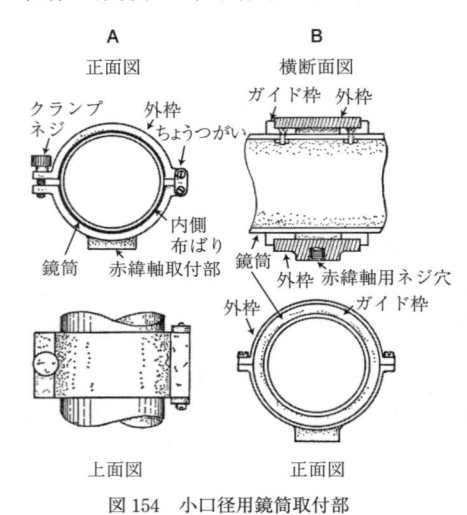

図154　小口径用鏡筒取付部

図155　赤緯軸部分微動装置
15cm用タンゼントスクリューによる部分微動装置　　筆者

　普通鏡筒取付台は，後述の鋳鉄製や厚鉄板等で作り，赤緯微動装置を取り付ける．

　d　赤緯軸微動装置　　赤緯軸微動にはネジを使用した部分微動が強力でコストも安く自作しやすいので多く用いられている．

　図155は15cm鏡用のネジによる部分微動装置で，構造的には図138に示した極軸部分微動装置と同様であり，ゆるみ取り機構を設えている．

　図156はウォームギヤとホイルを使用し，レバーシブルモーターを使用して駆動するリモートコントロール装置付きの赤緯微動装置の例である．

　ニュートン式反射でも口径が大きくなると，赤緯微動装置の位置が接眼部より離れて手がとどかないようになるので，リモートコントロール装置が非常に

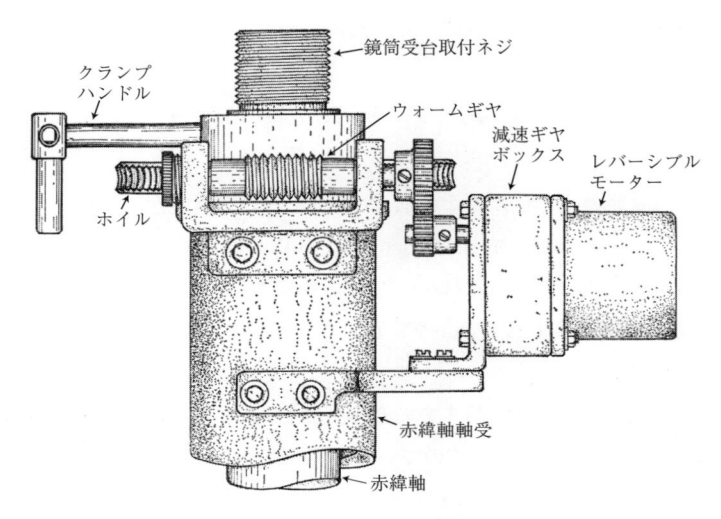

図156　ウォームギヤ使用赤緯微動装置

便利である．

　e　赤緯軸バランスウエイト　　重心の偏りがないように円型に製作し，中央に赤緯軸のネジに合う雌ネジを切り取り付け，位置を変えて鏡筒部と細かく均合うようにするのが最も普通の方法である．

　1個だけに作ると重くなりすぎるので，通常2個以上に分けて作り使用するようにする．

　普通鋳鉄製であるが，自作では代用品として種々の古鉄材を利用したり，中央部だけは鉄で作り，まわりはセメントで作るなどのアイディアもある．

　8　度盛環

　目盛環ともいい，極軸用と赤緯軸用の二種がある．

　メーカー製の赤道儀では通常小口径にも付いている．

　度盛環があると視野に目的の天体を導入するのが便利である．ことにファインダーでは見えない天体を探すさいなどには役立つ．

　メーカーからも分売されているので，これを使用するか，製作するには旋盤に割出盤が附属していればこれを用いて作れる．フライス盤が使用できればもちろん作れる．

鉄工所や歯車製作所でも作れるが，工作時間が長くかかるため相当高価なものとなる．

度盛環の材料は黄銅か砲金がよい．鋳物を旋盤加工し，目盛加工してクロームメッキすれば美しいものができる．

a 極軸用度盛環　　目盛りを全周 24 時間に刻むので時環ともいう．

20cm 用には，度盛環の直径は 20cm かそれ以上がよく，最小目盛を 4 分間隔に，大目盛を 1 時間に，中目盛を 20 分ごとにとるのが普通である．

4 分間隔に全周を刻むと，360 等分したことになり，度数でいうと 4 分間隔は 1°刻みに当る．

時間の表示は 0 時より 23 時までの数字を刻む．

0 は 24 時と同じで原点となるので一段と太字で刻むこともある．

この時間表示には次の二通りがある．

　a　時角目盛　　極軸を西に向って回転させると，目盛の数字が減じるように目盛をしたものを時角目盛という．

時角目盛は据付けて運転時計付きの赤道儀に通常使用され，天文台の機械はこの目盛である．

　b　赤経目盛　　時角目盛とは逆に，極軸を西の方向に回転させると，目盛の時間が増加するように時間数字を目盛ったものを赤経目盛といい，メーカー製の小屈折赤道儀に附属している度盛環はこれを用いている．

特長としては，いちいち時角計算をしなくて目的の天体の近くで赤経のわかっている天体をアイピースの視野に入れ，度盛環をまわして目盛をその星の赤経に合わせておいてから，望遠鏡を動かして目的の星の赤経に目盛を合わせるとアイピースの視野で目的の星がとらえられるという簡易な使用ができる．

このため赤経目盛では度盛環を自由に回転させたり，定着したりするいわゆるハーフクランプの状態になるように作る．

図 157 はハーフクランプの簡単な構造である．

赤経目盛では空が明るいときなどには基準とする星が見えないので使用しがたい．

このため赤経目盛の外（又は内）側に時角目盛の数字を刻み，双方に使用で

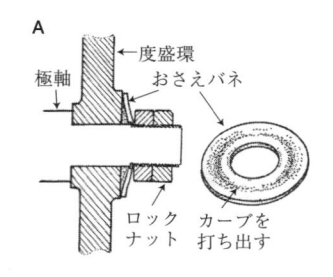

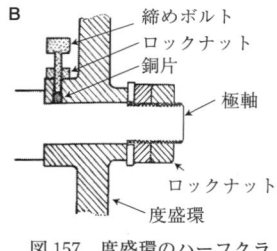

図157　度盛環のハーフクランプ装置

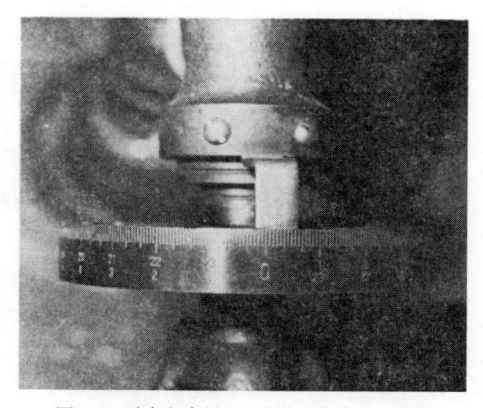

図158　時角と赤経両目盛並記度盛環　筆者

きるように作ることが行われる．

　図158はその例である．これは作るときには0は1個所であり，1から23までの数字を度盛環に逆方向に1列だけ多く刻むだけであるから，是非つけておきたいものである．

　わたしたちアマチュアでは赤経目盛は何んといっても便利である．

　なお，時角目盛は観測場所の子午線に0時を合わせて固定して用いるのであるが，反射鏡ではアルミナイズ等でしばしば調整の要があるので，度盛環は回転が簡単に行えるように作る．

b　赤緯軸用度盛環　　赤緯軸用の度盛環は，1周を360°の度数で刻む．

　20cm鏡用は，普通直径20cmかそれ以上で，1目盛1°の間隔で刻む．

　大目盛は相対する両端を0とし，その中間を90°とし，10°ごとに10，20と数字を冠し，90°のところで終るようにするのが便利である．

　しかしこれは慣習的なものもあり，0〜180に刻むものもある．

　中目盛は，刻印を少し高くし5°ごとに作るのが見やすい．

　最小刻みは，正確に読み取るため小さく分割すると反って使用しにくくなるものである．

　すなわち，直径20cm程度の度盛環では1°刻みがよく，30分刻みなどにすると使いにくくなる．

c 指標 指標の目盛を度盛環の数値の 10 分の 9 又は 20 分の 19 の長さに取り，その間を 10 又は 20 等分して，度盛環の 1 目盛の 1/10 又は 1/20 を読み取る測微尺に作ると大変便利である．

こうした指標を副尺というが，これは自作しにくい．

度盛環が直径 10cm 程度の小さなものではかえってこうした副尺はわずらわしい．

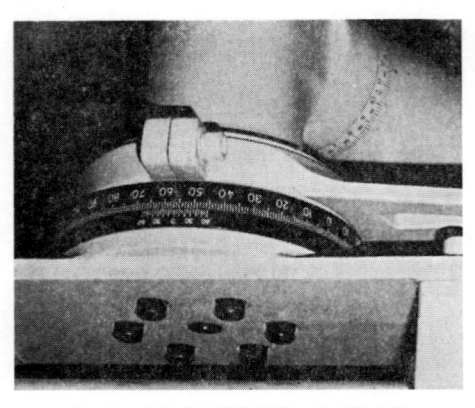

通常明瞭で鋭い刻印の方が小さな径の度盛環では使いやすい．

望遠鏡は夜間使用するものであるから，昼間に見たものとは大分ちがってくるのである．

同じ意味で径の小さい度盛環の小さく刻んだものは使いにくいもので，メーカー製小屈折用などむしろ装飾的な価値の方が高く感じる．度盛環は手細工では作りがた

図 159 副尺付赤緯度盛環　日本光学製

い．代用品として全周分度器など利用できる．そのままでは極めて使いにくいので，大目盛及び中目盛を別に書き入れて使うとよい．

第 2　鏡筒部

鏡筒部において，経緯台用と同じ構造のものは除き，ドイツタイプ赤道儀に特有の部分について説明する．

1　鏡筒回転装置

ニュートン式反射赤道儀では，観測方向により接眼部の位置がかわるので，筒を赤緯軸に固定したのでは極めて使用が不便となる．

このため筒に回転装置を付けて接眼部が常に水平にできるように作る．

これがニュートン式反射赤道儀の大きな欠陥であり，極軸と光軸の関係位置が不安定であり，機械の構造上にも弱い部分を生じ，大口径用では人力による鏡筒回転を困難なものにしている．

写真撮影をも兼ねる場合には眼視の不便さを忍び，あえて赤緯軸に固定することが多い．

図 154 に示したのは小口径に使用する簡単な鏡筒回転装置の例である．

能率は B がずっと良く，20cm 鏡用でも利用できる構造である．

一般に使用される枠組構造については後述する．

口径が大きくなると，筒の回転は重さのため人力ではできないようになる．

このため接眼部や斜鏡を含めた筒先だけを回転する構造がとられる．

その構造を図 160 に示した．スチールボールを用いた図の装置では回転は円滑でゆるみなく行えるものができるが，それでも光軸の正確な保持はできがたい．

なお，図には示していないが，接眼部の反対側にバランスウエイトを付ける必要がある．

その他ネジによる固定装置を付ける．この部の回転を，大きな歯車をかぶせるように取り付け，ピニオンギヤで微動回転させる構造に作ったものもある．いわば大口径のニュートン式反射赤道儀に対する窮余の策なのである．

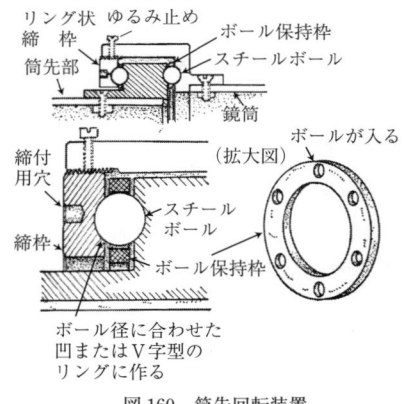

図 160　筒先回転装置

2　鏡筒部バランスウエイト

ニュートン式反射赤道儀の鏡筒部は，鏡筒の縦方向と共にその直角となる横方向のバランスをとる必要がある．

鏡筒が回転するため，2 方向でバランスを保つ必要があるのである．

このため，バランスウエイトは通常接眼部と反対の側で，位置は主鏡に近いところに設け，1 個所のバランスウエイトで間に合うように作ることが多い．

重りは鋳鉄で丸や四角形等で筒からあまり出張らない形のものを作り，2 個以上組み合わせて使用し，また位置を移動してバランスの微小な調整ができるように軸をつけた金具により鏡筒にとりつけて使用する．

その構造については後述する．

第3 脚柱及び台部

赤道儀は定着して使用するのが本来の使用法であるので，脚柱及び台部は重く丈夫に作る．

通常鋳鉄で作るが，厚鉄板等鉄材を溶接して作ることや或いは一部を鉄材で作り，他の大部分をコンクリートで作ることも行われる．

前出の図 149 はその例である．

脚柱を肉厚の鉄パイプや厚鉄板を組み合わせて箱型に溶接加工して作ると，共振作用を起こしやすいことがある．

すなわち，完成した脚部に少しでも物を行き当てると音がひびいて共振現象を生じるものでは，駆動用モーターを脚柱部に取り付けると振動を生じる．

脚柱の中空部にセメントをつめるとこれを防ぐことができるが，共振を生じないようにしても，重量が少ないときには駆動用モーターの振動を防ぐことができないことも多い．台部をセメントで大きく作ると振動に強いものが得られ，製作費も少なくてすむ．

鉄材を組み合わせた脚柱では振動に対する抵抗力が低い．これは重量不足によるものである．

第4 20cm ニュートン式反射赤道儀

20cm 反射赤道儀の製作実例について，設計図をここにまとめて掲げ説明しておく．

1 極軸軸受部（図 161）

図 161 に設計図を示した．材料は良質の鋳鉄かできれば可鍛鋳鉄を用いる．

軸受は ϕ 30mm の単列ボールベアリングを使用する．ベアリングを収容するところの旋盤加工は実物に合わせて行うのが間違いがない．

主要な加工個所には逆三角印を付している．印が 1 個は普通の仕上げ，2 個は上仕上げ，3 個は最上の仕上げとして表示してあるので，以下その意味で見ていただきたい．

図の右下方にベアリング押えの金具を示している．この金具は 2 個必要であ

る．なお，ネジのピッチについては，これに近いものであれば，メートルネジでもインチネジでも良いのである．

2 赤緯軸軸受部（図162）

図162に設計図を示した．設計図では極軸取付部が，図167に示す極軸手動

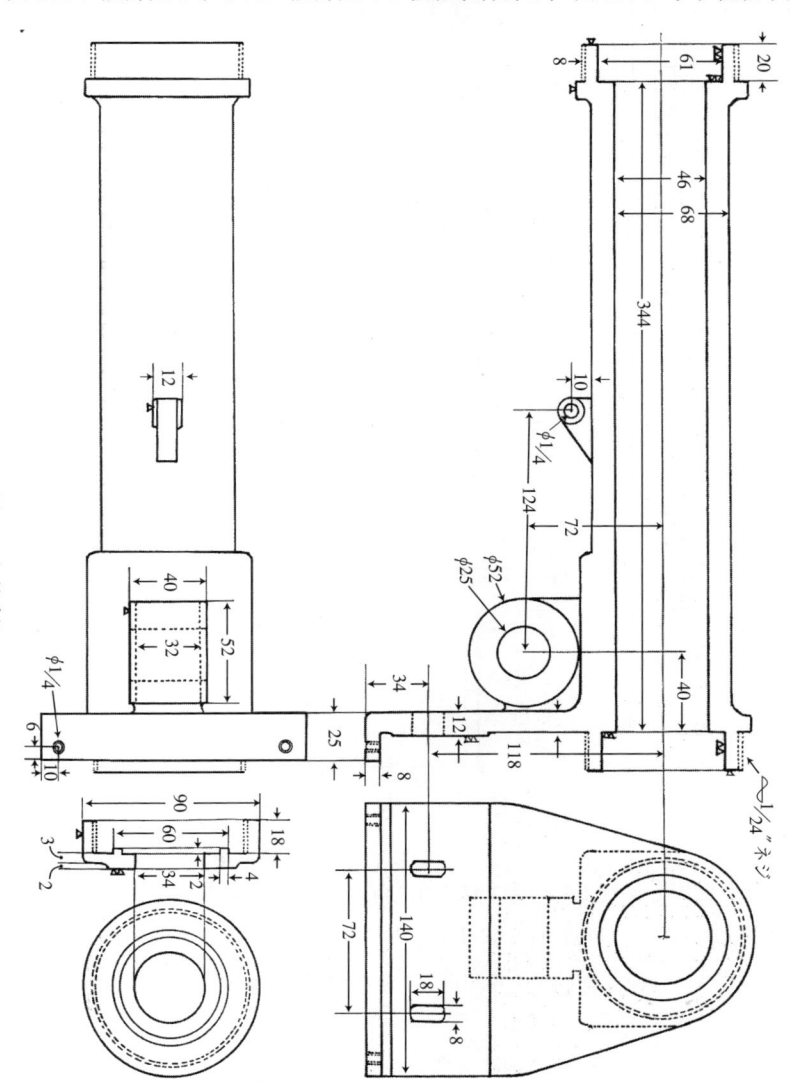

図161 極軸受部

図 162 赤緯軸受部

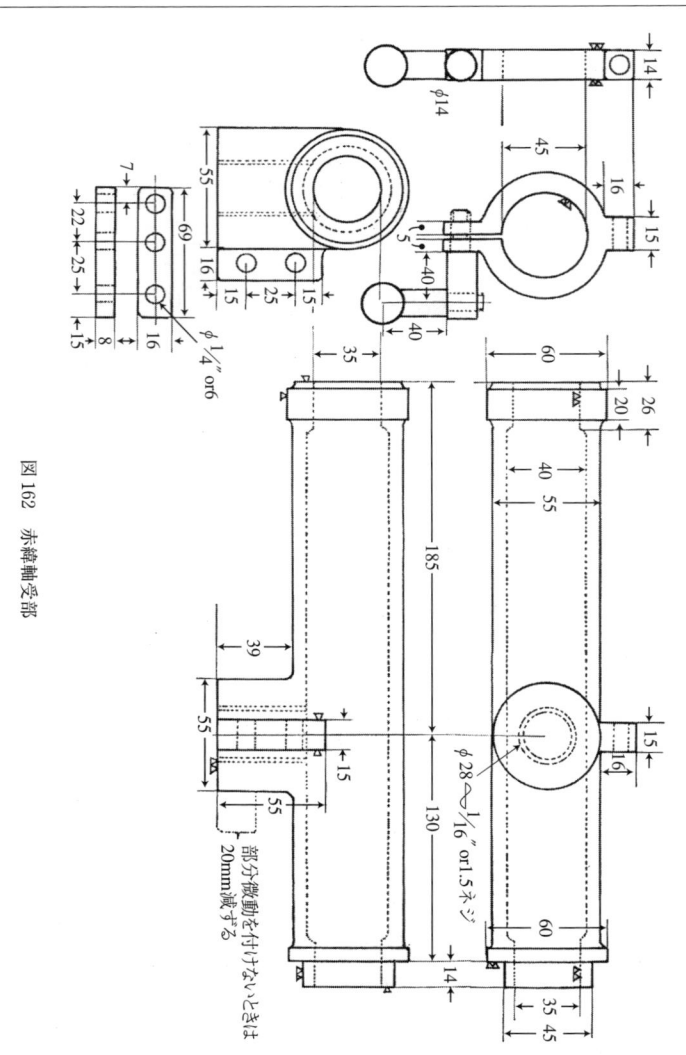

部分微動装置を付ける場合の寸法を示している．材質は鋳鉄を使用する．

　極軸駆動装置に差動装置を設けるときには，この手動部分微動装置は省くことができる．このときには図に示すように極軸取付部の長さを20mm減じる．

　クランプ金具は黄銅で作る．

　赤緯軸軸受部との接続金具は鉄製である．

3 脚頭部（図164-A）

脚頭部は鋳鉄，結合軸は軟鋼材で作る．

上下調整ネジは黄銅で作る．これを極軸軸受部及び脚頭部に取り付けるときは，結合ネジがそれぞれの穴にゆるみなくはいるものを用いる．

この結合ネジにゆるみが

図163　極軸及び赤緯軸軸受部　図161及び162の実例である　著者

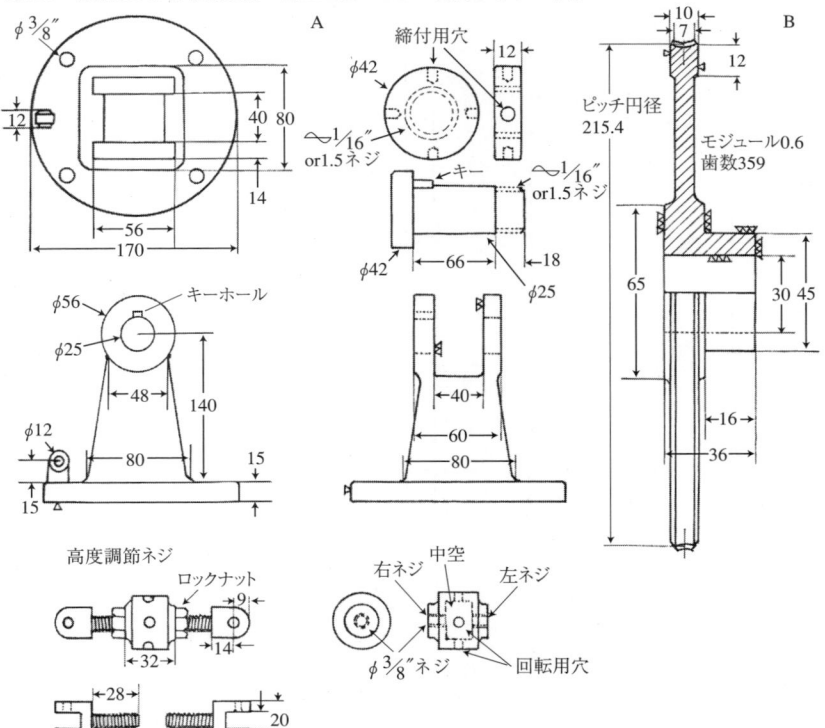

図164　A. 脚頭部　B. ウォームホイル

あると，調節した極軸の高度が狂いやすい．

4 ウォームホイル（図164-B）

材料はできれば砲金か燐青銅がよいが，黄銅の上質材でもよい．

歯のピッチはモジュール0.6，歯数359とした寸法を示している．歯は圧力角14.5°とする．

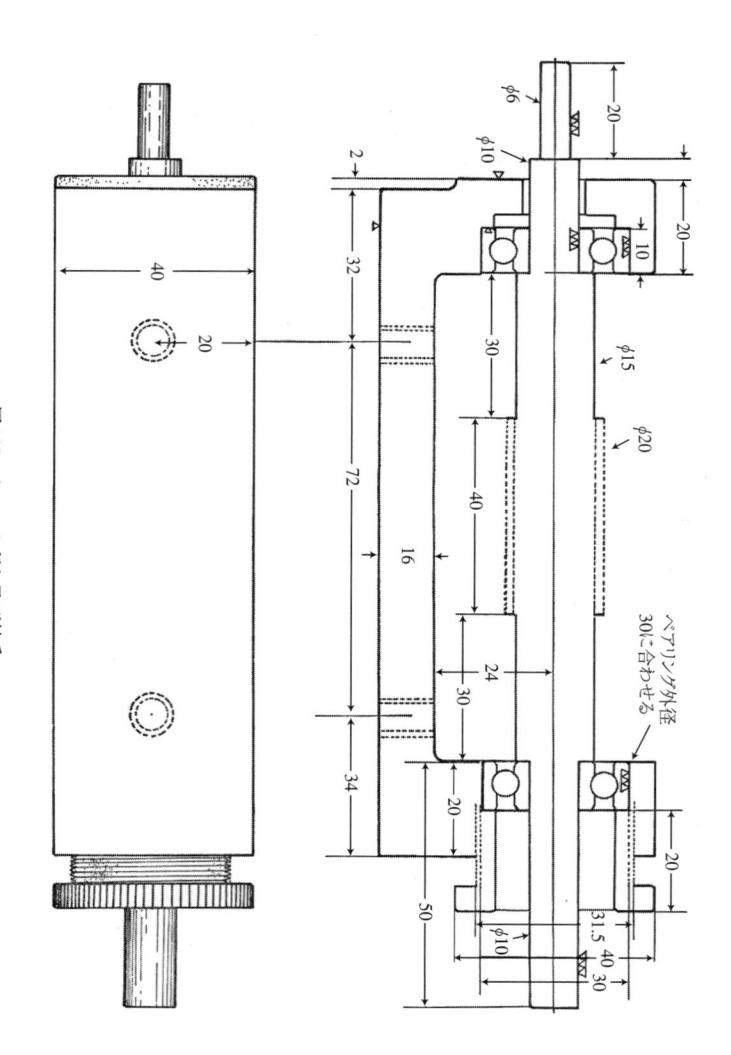

図165 ウォームギヤ及び軸受

マウンチング 257

図166 ウォームギヤ及び軸受
ボールベアリング使用例で図165の実例である　筆者

ウォームホイルの寸法が異なると，図161に示した極軸軸受部エプロンの寸法がそれに応じてかわるこを注意されたい．

5　ウォームギヤ及び軸受（図165）

ウォームギヤの材質は半硬鋼か軟鋼材を用いる．

ベアリングはϕ10mmの単列ボールベアリングを使用し，ベアリング押え金

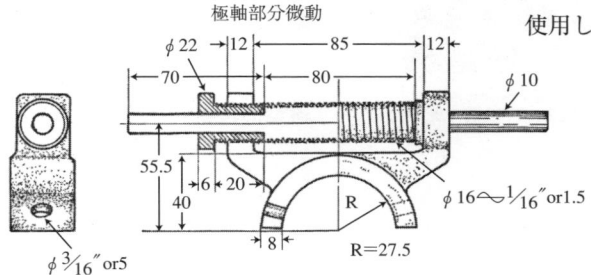

極軸部分微動

ムービングピース

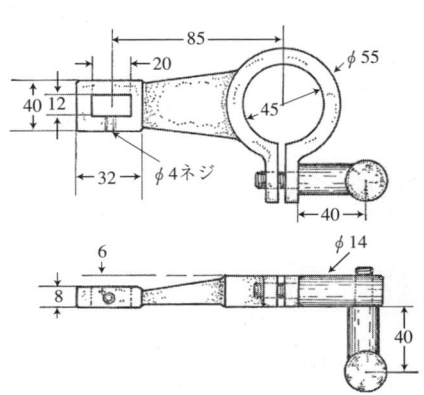

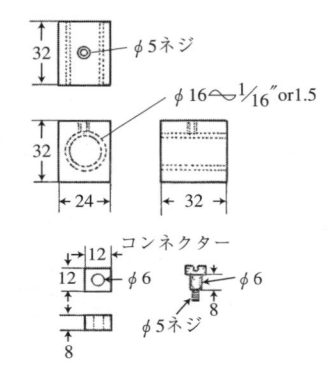

コネクター

図167　極軸部分微動

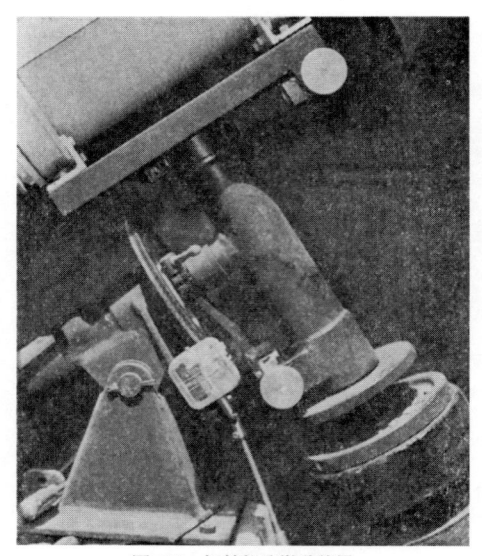

図 168　極軸部分微動装置
20cm 赤道儀用部分微動装置　　松岡　徳幸氏

具でゆるみ取りも兼ねて取り付ける．軸受部は鋳鉄で作る．

6　極軸部分微動装置（図 167）

微動ネジは材料は軟鋼等を用い，軸受部は鋳鉄で作り，軸受には砲金又は黄銅を用いる．

他の材料は黄銅を用いる．但しコンネクター用ネジは鉄製で取り付けたときゆるみがないように作る．

この部は先にも述べたとおり，極軸駆動部に差動装置を設けたときには省くことができる．

構造的に弱い部分であるので本来設けないことが望ましいのである．

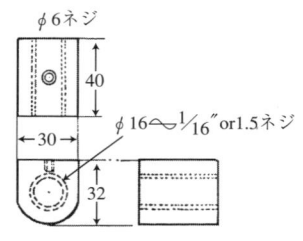

7　赤緯微動アーム部（図 169）

材料はアームは鋳鉄他は黄銅とする．コンネクター用結合ネジだけは鉄製とし，

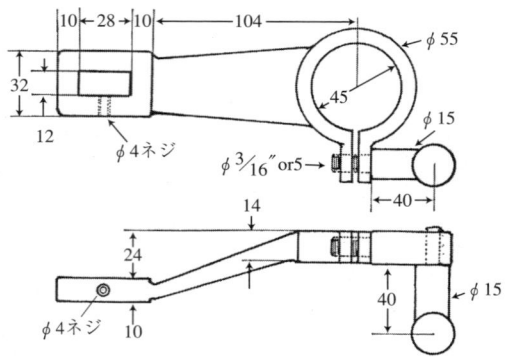

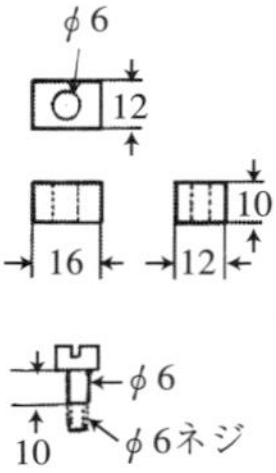

図 169　赤緯微動アーム部

マウンチング 259

8 鏡筒受台部（図171）

　鋳鉄で作る．もちろん厚鉄板に溶接加工して作ることもよい．この部には赤緯部分微動装置の微動ネジ及び軸受が取り付けられる．赤緯微動ネジは軟鋼で作り，輪受は黄銅又は砲金で作り，ゆるみ取りができるよう鏡筒受台にネジで取り付ける．

9 軸類及びバランスウエイト（図172）

　極軸及び赤緯軸は磨き軟鋼棒を使用する．

　軸止ナットは鉄製，バランスウエイトは鋳鉄製である．

10 鏡筒回転装置（図173）

　鋳鉄製である．

図170　赤緯部分微動部
図169及び171に示したものの実例である　　筆者

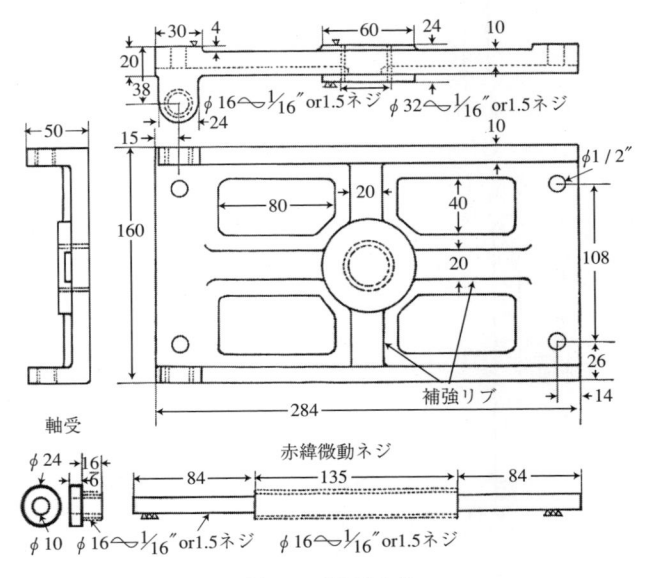

図171　鏡筒受台部

内径は鏡筒の外径に合わせて定める．

　ステーは軟鉄で作るか鋳鉄製のどちらでもよい．内枠の外径はあまり精密に作ると実際組立てたとき回らなくなる恐れがあるので，少し余裕をもたせ，多少のゆるみは止むを得ない．

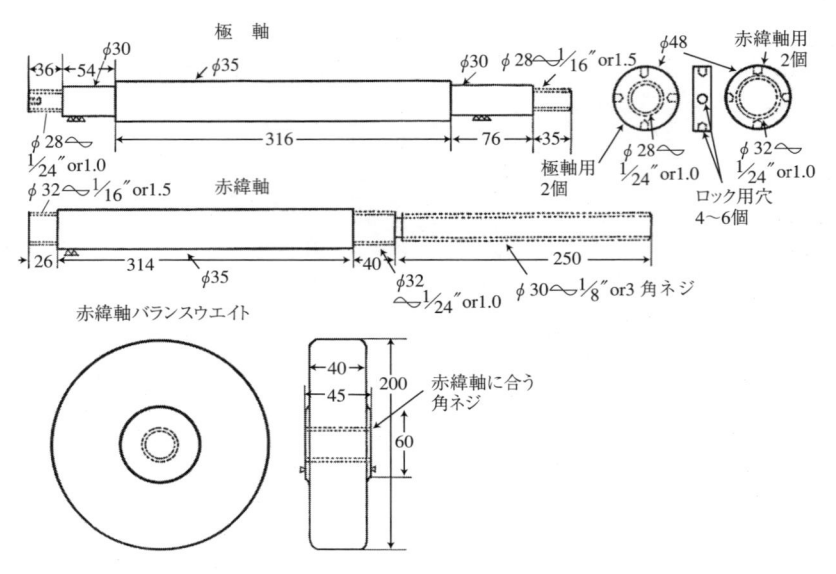

図172　軸類及びバランスウエイト

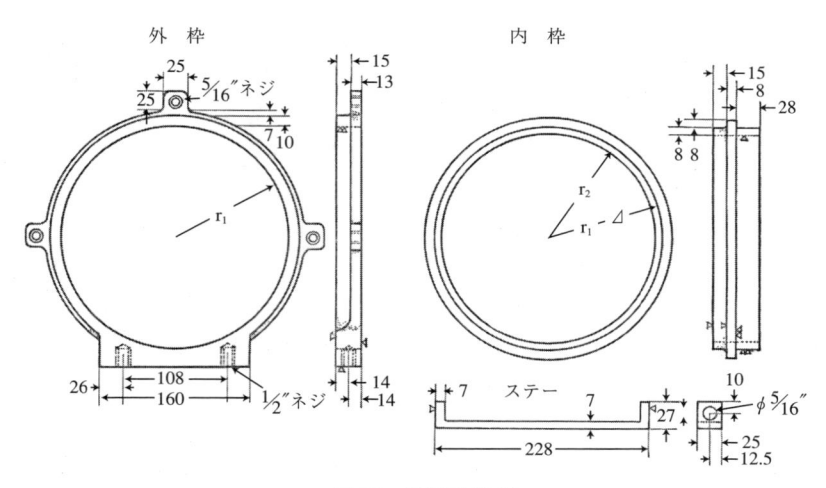

図173　鏡筒回転装置

外枠に内枠を押えて止めるネジを付けると写真撮影のときなどに筒の移動が生じにくい．

11　鏡筒バランスウエイト（図174）

↑ 図174　鏡筒バランスウエイト

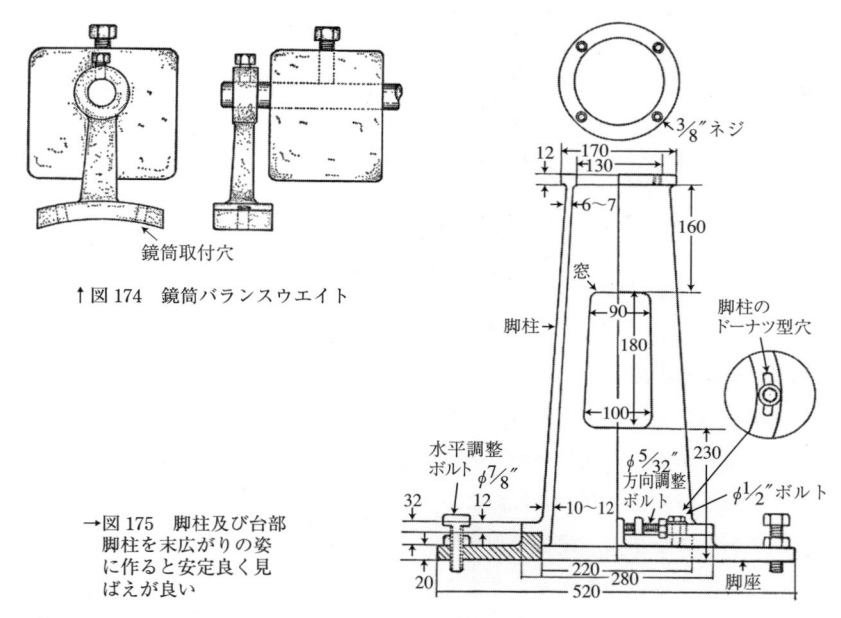

→図175　脚柱及び台部
脚柱を末広がりの姿
に作ると安定良く見
ばえが良い

外形の一例を示した．実際には好みに応じた形で作るのがよい．

12　脚柱及び台部（図175）

鋳鉄で図の寸法に作る．これより小さくは作らない方がよい．この部で極軸の方向調整を行う構造である．この構造は，極軸調整が大変行いやすい特長がある．鋳鉄でこの程度か以上の量となると，10ワットのシンクロナスモーターを直接取り付けてもモーターの振動による影響は生じない．

極軸駆動装置

自動装置，運転時計装置等と呼ばれるものである．恒星時に合せて極軸を駆動する．

第1　常用時と恒星時

恒星時は地球が完全に1回転した時間を24時間に分って計る時間であり，恒星の動きにマッチする．

常用時は太陽を基準として定められており地球の公転の影響が加わっているため，恒星時を基準として計るとわずかに長い．

両者の関係は次のとおりである．

常用時の 24 時間＝恒星時の 24 時間＋ 3m55ˢ55

すなわち

常用時の $23^h.56^m.04^s$＝恒星時の 24^h となる．

約 4 分弱だけ 1 日間で恒星時は早くまわるのである．

第 2　設計の基盤

入手が容易であって使用するのに最も便利なシンクロナスモーターを用いるとき，減速軸が 1 分 1 回転というのは常用時における回転数である．

従って恒星時の 1 分間の回転数より少し遅い．

前項のデータを基に，極軸を恒星時に合わせて駆動するためには常用時の分に直した時間で極軸の 1 回転に要する時間を示すと

極軸 1 回転の時間＝1436m0681745 常用時

すなわち，常用時の 1436 分強で極軸を 1 回転させればよい．

従って，常用時 1 分 1 回転のモーターを使用するときには，

$$1436.0681745 : 1$$

となる歯数比で回転数を落して極軸を回転させれば，恒星の動きに一致する．極軸回転用にウォームギヤを用いるとして現実にはこのような歯数比のものは作れないので，これに近づけた歯数比になるようモーター軸とウォームギヤ間に中間ギヤを入れる．

中間ギヤの組み合わせを求めるためには常用時と恒星時を秒に書きかえて

$$\frac{常用時}{秒恒星} = \frac{86400.00 秒}{86164.09 秒}$$

の比に近いギヤ比となるものを組み合わせる計算が便利である．

第 3　実　例

家庭用配電を用いてシンクロナスモーターで駆動するとき，恒星時に極めて近づけた駆動を行うことのために，多くのギヤを使用して構造を複雑にする必

要はないのである．

すなわち電源周波数の変動，ギヤの不整，大気の屈折等の原因で望遠鏡は設計値どおりに星を追わないのである．

実用的にはわれわれの使用する赤道儀においては，常用時の1436分で極軸を回転するよう駆動すれば充分であり，さらにこれより少し速く駆動するものでも充分実用的である．

1分1回転のシンクロナスモーターを用いた実用的なウォームギヤの組み合わせ及び中間ギヤの減速比を示すと次表のようになる．

表13 駆動用ギヤの組み合わせ

ウォームホイルの歯数	1分1回転のモーター軸と組み合せた中間ギヤ比	極軸1回転に要する時間（常用時の分）	恒星時との目差	
			時　間	角　度
415	3.46 : 1	1435.9^m	+0.168^m	+ 2′31″
359	4 : 1	1436	+0.068	+ 1′01″
287	5 : 1	1435	+1.068	+16′01″
205	7 : 1	1435	+1.068	+16′01″

第4　シンクロナスモーター

シンクロナスモーターは，電源周波数に応じて一定の回転を行うモーター（同期電動機）で，小型で良質のものが入手でき，赤道儀駆動用として最も簡単かつ正確である．

シンクロナスモーターには次の2種がある．

(1)　リアクション・シンクロナスモーター

(2)　ヒステリシス・シンクロナスモーター

特性は(2)のヒステリシス・シンクロナスモーターが，等速回転性が強く，同期性が少しはずれても異状振動を伴わず回転が円滑なところが優る．しかし出力に充分余裕を持たせて使用すれば，リアクションタイプでも実用的には差は少ない．

モーターは一流メーカーの新品を使用するのが安心である．

また1分1回転用の減速ギヤボックスと組み合わせができる製品を使用する．

上記の他に，1分1回転軸を付けたワーレン型シンクロナスモーターがあり，出力は小さいが安価で便利なモーターであって，このうち出力の大きいものでは15cm赤道儀の駆動もできる．

　使用するモーターの出力は，作例を示した20cm反射赤道儀用には5Wの出力でよい．

　モーターの出力は余裕を持たせるのがよいが，脚柱や台が弱いと強力なモーターを用いるとモーターの振動が防げないことが多い．

　しかしこの場合にはモーターを脚柱から離して設置すればよい．

　出力10Wのモーターでは30cm級の反射赤道儀は楽に駆動できる．

第5　減速ギヤ及び連継装置

1　減速ギヤ

　小型シンクロナスモーターと組み合わせて使用するギヤボックスの減速比は，小型のギヤボックスでは1段の組み合わせで1分1回転の減速が得られる．

　大型のものでは，2段の組み合わせで1分1回転を得ている．

　ギヤボックスにはギヤ軸にボールベアリンクを使用した高級なものがあり，もちろん精密で耐久性に優る．

　なお，国内の家庭用配電電力は50ヘルツと60ヘルツの2種があり，シンクロナスモーターの回転数が異なるので，ギヤボックスはこれに対応したものを用いなくてはならない．

2　中間ギヤ

　1分1回転のモーター軸と極軸回転用ウォームギヤ軸の間にあって，減速と連継を兼ねる．

　平ギヤを組み合わせて減速を行う場合，2段に組み合わせる必要があるときには，2枚の平ギヤを重ね合わせて固定する必要が生じる．

　この組み合わせのとき，両ギヤのセンターが狂うと回転が不整になるので，図176に示すように，ジグ（やとい）の軸を用いて両ギヤのセンターを正しく合わせて固定しておき，ネジを作って組み合わせる．

　ベベルギヤを組み合わせて減速と連継に使用するときの組み合わせ例を図

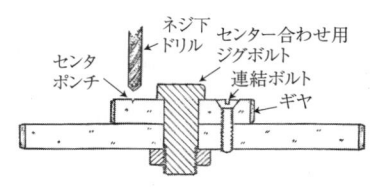

↑図176 平ギアの組み合わせ固定

→図177 ベベルギア軸受

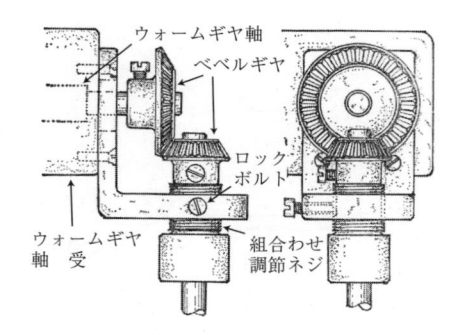

177に示した．

ギヤの組み合わせに当っては，必要なゆとりをギヤ間に持たせなくてはならない．

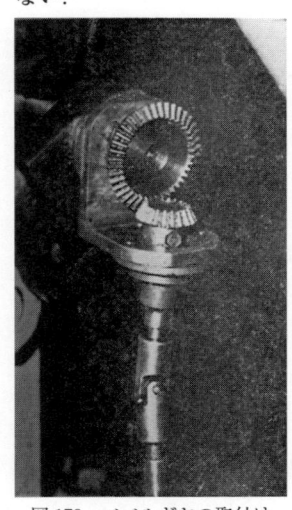

図178 ベベルギヤの取付け

JIS規格の優良な既製品が分売されていて，組み合わせの軸間距離も明示したカタログを出しているので，これを用いるのがよい．

ベベルギヤは1：1用は同種のギヤなら自由な組み合わせができるが，例えば2：1等の減速用にはそのための組み合わせの1組を用いないとピッチ円が合わず回転が円滑でなくなる．

使用するギヤのピッチは，20cm鏡用にはモジュール1程度で半硬鋼製がよい．

モジュール0.5は小型にはできるがギヤ組み合わせはかえって難しく正確に付けがたい．

ギヤの材質は黄銅は摩滅しやすいので不適である．半硬鋼製品を用いるのがよい．

3 連継装置

連継をギヤで行うものについては前述のとおりであるが，ユニバーサルジョイントで行うと軸方向に自由な角度がある程度内なら可能であり便利である．

ユニバーサルジョイントには，高精度の小さなものまで販売されている．価格は少し高いが，自作では精密に作ることも鋼材で焼き入れして耐久性と強さを増すなどもできがたいので良品を購入するのがよい．

A 回転角速度が異なる

B 正常回転

図179　ユニバーサルジョイントの結合

単独ジョイントを1個だけ使用して回転軸方向を変えると，1回転に要する時間は同じでも，中途において回転角速度が変わるため運転が不整となる．

連継の角度が小さいときにはその差は小さく許容できるが，角度が30°を超える場合には2個を図179-Bのように組み合わせて使用する．

また1個だけですませたいときには，複合ジョイントを用いるとこの欠陥は生じないが高価である．

ジョイントやギヤを軸に取り付けるには，小さなピンをギヤのボッシュの横から軸を通して取り付け，不意の障害がギヤ等にかかったときは，ピンが切れてギヤ等の破損を防ぐのが良いが，テーパーピンをつけるのは手細工では難しいので通常小さなネジで止めて使用する．

第6　差動装置

モーター軸と極軸駆動用ウォームギヤの間に差動装置を設け，モーター軸回転は定速に動かし，極軸の遅速調整は差動装置で行うようにすると，眼視用はもちろん写真用には特に便利である．

ことに差動装置をリモートコントロールできるように作ると極めて便利なものである．

1　差動装置の構造と働き

図180にベベルギヤ4個を使用する代表的な差動装置の構造を示した．

図において，ベベルギヤをそれぞれa，b及びc_1, c_2とし，aはA軸に，bはB軸に固定し，c_1, c_2は自由に回転する．

A軸はギヤボックスの軸穴を通って回転しボックス外に出てウォームギヤ軸に連結される．

またB軸は同じくギヤボックスの軸穴を通って回転しボックス外に出て，

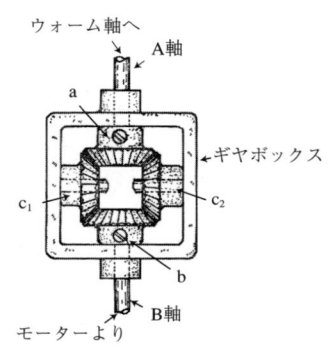

図180　差動装置機構図

モーターからの軸に連結される.

　いまギヤボックスを静止しておいて，B軸を右方向に回転させると，その動きはベベルギヤbより c_1, c_2 のベベルギヤに伝わり，ベベルギヤaを逆の左方向に回転させ，これに結合しているA軸を左方向に回転させる．

　もしこのときB軸の回転を止め静止させておき，ギヤボックスを右方向に回転すると，ベベルギヤ c_1, c_2 はベベルギヤbの回りをころがってベベルギヤaをギヤボックスと共に回転させるので，A軸も右方向に回転する．

　B軸を回転しながら行っても同様である．

　B軸を回転しながらギヤボックスを回転すると，B軸と同方向に回転したときにはA軸はB軸とギヤボックスの回転逆度の和となって回転し，もし逆のときは差となり，ギヤボックスの回転速度がB軸より小さいときはA軸はB軸より小さい速度で逆方向に回転する．もし両者の速度が等しいときにはA軸は回転が止り，ギヤボックスの速度が早ければその差の速度でB軸と同方向に回転する．これが差動装置の働きであり，ギヤボックスを回転させることにより，モーター軸は定速回転を行いながらウォームギヤの回転を或いは早め，又は遅らせることができる．

　差動装置は平ギヤを用いてもできるが，一般に形が大きくなるのでベベルギヤを使用するのが普通である．

2　差動装置の製作

　図181に部品配置図を示した．この実際のものが図182である．

　この装置は10ワットのヒステリシス・シンクロナスモーター及びモジュール1の

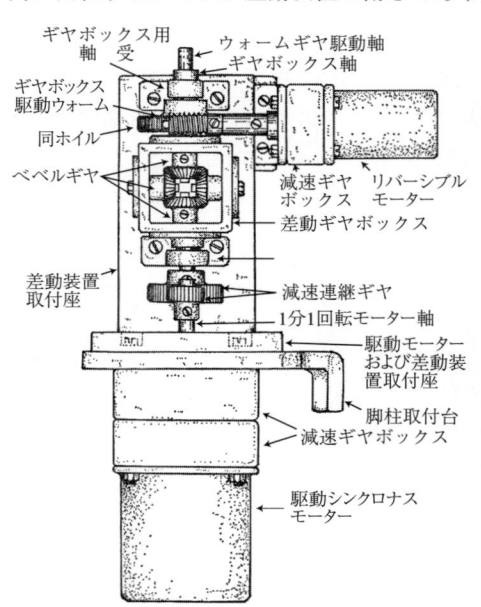

図181　差動装置部品配置図

図182 駆動及び差動装置
10W ヒステリシスシンクロナスモーター及び 4W レバーシブルモーター使用，設計図 183 より 185 までの実例である．　　筆者

ベベルギヤ，平ギヤ，ウォームギヤ及びホイルを使用し，4ワットのレバーシブルモーターを用いたリモコン装置をつけ，29cm 反射赤道儀を駆動しているものである．

以下説明する設計図は，5ワットのシンクロナスモーターにも使用できるものである．

a　ギヤボックス　図 183 はその設計図である．

ギヤボックス本体，ベベルギヤ軸受と同心のギヤボックス軸，A 及び B 軸，モジュール 1，歯数 20 枚のベベルギヤを示している．

ベベルギヤは既製品を使用する．A 軸と B 軸は良質の軟鋼や磨き鋼棒等の良材より精密に加工する．

C 軸は，軸及びナットは鉄製とし，他は黄銅又は砲金で作る．

ボックス用の軸は砲金で作り，外部の軸受に当るところに軟鋼をかぶせ，摩耗を防ぐようにする．

ギヤボックスは黄銅か砲金を用いて鋳造したものを旋盤加工して作る．

厚い帯金をネジで組み立

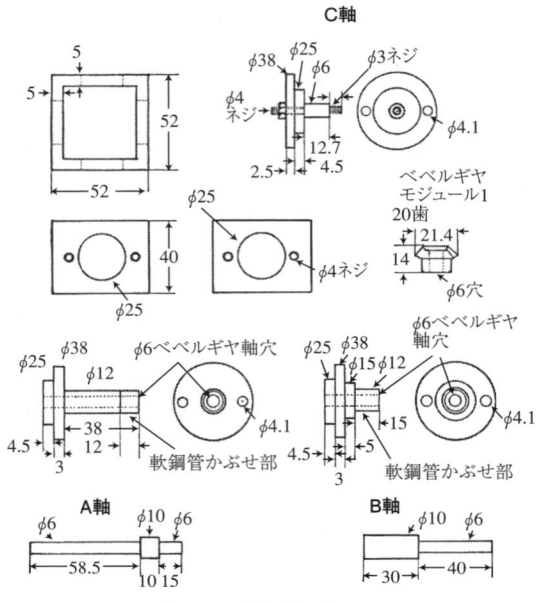

図183　差動ギヤボックス

て，ハンダ付けして作ることもできる．

ギヤボックスはベベルギヤの内側に一つの塊にAとB軸の軸穴及びc_1，c_2ギヤ軸を作って小型にできるが，AとB軸穴が短くなるのが欠陥である．

ベベルギヤは取り付けたとき，所定の余裕をもって回転するように，とくにc_1とc_2の軸部の厚みを調整する．

ギヤボックス軸受は，ボックスに両方が正しく取り付くように，径6mmのドリルロッド等の真直ぐで径の正確な棒をジグとして使用し，これを両軸に通して軸が一直線上にあるようにしてギヤボックスにネジ止めする．そして必ず直径2mmほどの丸棒をクサビとし，軸受を取り付けておいてから軸の横のところにドリルボックス本体と共に穴をあけ丸棒をさしこみ，分解しても元の位置に正しく組み合わされるようにする．この丸棒のクサビは相対する2個所に設ける．

b ギヤボックス軸受及び差動装置ベース等

図184にギヤボックス軸受，リバーシブルモーター取付台，差動装置ベース，駆動モーター及び差動装置取付座の設計図を示した．

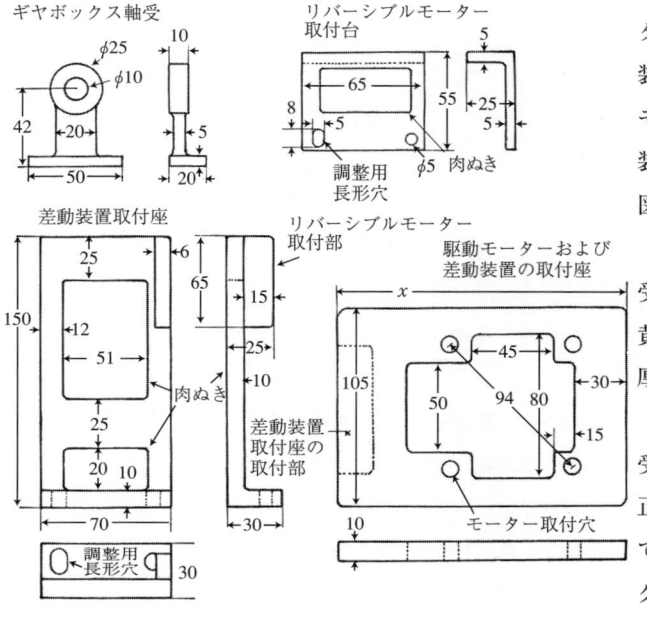

ギヤボックス軸受は砲金製，他は黄銅で鋳造または厚板金で作る．

ギヤボックス軸受は，まず軸穴を正しく作り，組立てられたギヤボックスの軸を通して取り付けの姿にし

図184 ギヤボックス軸受及び差動装置ベース等

て差動装置ベースにくっつけてみて，ギヤボックス軸受の脚の下面，すなわちベースに取り付く面を平ヤスリで少しずつ調整し，ギヤボックスが良く円滑に回転するように調整し，ネジで取り付けておいてからギヤボックス軸と同様，ベースにクサビ2個を位置を正しく合うように取り付ける．この取り付けには，決して軸穴を広げて回転を円滑にするようにはしないことが大切である．

c ウォームギヤとウォームホイル　ホイルはモジュール1，圧力角14°5，歯数50枚の燐青銅製の既製品を使用する．

ウォームギヤはこれとセットの半硬鋼製で図185の寸法のものを用いる．

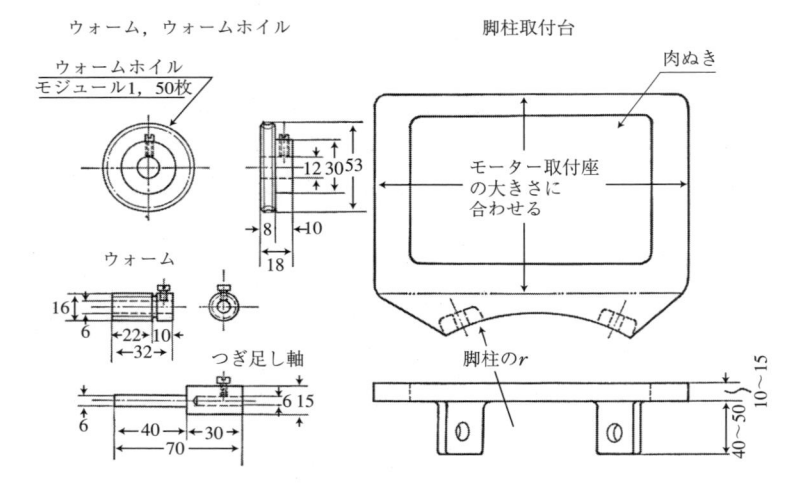

図185 ウォームギヤと脚柱取付台

ウォームギヤは中央に φ6mm の軸心のあいたものであるので，これに入れてモーターの減速ギヤ軸に付する補助軸を軟鋼材で，図のような寸法で作って用いる．

d レバーシブルモーターと減速ギヤボックス　レバーシブルモーターは簡単なスイッチの切りかえで逆転ができる大変便利なモーターであり，軸にブレーキが取り付けられていて急速な始動と停止及び逆転ができる．

ギヤボックスも共に販売されていて，各種の減速比が得られる．

差動装置を駆動して行う速度調整は，どれくらいの速度が適当かについては一義的でない．

眼視用では速度が速い方が便利であり,長焦点の写真鏡のガイドでは遅くないと使いにくい.

通常,写真用を主体とした場合には,極軸駆動用ウォームギヤの回転と同等程度の速度でギヤボックスを回転する程度がよい.

この速度は星の動きと同じ速さとなる回転速度をギヤボックスの回転に与えればよいことと同じであり,星を視野内で西に動かす(すなわち遅らせる)ときには,駆動モーターのスイッチを切り,望遠鏡が静止したとき星が遅れるスピードに等しい.

例

極軸駆動用ウォームギヤは常用時4分に1回転を行っている.

差動装置のA軸とウォームギヤ軸の間に2:1のベベルギヤによる減速を行っている.

従ってA軸は2分間に1回転している.

但し,使用するレバーシブルモーターの1分間の回転数は1400回転(負荷時)でギヤボックス回転用ウォームギヤは50:1である.

このときには,ギヤボックスを2分間に1回転させればよい.

従って使用するレバーシブルモーターの減速ギヤは

レバーシブルモーターの1分間の回転数×差動ギヤボックス回転用ウォームギヤの減速比×減速ギヤボックスの減速比$=\dfrac{1}{2}$

となればよい.

求めるギヤボックスの減速比をxとすれば
$$1400 \times \frac{1}{50} \times x = \frac{1}{2}$$
従って$x=\dfrac{1}{56}$ すなわち約60:1の減速ギヤボックスを使用すればよい.

e 脚柱部への駆動装置取付台 図185に作例の20cm反射赤道儀に用いたものを示した.

脚柱部が弱いとモーターの振動のため望遠鏡が振動して使用できなくなるので,こうした場合には台から離して設置する.

取付台への駆動装置の取り付けには,ゴムなどのクッションは用いないのがよい.これを使用するとかえって振動を生じやすい.

f リモートコントロール・スイッチ　図186にレバーシブルモーターに使用するリモコンスイッチの自作例を示した．

この種のスイッチの販売品は見当らないので自作したものである．

このスイッチを別個にして2個のスイッチを使用してもよいが，万一双方のスイッチを同時に押すとショートをする．

押す式でなく，倒す式は操作に時間がかかり，実際上困る．

図はエコライザー式にして双方の接点を同時に押すことができなくして安全を確保し，かつ軽く瞬間的に操作できるようにした．

接点は白金かイリジュウムが望ましいが，入手ができがたいので，純銀で作った．このスイッチは写真のような木のケースを作って収め，片手で操作する．

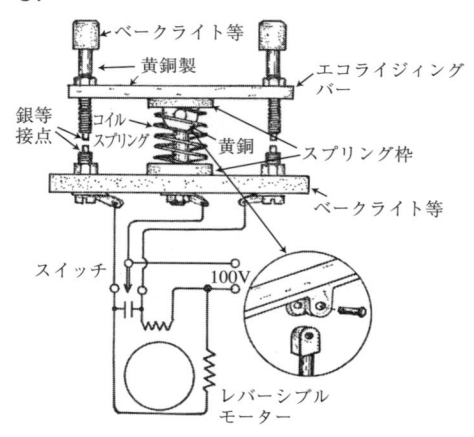

図186　リモコンスイッチ構造

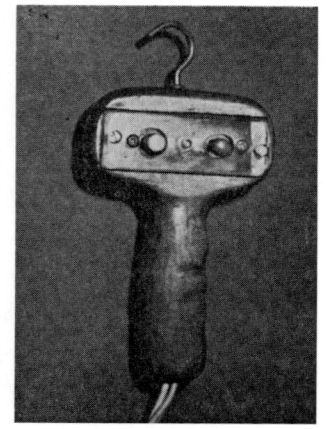

図187　リモコンスイッチ
差動装置用レバーシブルモーターの
リモートコントロール用スイッチ　著者

第7　2重速度シンクロナスモーター

極数をスイッチで切り換え，回転数を2倍にする便利なモーターが製品として販売されている．

これを用いると，低速で定常の駆動を極軸に与え，速めるとき2倍の回転にスイッチを切り換え，遅くするときには電源を切り，望遠鏡を停止するようにして，差動装置を省くことができる．

スイッチは速度変更用は連動する2点スイッチが必要であるが，これは図

186のように中央に軸のあるシーソータイプのスイッチ2個をベークライトなどの絶縁体で並べて連動するようにし，常時は低速側にバネで付けておき，早めるときに押して切りかえ，指をはなせば元にもどるように作り，速度切換に可能なかぎり時間の遊びが少なくなるようにする．

遅らせるのは，ノブを押すと電流が切れるように作ったスイッチを回路に入れて用いる．

差動装置を省けて非常な利点があるが，欠点としては，僅かではあるが速度を早めるときにモーター電流が切れてスピードのおちこみがあること及び速度が2倍となれば出力が1/2となる点であり，余力のあるモーターを要する．眼視用には充分使用でき，特に長焦点の写真用でないかぎりは実用できる．

赤道儀の設置

赤道儀を設置するには，充分強固で重量のある基礎が必要である．

また極軸調整が不充分であれば，機械は良くても能力が充分発揮できない．

第1 基 礎

土地に固定して使用する場合には，基礎としてコンクリートブロックを設ける．

基礎のコンクリートブロックは表面積よりも地中に深く重量のある大きなものが望ましい．

床をセメントで作るときには，基礎ブロックと少し離して，独立させるのがよい．こうすると歩いたときの振動が防げる．もっともコンクリートブロックが充分大きいときには人の歩き程度では振動しない．

木造建築の家屋の一部に赤道儀を設置して用いるのは，強い振動のためほとんど赤道儀としての用をなさない．

赤道儀の設置場所を高くする必要のある場合には，地上から台を作る．

この場合にはとくに床と台は分離するのがよい．

20cm鏡用の基礎ブロックは地中になるべく深く，重量が最低500kgを超え

るものが望ましい．

第2　極軸の調整

極軸調整に当り，行いやすいのは次の方法である．

1　度盛環を用いる調整

a　高度調整　望遠鏡を極軸の東側に置いて，天頂附近の子午線近くで赤緯のわかっている星を望遠鏡の視野に入れ十字線の中央におく．

この場合駆動装置は働かして置く．

このときの赤緯の度盛環の読取りを星の赤緯に合うよう調整する．

つぎに望遠鏡を極軸の西側に転じ，視野に同じ星を入れ，十字線の交点に星を乗せたときの度盛環を読み取ると次のとおりであったとする．

星名	西側の読み	星の赤緯	差の1/2
うしかい η	+19°05′	+18°39′	+13′

このときは13′だけ極軸が高い方に向いている．

もし差が負であれば低い方に向いている．

b　方向調整　望遠鏡を極軸の西側におき，天頂近くで赤緯のわかっている星を視野の十字線の中央に入れ，赤緯の読取りを星の赤緯に合わせる．

つぎに東北の天で赤経が約6時間異なる星を視野に入れ，十字線の中央に置く．

このとき次のようであったとする．

場所	星名	赤経	赤緯	読取	差
天頂附近	うしかい η	13^{h}53^{m}3	+18°39′	+18°39′	0°00′
東北の天	白鳥 δ	19^{h}43^{m}4	+45°0′	+45°30′	0°30′

このときは極軸が真の北より30′だけ東に向きすぎている．

以上の調整はくりかえし差のでなくなるまで行うが，機械の誤差もあって完全に無くなることは少ない．

さらに精密に調整するのは次の方法で行うのがよい．

2　十字線入りアイピース使用の調整

十字線のはいった100倍以上，できれば200倍程度となるアイピースを用い，

望遠鏡を駆動しながら調整を行う.

　a　方向調整　　天の赤道附近で子午線近くの星を視野に入れ，十字線の中央に置く.

　こうしてしばらく見ていると，極軸の方向がずれていると星は南か北のいずれかに次第にずれてくる.

　この関係は次のとおりである.

星のそれる方向	極軸の方向
南へそれる	東に向き過ぎ
北へそれる	西に向き過ぎ

　b　高度調整　　極軸の方向偏差がアイピースの中に置いた星の動きにできるだけ影響が小さい天の方向，すなわち東北（又は西北）の天で，大気差が少なくなるよう北極星と同じか少し高いところの星をえらび，方向調整のときと同じく星を十字線の中央に置き，しばらく観察する.

　このときの関連はつぎのとおりである.

星のそれる方向	極軸の高度
南へそれる	高度が低い
北へそれる	高度が高すぎる

　もし西北の天の星を用いると上記関係は逆になる.

　この調整も，方向，高度についてくりかえし行う.

　200倍のアイピースを使用し，30分間程度で差が出ないようであれば20cm鏡では実用上充分である.

赤道儀の調整

　製作を終わったままの赤道儀は多少の調整を要する部分は必ず残っているものであり，自作機ではことにそうである.

　こうした要調整個所のうち最も重要な調整はゆるみ取りとウォームギヤ関係である.

第1 ゆるみの除去

製作説明の中でくり返し述べて来たが，こうした個所のゆるみは最後に完全に除去しておく．

とくに極軸，ウォームギヤとホイル間，ウォームギヤ軸，赤緯軸微動部のゆるみについては注意してチェックする．

第2 星像追跡チェック

極軸の方向と高度の調整を行った後がよい．

200倍以上のアイピースの十字線上に星像を乗せ，駆動装置を動かしながら星の動きを観察する．

十字線は一方を正しく東西に平行にしておくのがよい．これには十字線を極軸を静止して星像を移動させ，線上を星がずれずに移動するようアイピースをまわして十字線の一方を星の動きとマッチさせれば，東西に正しく平行する．

1 星像が小さく早く振動する

原因はまず駆動モーターによるものである．

工場街等では他からの振動の場合もあるが，望遠鏡自体で発生する場合はモーターによるものである．

脚柱や台部が駆動用モーターの振動をおさえるほどの強さと重さがないときやモーターの取り付けボルトのゆるみも原因となる．

モーターの振動が強すぎるときにはマウンチングからはずして独立して設置しなければならない．

モーター取り付けをゴムのクッション等を用い振動を吸収しようとすると逆に振動することが多いので，クッションを除いて見るのも原因発見の方法のひとつである．

2 星像の周期的な南北への動き

星像が南から北へと周期的に動き，その周期がウォームギヤの1回転の時間であることは多い．

この原因はウォームギヤが偏心している場合がそのほとんどを占める．

調整は次の方法で行う．

(1) まず星像が最大に北にそれるときのウォームギヤとホイルの接触場所を見きわめる．

その場所でウォームギヤは最も多く出張って偏心している

(2) 出張った場所がわかれば，その場所をエメリー砂を油とまぜて与えてウォームの歯をホイルにおしつけてすり合わせて出張りをすりへらす．

偏心量がわずかであれば＃1000のエメリーで，もし大きいときは＃500のエメリーを用いるのがよい．

使用する油はモビル油のような粘度のあるものがよく，グリスで練って用いてもよい．

すり合わせはホイルの同一場所で行わないよう，数回すり合わせたらウォームを1回転して次のホイルの歯のところで行う．

すり合わせには，ウォームギヤ軸に直径10～15cmのプーリーをつけ，これを手で或る角度を移動するよう前後にゆり動かして行うのがよい．

プーリーは最終のウォームギヤ調整に必要であるので，用意しておく．

こうして星像の動きを見ながら調整する．

星像の南北への周期的なずれは，ウォームギヤの偏心以外でも生じることがある．

例えばウォームギヤ軸に取り付けたベベルギヤが，これとかみ合った駆動軸からのベベルギヤにより，或る部分でおし上げられることでも生じる．

駆動用の連継杆がフックジョイントの不良により押し上げられることもあるので，ウォームギヤ軸が押し上げられていないかどうかも良くチェックする．

3　星像の周期的遅速

通常この現象には前項の現象が組み合わされて生じる．

シンクロナスモーターを使用してこの現象が生じるのは，ウォームギヤの歩みが不整であることが原因である．

ウォームギヤに偏心があれば，歯の歩みに不整が生じる．

(1) まず星像が最も遅れるときのウォームギヤのホイルに接する場所を見定める．

この場所では，望遠鏡は最も早く進んでいるのであり，通常星像は北にそれ

ている．

　(2) 星像が最も遅れるときのウォームギヤの場所において，歯の東側が出張っているのであるから，この面をホイルにおしつけて前項同様にすり合わせを行って調整する．

　(3) 偏心のある場合には，まず偏心を除くか軽くしてからこのすり合わせは行うのがよい．

　(4) 駆動用モーターにインダクションモーターを使用するときには，ウォームの偏心したところで星像が早く進む．

　これはウォームギヤの摩擦抵抗が増すのでモーターの回転が落ちることにより極軸の回転が遅れるためである．

　シンクロナスモーターでもこの傾向は出力が充分強力であるときには現れにくいが，少し弱いと通常の駆動には充分の場合でも生じる．

　ヒステリシス・シンクロナスモーターがこの傾向が最も少ないことも駆動に適する理由のひとつである．

　こうした原因での星像の遅速も良くチェックして，何が原因となっているかを早くつかんでから調整することが必要である．

4　ウォームギヤの最終調整

　ウォームギヤの調子を完全にすることは極めて困難であるが，ほぼ満足が行く状況にまでなれば，最終調整を行う．

　最後のエリメーのすり合わせは，♯2000をグリスで練り合わせたもので，ウォームギヤ軸にプーリーを取り付け，モーターでベルトをかけて高速回転してすり合わせる．

　或いはアーマーという商品名の金属磨き剤を使用するのもよい．

　最終的にはスピンドル油のみを充分にギヤ間に与え，ウォームギヤ軸を1分間300回転前後させてすり合わせてなじませる．

赤道儀用備品

赤道儀用として必要な備品のうち，既製品が少なく高価である2種について製作方法を述べておく．

第1 十字線入りアイピース

十字線入りアイピースは赤道儀の調整，写真撮影のガイドに欠くことのできないものである．

1 適当なアイピース

ハイゲンタイプのような負のアイピースは適当でなく，ことに短焦点用では十字線が太く見えることや十字線が付けにくい欠陥がある．

短焦点アイピースではオルソスコピックがよい．

最近の安価なアイピースにはシボリ金具をはぶいたものがあり，或いはレンズが金具の中に引きこんでいて十字線がそのままでは付けられないものも多く見受けるので注意を要する．

2 十字線の材料

細い銅線，ナイロンや絹糸，クモ糸などが用いられる．タングステンの細線は大変良好であるというが，入手ができ難い．

ラジオのパーツに使っている細い銅線も，クモ糸にくらべると大変太いが，作りやすい．

クモ糸は細く光沢があり暗視野照明用に適する．また弾力もあって切れにくく長期の使用ができる．

クモ糸は身体に黄色の横縞のある女郎グモか同類の身体が丸いコガネクモがよい．

クモ糸は放射状方向にはられた糸が強い．

クモ糸は多数の糸が束にされているので，先を尖らしたピンセットとルーペを使って小さく

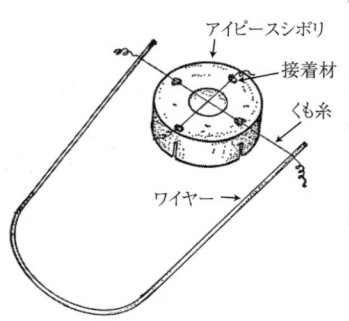

図188 クモ糸のはり方

分けて使用するのがよい．

小さなワイヤーの枠などにまきつけて採集したものを，図188のようにしてシボリ金具につける．

クモ糸をつけるには，バルサム，ニス，シケラックなどがよい．

もちろん他の貼付剤でもよいが，付けそんじたとき前者はアルコールで清掃できる．

銅線ではハンダで付けるとよい．

第2　十字線の照明装置

シボリに付けた十字線は，そのままでは夜間視野内で見えがたいので，照明を行って星像と共に見えるようにする．

その方法に次の2種がある．

1　暗視野照明

十字線に横から光を当て，暗い視野に十字線を輝かせる装置で，微光星が観測でき，精密な用途に適する．

この照明は線が光るクモ糸などに適する．

図189にクモ糸を用いた自作例を示した．

各部品は黄銅で作り，ハンダで組み合わせる．ランプの接続コードには小型ラジオ用の接続部品を使用して，コードのつけはずしができるようにすると便利である．

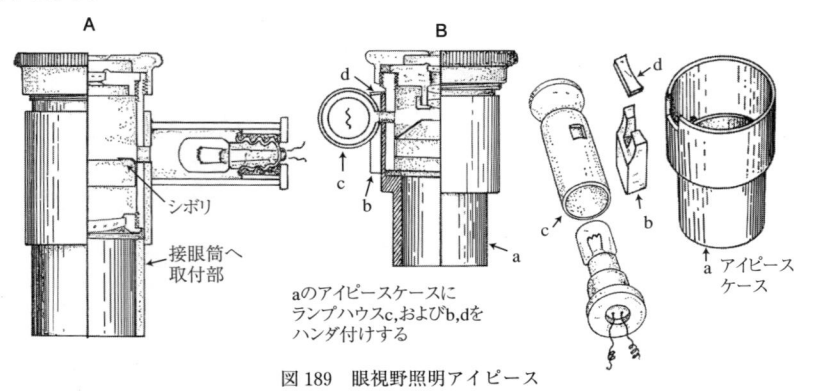

図189　眼視野照明アイピース

図 190 はその例である.

短焦点アイピースでは,シボリとレンズの間が狭すぎて十字線に光が良く当らないことがある.このときにはシボリ金具の一部を小さなヤスリですり取り,光の通路を作ってやる.

図 190　暗視野照明アイピースと電源
アイピースはクモ糸十字線入り 6mm オルソ,電源は 100V を 12V に下げシリコン整流で直流としレオスタットで電圧を調節　　　　　　　　　　　　　　　　　筆者

2　明視野照明

十字線の外がわから光を入れ,明るい視野に黒い十字線が見えるようにしたものである.

屈折鏡では対物レンズの前方より小さな光源で光を当てるが,ニュートン式反射では筒口又は接眼筒の反対側の筒のところに光源をつけて用いる.

光源はすりガラス等で散光すると光がやわらかくなる.また色つきのセロハン紙などで光に色をつけるのもよい.

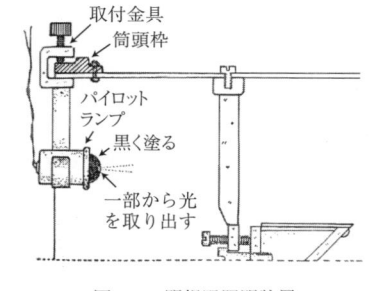

図 191　明視野照明装置

ニュートン式反射用に用いる例を図 191 に示した.
微光星が見えない欠陥があるが自作しやすい特長がある.

3　十字線照明用電源

十字線照明用ランプには,手さげランプ用の豆電球やパイロットランプが使用され,その電源には乾電池も使用される.

定置した赤道儀では,電灯線の電圧をトランスで下げて低電圧を得て使用するのが便利である.

また照明用ランプは,光を強めたり弱めたりできると非常に便利である.

このため交流の低電圧を整流して,直流にしてレオスタットを使用して光力を加減できるようにするのがよい.

図190にその例を示した．

自作より高価にはなるが，模型店で販売しているパワーパックを用いるとそのまま使用できる．

このときには多少高価でも電圧をノッチで切り換える式よりもレオスタットを用いた無段変圧のものが光力をスムーズに変えてはるかに使いよい．

第3 ガイディング用望遠鏡

口径の大きな反射赤道儀では，主鏡や写真鏡のガイド用として，主鏡より小口径の望遠鏡を同架しないことが多い．

ことに主鏡を写真用に使用するときには，同架したガイディング鏡の視野を移動して適当なガイド星を選ぶ必要にせまられることが多い．

このような場合に使用するガイド用望遠鏡にはつぎのものがある．

1 ガイド用望遠鏡取付脚部可動装置

通常屈折望遠鏡を取り付けるときに用いる脚の環の径を大きくして，固定用ネジで，ガイド望遠鏡の方向をかえて適当なガイド星を選ぶタイプがある．

いわばファインダーを大きくしたような構造である．

この装置ではガイド鏡の方向をかえるとき2個の脚の固定ネジを操作しなくてはならず，ガイド鏡がずり落ちないようガイド鏡の筒にV型の溝を付けた金具を付けるなどが行われるが使いにくいことが多い．

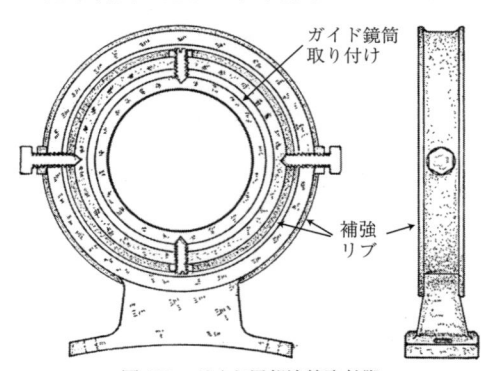

図192 ガイド用望遠鏡取付脚

この改良型が図192の脚である．

この装置は2個の脚のうちの1個に作り，他は3本のネジで単にとめるよう普通に作る．

屈折鏡に適する構造である．

2 アイピース移動装置

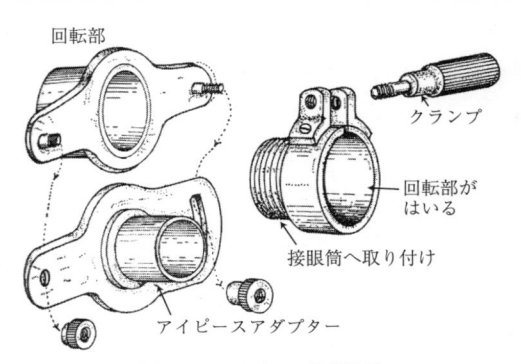

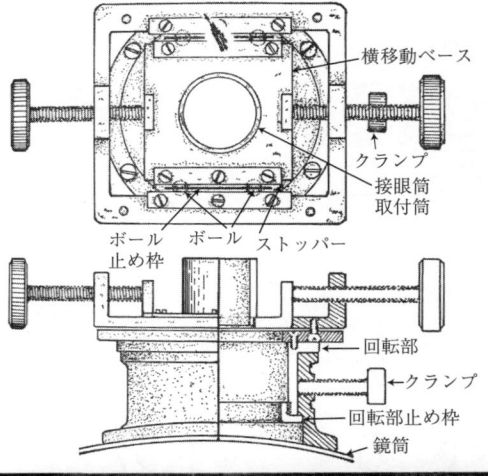

アイピース取付金具を交直する2方向に移動させてガイド星を選ぶもので図193に簡単な構造のものを示した.

アイピースアダプター（取付金具）の移動と回転でガイド星を探すものである.

図194はやや高級な構造で，ネジによるアイピースアダプターの移動と回転させることにより星を探す．アイピース移動式は軸外でコマ収差が強くでる反射鏡用には面白くないが，主鏡がF10程度になれば2°程度の光軸のはずれは充分実用できる．短焦点鏡には向かないので，F8鏡以上に用いるのがよい.

図193 アイピース移動装置

←図194 接眼部移動装置

3 経緯台式架台

ガイド望遠鏡の架台を経緯台式に作り，これを主鏡筒に同架する.

図195がその例である．このタイプは前項のものにくらべて可動範囲が広くとれるが

←図195 経緯台式ガイド鏡架台
　図196の実物である．ガイド鏡は口径12cmF20のドール・キルハムタイプ　　　筆者

架台が複雑となる．

フォーク型架台でも充分にゆるみ取り構造に作れば使用可能であり，種々のタイプが考えられるところである．

図 196 に設計図を示した．図 197 は各部品の見取り図である．

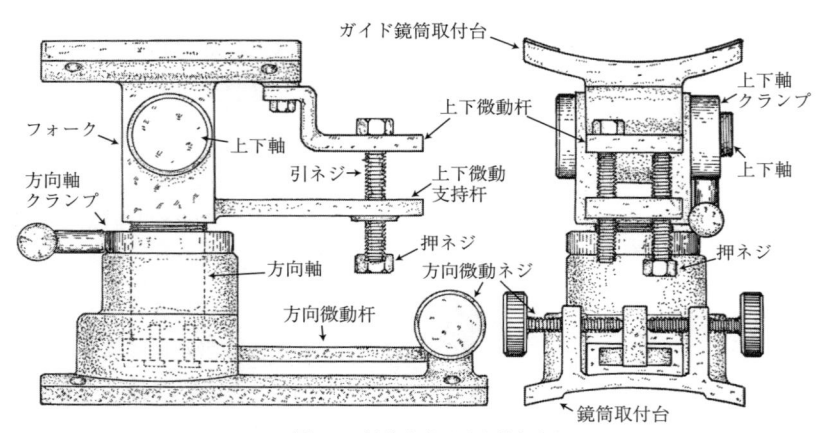

図 196　経緯台式ガイド鏡架台

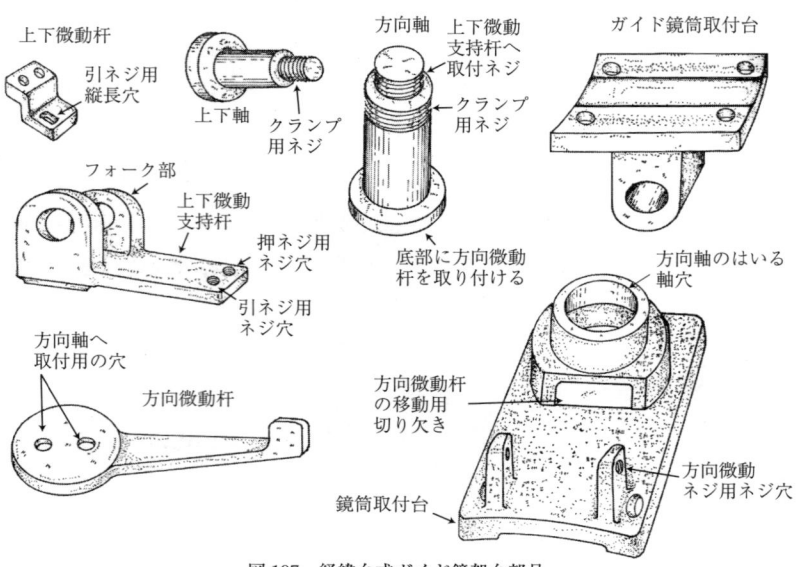

図 197　経緯台式ガイド鏡架台部品

材料は鋳鉄及び軟鋼等の鉄材を使用する．

各部を強くゆるみのないように作ること，操作しやすく，強く固定することと解放することが容易なように作る．

この架台は重くなるので，主鏡筒に取り付けるときには，鏡筒の補強を行い，これに取り付けるのがよい．

4 主鏡焦点像使用のガイド装置

図198はその例である．大口径の反射鏡では通常使用されている装置であるが，口径の小さいものでは構造的に無理な点がある．

図199がその設計図であるが，相当簡略化している．

ガイド星の選定は2項と同じ機構で行っている．

使用するガイド用アイピースは普通のものは使用できないので，図200に示す構造のアイピースを使用する．

単に眼の位置を遠ざけるためだけであればバーロー

図198 主鏡像使用ガイド装置
29cmF6.7鏡に装置したもので，図199の例である　筆者

レンズを使用してもよいが，これでは取枠に近接した星をガイド星に使用できない．

図200に示すアイピースは，低倍率の顕微鏡となっていて，主鏡像を反転させるので正立像が得られる．

対物レンズには低倍率の顕微鏡用対物レンズや色消し単レンズなどを用いることができる．

自作に必要なデータは次によって略算できる．

図200において，各データは次の通りとする．

f_1　対物レンズの焦点距離

f_2　アイピースの焦点距離

286 反射望遠鏡の作り方

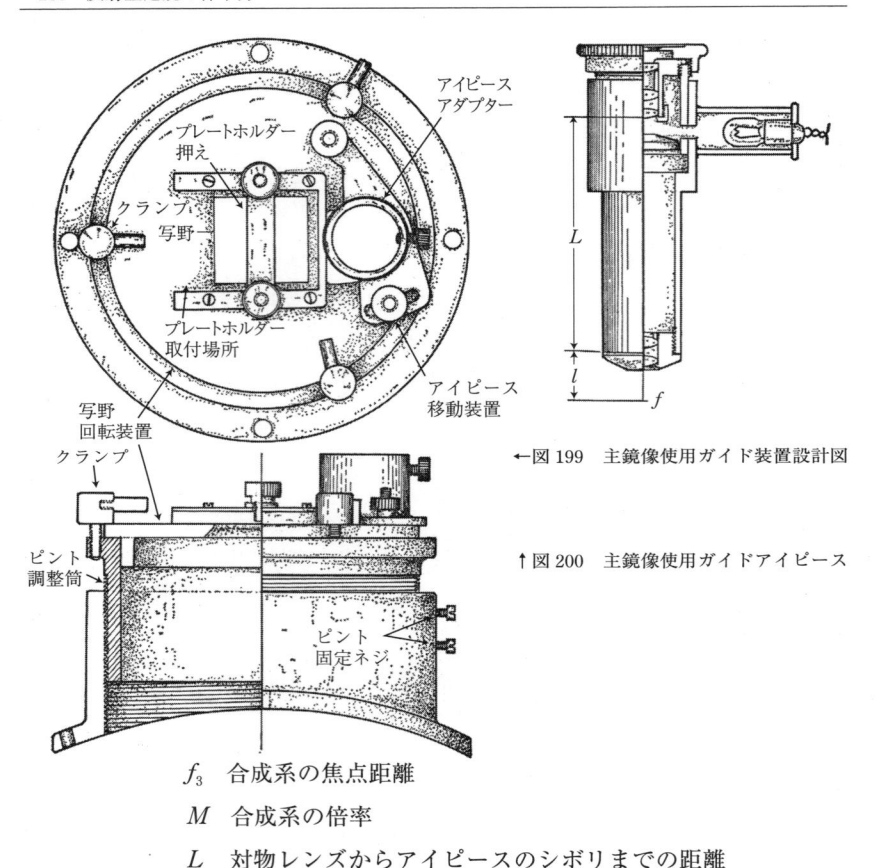

←図199　主鏡像使用ガイド装置設計図

↑図200　主鏡像使用ガイドアイピース

f_3　合成系の焦点距離

M　合成系の倍率

L　対物レンズからアイピースのシボリまでの距離

l　対物レンズから主鏡の焦点 f までの距離

f　主鏡の焦点位置

上記データにより，次の関係式を用いて，合成焦点距離や対物レンズから主鏡像の位置までの距離がわかる．

(1) $M = \dfrac{L}{f_1} \times \dfrac{250}{f_2}$　　　但し単位は mm とする．

(2) $f_3 = \dfrac{250}{M}$

(3) $l = \dfrac{L \times f_1}{L - f_1}$

合成焦点距離は，対物レンズとアイピース間の距離を増大することで短縮で

きるが，あまり短くするとかえって像の乱れ（光軸外であるから）が拡大されて見にくくなる．

短くても 5mm 程度に止めるのがよい．

この装置では，ガイド星は強いコマ像を示し使用しにくいが，コマ像の頂点の小さいところを用いるようにする．

ガイド用望遠鏡を別に設けたものでは，正確にガイドを行ったつもりのものが，写真では像がずれていることが多いが，この装置では主鏡等のずれはそのままガイド星のずれとして現われるのでこれを調整することで救われる．

第4章　アイピース

アイピースについて，購入する場合の参考になる点を中心に説明した．

1　アイピースの種類

図 201 に代表的なアイピースの構成図を示した．

a　ラムスデン　アイピース　　2枚の同種の平凸レンズの組合わせである．

ラムスデン　　　　ハイゲン　　　　ミッテンゼーハイゲン

ケルナー　　　オルソスコピック　　オルソスコピック
　　　　　　　　アッペ　　　　　　プレーゼル

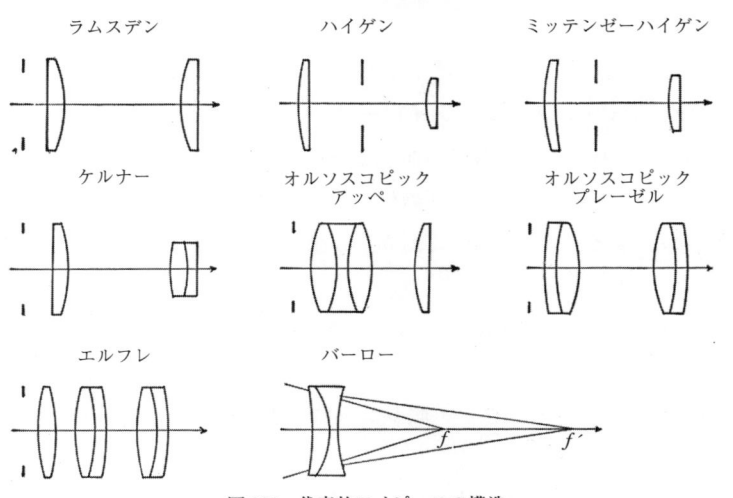

エルフレ　　　　　バーロー

図 201　代表的アイピースの構造

レンズの組み合わせは，1個のレンズの焦点距離の 2/3 の間隔で行われる．

合成焦点距離を f，各レンズの焦点距離をそれぞれ f_1, f_2 とし，両レンズ間の距離を d とすれば，f は次の式で求められる．

$$f = \frac{f_1 \times f_2}{f_1 + f_2 - d}$$

構造が簡単であり，同じ焦点距離の平凸レンズ 2 枚を購入して組み立てて自作することは多い．

焦点位置が視野レンズの外にあり，正のアイピースといわれるもので，ファインダー用などに自作される．

視野が狭く，像に強い色収差が現われるので，反射用には不適である．

b ハイゲン アイピース 焦点距離の異なる 2 枚の凸の単レンズの組み合わせで，レンズの焦点比は 1：3 に通常選んでいる．

各単レンズの焦点距離を f_1, f_2 とし，両レンズの間隔を d とすれば，組み合わせは一般に

$$d = \frac{f_1 + f_2}{2}$$

とし，合成焦点距離 f は

$$f = \frac{f_1 \times f_2}{f_1 + f_2 - d}$$

である．合成焦点位置が両レンズ間に来るのでシボリはその位置に設ける．

負のアイピースといわれるもので，残存収差が強く，反射用には不適であるが，単レンズの構成であるから熱に強いので太陽用には使用される．

c ミッテンゼーハイゲン アイピース ハイゲン式の欠陥である入射角の大きい光束に対する強い視野の曲りを改良したもので，視野レンズにメニスカスの凸レンズを用い，両レンズの焦点比は通常 1：2 に選ぶ．

短焦点のアイピースも作られており，安価であるので反射用にも使用されている．

反射に用いると，F 数が 10 であっても像に鮮明さを欠き，色収差も現われ，決して適当とはいえない．

d ケルナー アイピース 眼レンズに 2 枚合わせの色消しレンズを使用した正のアイピースである．

視野は 40°程度で反射用に用いてことに低倍率用に向いている．

e　オルソスコピック　アイピース　　オルソスコピックとは整像の意である．像面が平坦で色収差もバランス良く匡正されている．視野は通常天体用は40°程度である．

　通常オルソといえば，光学の鬼才といわれたアッベのオルソが有名である．他にプレーゼルタイプ等がある．

　アッベタイプとプレーゼルタイプの優劣はしばしばアマチュア間に論議を呼ぶが，いずれが優るかは設計，ガラス材，製作技術等で大きく左右されるのでいちがいには断じがたい．

　ただ，アッベタイプでは眼レンズにクラウン系ガラスを用い，堅ろうであるが，プレーゼルはフリント系であって軟らかく，カビが生じやすい．

　長焦点まで作られており，像が鮮明で反射用に最適である．

f　エルフレ　アイピース　　通常5〜6枚のレンズで構成されていて，視野が広い．

　4枚構成で視野60°に及ぶアイピースもあるが，広いだけに視野の端の像は悪い．

　一般に低倍率に使用するものであるので短焦点のものは作られていない．

　良像の範囲は一般にケルナーに劣るが，視野が広いことを利点とする彗星捜索用等に用いられ，また視野の端の像の悪化があまり目立たない双眼鏡用アイピースに用いられる．

　ゴーストが強く多数生じるので，コーティングは全面に行ったものが良い．

g　バーローレンズ　　2枚又は3枚合わせの色消凹レンズで，主鏡の焦点内におき，合成焦点距離を延長し高倍率が得られるものである．

　拡大率は通常2倍に作られている．高価なアイピースを多数そろえるのが無理なとき用いられている．

　単体のアイピースの同一倍率と比べると像に鮮明さを欠き，色収差も生じて劣るが，価格も安価で1個備えるのもよい．

2　反射用のアイピース

　反射用のアイピースは，F数にかかわらず高倍率用にはオルソスコピック，低倍率用はケルナーかオルソスコピックを用いるのがよい．

反射では F 10 以上の長焦点鏡でも決してミッテンゼーハイゲンがケルナーと差がなくなることはない．

アイピース金具が簡略化され，レンズキャップを使用していないものが多くなった．

シボリも設けていないものまである．また分解が簡単でないものもある．

アイピースは視野レンズに埃がつくと見え方が悪くなり，像に斑点を生じたりするのでよく清掃する必要がある．

従って金具から容易に取り出せる構造のものが望ましい．

レンズを分解することは好ましくなく，組み合わせを誤るなどといわれることは，アイピースには適当な言葉ではない．

アマチュアが分解して困るようでは，そのアイピースは構造不良である．

レンズキャップが無いアイピースは，直視分光器など使用ができない．シボリ金具の調整ができないものでは，端のぼけた視野の不快さから逃れられないことになる．

アイピースは良く選んで求められたい．

図202　反射鏡用アイピース
4mm より 40mm までのオルソ及びケルナー等の完備したアイピース　桑野　善之氏

第5章　観　測　室

赤道儀は定置して使用するので，観測場所が特定され，観測室を設けて望遠鏡の格納も兼ねることが使用上極めて望ましい．

1 ルーフ移動式

片開きと両開きの2種がある．広い視界が得られる特長があり，写真撮影用に使用されている．

ルーフの移動方向を東西に行うと便利である．

2 ルーフ回転式

スリットを設けて回転し，必要な空の部分のみ開放する構造をとるものである．

a 木造観測室　四周はコンクリートや木造の壁を作り，その上に乗せた室が回転するものや，地上にレールを取り付け，観測室全体が回転するタイプがある．

木造は一般に正方型の床面が作りやすいので，これが多い．

上部のスリットはレールの上をスライドするように作ることが多い．

小さな観測室では，扉を横たえたような形のはね上げ式に作ると簡単で丈夫にできる．

大きくなると重いので，半分にしてはね上げるよう分割することもできる．

レールを下に敷いて用いるのと，車輪を下に固定し，その上をレールが回転する二つの方法がある．

木造でも屋根だけはトタン等をはり，雨を排除するようにして耐久性を増すようにする．

図203　25cm赤道儀用観測台
地上約3mの高さに作られた観測台　中野　繁氏

図204　ルーフ移動式観測室
広さ2m×2mの観測室　宮本　幸男氏

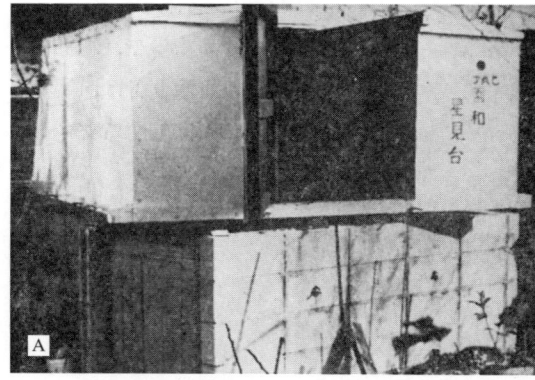

観測室は木造でも金属製でも台風にとばされやすいので，固定装置は必ず設けておかなくてはならない．

大きなタンバックルを用いると固定と取はずしが簡単にできる．

b 金属製観測室 金属材料が入手容易になったので，アマチュアで自作する人も増して来た．また自分で加工しないで

図 205 木製ルーフ回転観測室
20cm 駆動装置付赤道儀を収めている． 中島 守正氏

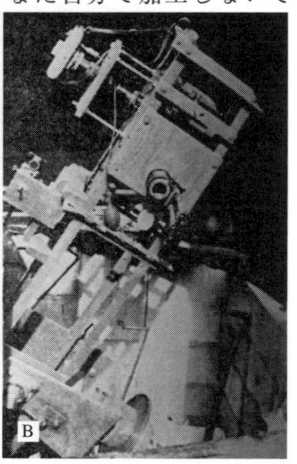

↑図 206 木製ルーフ回転観測室
A 下部をブロックで作った 2m ×2m の観測室
B 設置された 25cm フォークタイプ赤道儀．駆動装置付
粟栖 茂氏

←図 207 ハウス全体回転観測室
20cm ドイツタイプ駆動装置付赤道儀を設置 松岡 徳幸氏

も,設計及びさしずをして工作所で作らせる例も多い.

金属製は自由な型に作りやすいので,ドーム型に作られることが多く,大変美しい姿をしていて,天文台という感を深くする.

図208 観測ドーム
河畔に設置されたドームで,中に20cmスプリングフィールド式駆動装置付赤道儀が設置されている.　　　　　　藤田　久男氏

↑図209　コンクリート柱上に設置された観測ドーム
赤道儀を設置する台部と床は分離され,ドームの回転等による振動の影響がない.ドーム内には25cm赤道儀(マウンチングは旭精光,鏡は木辺成麿氏作)設置　堀口令一氏

←図210　観測ドーム
ドーム径4mの観測所で,図233のシュミットカメラを設置　小島　信久氏

回転部で基部を兼ねた枠だけを鉄工所で作ってもらい,その後はアングル材や帯金をボルトで止めて作ることはそう難しいことではない.

外被の板金はステンレスを使用すれば，塗装もいらず，耐久性が強い．トタンでは塗料がはげて来るとすぐ錆るので，ペイントの塗りかえなどに手数がかかる．

外被の板金は直接骨組みの枠にはらないで下にルーフイングテックスなどの防水材やベニヤ板をはってその上に板金を取り付けるのがよい．

板金だけでは夏の直射日光にはすごい暑さとなり，秋には露がついてこれがしずくとなって望遠鏡をぬらす．

回転用の車輪は売品に適当な品が容易に見当らない．

ローラーベアリングを用いた製作例を図211に示した．

軸径3〜4cmのローラーベアリングで作ると強くかつ軽く回り長い使用にたえる．

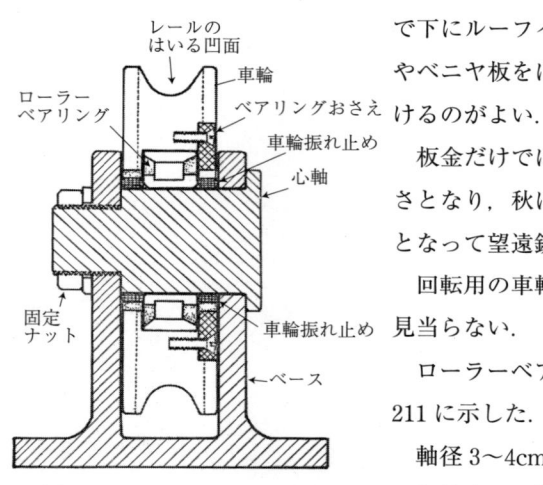

図211 ローラーベアリング使用車輪

Ⅳ
反射鏡使用各種望遠鏡の設計と製作

第1章 カセグレン

カセグレン鏡系は焦点距離に比して鏡筒がその 1/3 程度以下に短くできるので，大口径反射望遠鏡では普通のタイプである．

主鏡はニュートン式の主鏡と同じくパラボラ凹面鏡であり，副鏡に凸双曲線鏡を用い，それぞれ独立して球面収差が除かれている．

副鏡の凸双曲面が製作が難しいため，アマチュアの自作が少ない．

第1 設 計

図 212 に構造図を示した．

1 主鏡及び副鏡の計算

符号を次のように定める．

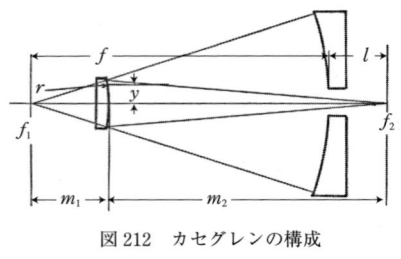

図 212 カセグレンの構成

主鏡の焦点距離	f
主鏡の焦点	f_1
合成焦点位置	f_2
f_1 より凸鏡の頂点までの距離	m_1
凸鏡頂点より合成焦点 f_2 までの距離	m_2
凸鏡による主鏡焦点距離の引伸し率	M
合成焦点距離	f_m
凸鏡頂点の曲率	c
主鏡面よりの焦点引出し量	l

主鏡及び副鏡の関係式は次のとおりである．

$$M = \frac{m_2}{m_1}$$
$$f_m = M \times f$$
$$m_1 = \frac{f+l}{M+1}$$

$$c = \frac{2m_1 m_2}{m_2 - m_1}$$

設計は通常主鏡の焦点距離 f と，主鏡からの焦点引出し量 l をあらかじめ決定する．

つぎに引伸し率 M を予定し，$f+l$ を $M+1$ で割って凸鏡を置く位置，すなわち m_1 及び凸鏡から合成焦点 f_2 までの距離 m_2 を算出する．

m_1，m_2 が定まれば凸鏡頂点の曲率 c が計算できる．

凸鏡の有効口径は，ニュートン式斜鏡と同様計算して求める．

2 凸鏡の双曲線曲率の計算

凸鏡の符号を次のように定める．

凸鏡の半径 y

凸鏡の半径 y に対する曲率半径 r

r は次の式で求める．

$$r = \sqrt{\frac{4(m_1 m_2)^2 + y^2(m_1 + m_2)^2}{(m_2 - m_1)^2}}$$

凸鏡頂点では $y=0$ であるから，上式の中で $y^2(m_1+m_2)^2=0$ となり，上式は前記の c を求める式に一致する．

3 計算例

(1) 主鏡口径 300mm，$f=1500$mm F 5

(2) 引伸し率 $M=3.0$

(3) 主鏡よりの引出量 $l=200$mm

とすれば，

(4) f_1 と f_2 までの距離は

$$1500 + 200 = 1700\text{mm}$$

したがって，$m_1 = \dfrac{1700}{M+1}$ となる．

$$m_1 = 425\text{mm}$$

$$m_2 = 1275\text{mm}$$

(5) c は m_1 及び m_2 より

$$c = \frac{2 \times 425 \times 1275}{1275 - 425}$$
$$= 1275.00\text{mm}$$

この値は凸鏡頂点における曲率半径である．

(6) 合成焦点距離 f_m は

$$f_m = M \times f$$
$$= 4500 \text{mm}$$

(7) 凸鏡の有効口径を 100mm にとると，y の最大値はその半径の最大値 50mm となる．

(8) 凸鏡の各半径 y の値に対する曲率半径 r は表 14 のようになる．

表 14 凸鏡の半径 y に対する曲率半径 r

半径 y mm	曲率半径 r mm
0	1275.000
5	1275.039
10	1275.157
15	1275.352
20	1275.627
25	1275.979
30	1276.410
35	1276.919
40	1277.507
45	1278.172
50	1278.915

注 上表の数値は，テスターの凹面作成に用いるときにはナイフと光源が共に移動するときの数値とする．

4 凸鏡の曲率半径計算の簡略方法

各 y に対する r をいちいち計算するのはわずらわしい．これには簡略方法がある．

(1) 最外径の y の数値により算出した r の値と，$y=0$，すなわち凸鏡頂点の r の値との差を P とする．

(2) 凸鏡の頂点における曲率半径と等しい曲率半径で，口径が相等しいパラボラ鏡を想定し，最外径 y の数値により次式で算出した収差 Δr の値が Q であったとする．

計算式 $\Delta r = \dfrac{r^2}{2R}$ 但し R は凸鏡頂点の曲率半径である．*

(3) この両者の比は

$$\frac{P}{Q} = \text{パラボラと双曲線との収差の倍率}$$

であり，一般にパラボラ倍率といわれるもので 1 より大きな数値となる．

(4) 計算が簡単なパラボラの収差式を用いて各 y の数値を計算し，これに収差の倍率である P/Q を乗じて双曲線の収差を計算する．

試みに作例における凸双曲線とパラボラとの収差の倍率は次のとおりである．

$$P/Q = 3.994897 \text{ 倍}$$

---

* 収差式であり，光源とナイフが共に移動するときの値である．

5 主　鏡

主鏡はパラボラ鏡であるので説明は省略する．

ただ，整型量はオーバーであるよりもアンダーである方が相対する凸鏡面のカーブがゆるやかになるので好ましい．

修正には過修正，とくに鏡周での過修正とならないよう注意する．

第2　凸鏡の製作

凸鏡製作のテスト方法のうち，設備が最も簡単である凹面テスターによる方法を用いる製作について説明する．

1　凸鏡用及びテスターとツール盤用ガラス材

凸鏡用ガラス材は，厚さは口径の 1/6 かこれより少し厚い材がよい．

径は，必要口径に数 mm 以上を加えて大きく作り，使用に当って周辺をカットして使用することが行われる．

以下述べる製作方法ではカットの必要は全くないが，もし端の悪化が心配なときには，口径 10cm 用でも開口径で 5mm も加えて置けば充分である．

パイレックス系等のガラス材を使用するときは，凸鏡用だけでよい．もし経費に余裕があれば，テスター用ガラス材は同じくパイレックス系を用いるのがよい．

ツール盤用ガラス材はピッチ盤用に使用するだけのものであるので，普通ガラスでよい．

ツール盤用は厚さは径の 1/6 程度のもの 2 枚用意する．

従ってガラス材は計 4 枚が必要であり，すべて同径に製作する．

2　凸鏡及びツール盤の砂ずり

a　凸鏡の砂ずり加工　　凸鏡材を下にし，テスター製作用のガラス材を上にして，凹面を作るときと同様にして面にカーブをつける．

荒ずりは♯120 カーボランダム程度を用いる．

砂をぜんじに細くして仕上ずりに及ぶことは，全くパラボラ鏡のときと同じである．

曲率はでき得るかぎり予定値に近づける．

最も精密に曲率半径を設計値に近づけるには，♯500 エメリーで中ずりを行い，ピッチ盤で仮磨きを行い，フーコーテストで計測しながら設計値に近づけていく．

数 mm の設計値との差は，再計算を行って配置位置を少し変更し，曲率半径値もその変更に応じて計算し直すのでよい．

b ツール盤の砂ずり　ツール盤も凹凸の面に加工する．曲率半径は凸鏡に近いものであればよい．

砂ずりは♯500 まで行ってピッチがよく付着するようにする．

3 テスターの製作

ツール盤の凸面でピッチ盤を作り，まずテスター用の凹面を磨く．

磨きは完全に砂穴を除く必要はないが，ちょっと見たのでは良く磨けたように見える程度には磨いておく．

テスターの面は凸鏡の計算値の凹双曲線に整型する．

前記の計算式で求めた曲率半径はナイフ及び人工星が同時に前後するときのものである．

従って，人工星を固定し，ナイフのみ移動させて計るときには，凸鏡頂点の r 値と，任意の半径 y における r の値の差を 2 倍して用いることに注意されたい．

整型は計算値にできるだけ近づける．同じ F 数のパラボラ面よりずっと影が濃く見えて修正しやすいように見えるが，小さくて深い曲率だけに精密な整型は大変難しい．

凸面鏡はニュートン式の斜鏡とは異なり，主鏡の残存収差と競合して球面収差を増加させる．

従って，主鏡及びテスターは誤差 $1/8\lambda$ で作っていても，凸面鏡の製作誤差と不幸な方向に競合すれば，合成光学系においては $1/4\lambda$ 以下にも悪化する．

ことに鏡周のわずかな誤差が大きな影響を及ぼす．

ここにまず第 1 のテスターによる凸面製作の困難さがある．

もし誤差が収差を打ち消し合うと，幸にも良い結果となる．この実例もままある．

こうした幸な例を望むときには，まず主鏡の鏡周の過修正及びテスターのそれを避けることが必要である．

4 凸鏡の磨きと整型

a ピッチ磨き ピッチ盤用にあらかじめ用意した凹面のツール盤で凸鏡用のピッチ盤を作る．

鏡径は小さくてもピッチ盤の溝は4本以上，通常6本あるのが望ましい．これはピッチ面削り等に適するからである．

凸鏡を下に置き，ピッチ盤を手に持って磨くのが作業しやすいが，角を曲げやすい．

凸鏡を上にして研磨運動を短かくして磨くのがよい．

磨きは充分行い，砂穴を残さないようにする．斜鏡用平面と同様鏡面は美しいものであることが必要である．

整型は磨き上ってから行う．

b 整 型 研磨し終った凸面はテスターと合わせてニュートンフリンヂテストを行う．

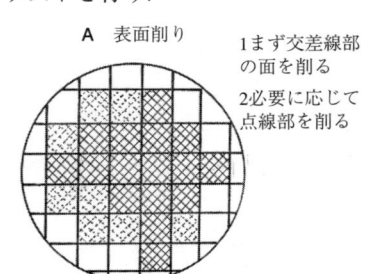

A 表面削り
1 まず交差線部の面を削る
2 必要に応じて点線部を削る

B 成形ピッチ盤

図213 カセグレン凸鏡整型用ピッチ盤

例外なく凸面はテスターの曲率よりもはるかに浅い曲率で，その差は多いときでは20波長にも及ぶであろう．

従って，まずテスターとの曲率の強い不一致から修正する．

a 凸面の曲率半径の短縮 図213-Aに示したように，ピッチ盤表面を薄く削り取り，鏡周の磨きを進めて曲率半径を縮める研磨作業を行う．

ピッチ盤は腰折れさえなければ，磨きに使った盤を引きつづき使用してよい．

まず30分程度磨いてテストを行ってみる．

恐らく30分程度ではまだまだテスター

との曲率半径の差は強いであろうが，テストを行いつつテスターの曲率へ近づけていく．

　長く修正研磨を続けると，削り取った部分がいつしか密着してくるので，とき折りピッチ面の削り直しを行う．

　テスト中に曲率が短くならない帯，すなわち凹リング状を示す帯が生じるときには，その帯に相当するピッチ面を削る．

　こうして修正を進め，鏡周を除いてはテスターの曲率よりさらに短い曲率となるまで行う．

　曲率修正に用いたピッチ盤，すなわち面を削り取った盤で最終整型は可能のこともあるが，小リング等や中央に凹や山が除きがたいことが多いので，新たなピッチ盤を使用するのがよい．

　曲率修正は，鏡周でテスターの曲率と一致するところで，それより以内では凸鏡の曲率が短くなっているところ，すなわちニュートンフリンヂで，端は一致するが，それ以外は凸のフリンヂを示すところで止めるのがこの修正法の要領である．

　或いは，凸鏡の鏡周は，わずかに凹となるニュートンフリンヂのところで曲率修正を止めてもよい．最終整型用ピッチ盤がやや硬目のピッチであるときにはむしろこの方がよい．

　c　仕上げ　　新たにピッチ盤を作成する．このピッチ盤も直径で凸鏡の開口口径より 2～3mm 小さくする．

　この新しいピッチ盤で横ずらしで面を平坦に保ちつつテスターと一致したフリンヂがでるよう中央にかけての曲率半径を長くしていく．ピッチ面は全面を用い削り取りはしない．

　ピッチはことさら軟らかく作る必要はない．

　普通の硬さでよく，硬すぎないようにすればよい．

　カセグレン用凸鏡程度の非球面はピッチの順応性の幅に優に収まる．

　テスターよりもさらに曲率の強い凸面でピッチ盤の型取りを行っても，ピッチ面はなお中央が凹んだものができることが，この整型を可能にする．

　すなわち，鏡周でさらに曲率を深めるか，又は型取りのときの曲率を維持し

ようとする働きが新しいピッチ盤では強いことを利用する整型方法である．

新たなピッチ盤は，できるなら別のツール盤が使用できれば便利である．

すなわち，横ずらしをかけすぎて過修正としたとき，元にもどすのに曲率修正用ピッチ盤を使用できるからである．

5 その他の整型法

ピッチ面での研磨分量が，予定整型面を作るよう凸鏡面を磨き去るようにピッチ面を作り，整型を行うことができる．

図213-B に示すピッチ面の型状がそのひとつである．

この型状は必要に応じて形を種々に作る．

この方法では，鏡周を正しい曲率に整型することが困難であり，多少のカットが行われる．

第3 主鏡の穴あけ

主鏡の穴あけは，大きな鏡では研磨以前に行うが，30cm 程度までの鏡では，鏡面完成後に行うのが鏡面製作に便利である．

まず完成鏡の穴あけについて説明する．

1 穴あけ工具と回転装置

穴あけには，図 214 に示した工具をベンチドリルのチャックに取り付けて回転させ，カーボランダムを水とまぜて与えて行う．穴あけ工具の回転は早すぎるとカーボランダムがからすべりし，遅いと時間がかかりすぎる．

また早すぎると事故が起きやすい．径50mm 程度の穴あけには，毎分200回転くらいがよい．

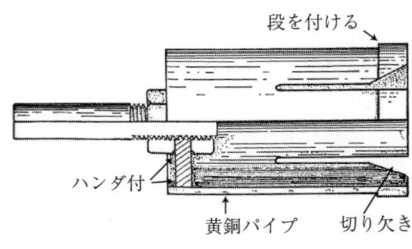

図214 主鏡穴明げ工具

工具の径が大きくなると回転数はこれに応じて下げる．

ベンチドリルの回転数は，最低でも 400 回毎分以上であり，早すぎるので，プーリーを取り付け回転数を下げる．

図 216 はその例で，120～250 までの回転数の変更ができる．

図215　主鏡の穴あけ工具　　　　　図216　ベンチドリルの回転数減少装置　筆者

実際に穴あけする前に，厚ガラスであけ方の練習を行うのがよい．

2　穴あけ作業

穴あけは鏡面から行うのがよい．これは最後に工具が貫通するとき，しばしば穴の回りに相当広く欠けこみが生じるからである．

もし表裏から穴あけを進めて，途中で出合わせて作るときには，作業はいずれから行ってもよい．

鏡面には保護のため厚手のハトロン紙を貼る．保護用紙には中央に穴あけ工具の径に合った穴をあけておく．

鏡材は下薄きに木の板をあて穴あけ中に動かないよう，シャコ万力と木片の助をかりてテーブル上に取り付ける．

穴のあけ始めには少し圧力を弱くして行う．

使用するカーボランダムは120〜150番カーボランダムが適する．

少し穴が生じた後でも圧しすぎないようにする．カーボランダムは狭いリング状の穴に入れただけであるから急速に細分され切れなくなる．

図217　穴あけ作業
20cm主鏡の穴あけ作業　筆者

カーボランダムが細分化されると，工具とガラスが強く摩擦され強く発熱し，泡立つので，そうならないように良く注意する．

冷たい砂と水をこうした状況のものに補給するのは恐いので，砂と水は少し温めておくのがよい．

パイレックス系はガラスが硬いので時間がかかる．

しかし穴あけは思ったより早くあき，厚 30mm のパイレックスに径 50mm の穴をあけるのに正味 1 時間はかからない．

あまり厚くない鏡材のときには，ハンドドリルであけることができる．

工具は同じくチャックに取り付けるように柄をつける．

ハンドドリルは回転させるとき手許がふれるので，工具がぶれないように鏡面から 20〜30mm 離した板金に工具のちょうどはいる穴をあけたガイド用板金を取り付け，このガイド用穴を通して工具が回転するようにして作業するのが良い．

図 218　ハンドドリルによる穴あけ

鏡面に最初に凹みがつくまでにかなり工具がふれるので，鏡面に接したガイド用穴をあけた板金を別に取り付けるとよい．少し穴があいてくればこのガイド板は不要である．

工具の径が 50mm にもなると，ハンドドリルで回しきれなくなる．

このときはギムネハンドルを使用できる．

ギムネハンドルでの穴あけは，まだるっこいが事故も少なく立派に穴があけられる．

これだと 50mm よりずっと大きな穴まであけることができる．

穴は貫通するときに穴の回りのガラスを破損する．

圧力を極力減じてつきとおすようにする．

或いは裏面から少し穴を作っておけばこの心配はないが，両方の穴がずれることが多いので注意を要する．

こうしてあけた穴は穴あけ工具の径より大きく，また穴のあけ始めた側の径が太くなる．

正しい大きさの穴にするときには，別に少し径の大きい工具で穴のまわりをさらえて行う．

穴のふちは，球面状の金具か傘状の金具でカーボランダムですって角取りをする．

或いは丸棒か丸パイプでカーボランダムをつけて丁寧にすって角をとる．

3　穴あけによる鏡面の変化

穴の回りは通常修正量が減じ，山が発生する．

これは防ぎがたく，あらかじめ予測ができる量ではないので，事前の対策も行いがたい．

しかしその量は軽く，また面積も少ないところであるので，実害はあまりない．強いて除きたいときには，凸鏡面を修正し合成して除くのがよい．

4　鏡面研磨前の穴あけ

鏡材を外周加工や表裏の素材加工が終ったところで穴をあけるのが口径の大きい鏡面では普通行われる．

こうして素材のとき穴あけしたガラス材はそのままでは鏡面加工に適しないので，あけた穴に工具で切りぬかれたガラスを芯材として使用する．

この芯材ガラスをレンズ埋めこみ用石膏で埋めこむ．

普通の石膏でも使用できるが固まるときの収縮率が高いので，ガラスを強く引っぱる結果，鏡面完成後に芯ガラスを取り去ったときの鏡面変化が大となり好ましくないので，収縮率の低いレンズ用の石膏を用いる．

レンズ用の石膏を用いてもこの影響は残り，鏡面が穴のまわりで負修正となることが多い．

整型のとき，過修正としておいても穴の回りでは鏡面が反り上り，狭い範囲で負修正となり，その外側では過修正が残ったりして正確な事前の整型は難しい．従って前述のように凸鏡面で修正するのがよいと思われる．

第4 凸鏡及び主鏡セル
1 凸鏡セル

凸鏡セルは組立てたとき，必要の焦点引出量を調整するため，少し前後に移動できるように作ると共に，光軸修正も行うようにしておかなければならないので構造が複雑となる．

また，望遠鏡に組立てた後において凸鏡の修正を簡単にできるよう，凸鏡セルが取りはずし可能にしておくと便利である．

こうした目的で作るセル金具の例を図219に示した．

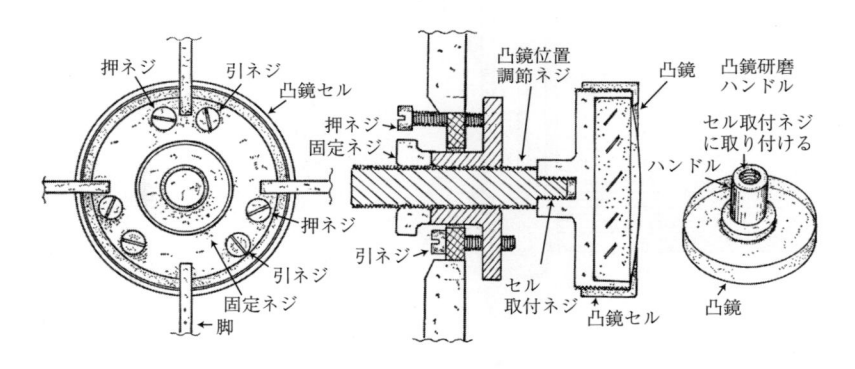

図219 凸鏡セルと研磨ハンドル

凸鏡の研磨用ハンドルを図の形に金属で作ると，取り付け取りはずしが容易にできるので，組立テストのとき，いちいちテストのための光軸修正の必要がなく，修正作業に大変便利である．

カセグレンの光軸修正は難しい．ことに凸鏡セルが正しく鏡筒内に置かれていないときには完全な修正はできない．

ニュートン式斜鏡は平面であり，光軸がないので，多少の余裕がゆるされるが，カセグレンの凸鏡はこうした余裕がない．

この点自作に当り特に良く注意されたい．

2 主鏡セルと接眼部

構造の説明も兼ねて図220に例を示した．

図は主鏡のゆるみ取り装置を付けているが小口径用では省くものが多い．

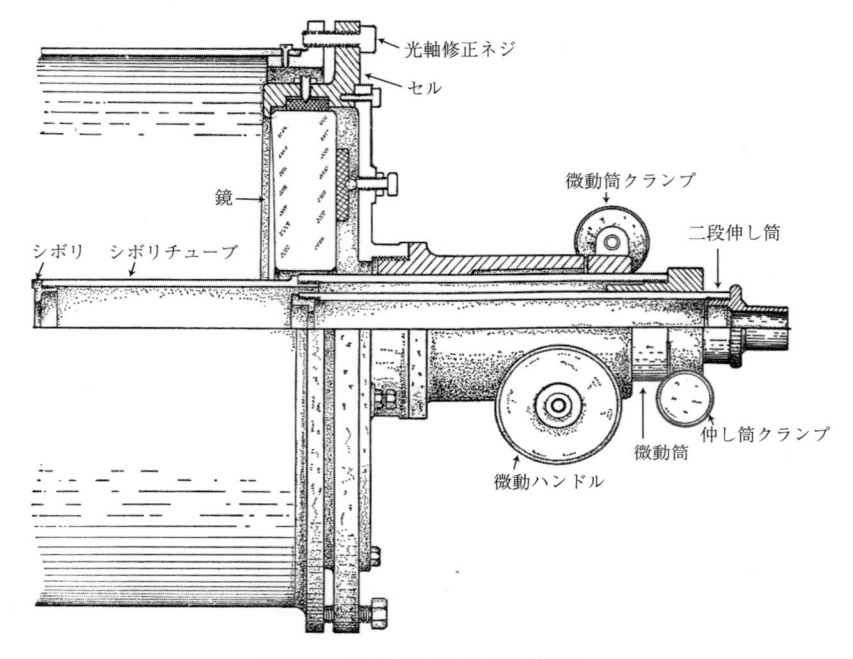

図220 カセグレン主鏡セルと接眼部

接眼筒のシボリは必ず付けるようにされたい．ニュートン式と異なり，空が凸鏡セルの周囲に開放されているので，シボリがないと視野が明るくなる．

シボリの径は視野の広さに関連するので，最低倍率を使用したときの必要な視野がシボリでケラれない径に定める．

この程度のシボリでは昼間景色を見ることは斜入光線が強すぎてできない．

昼間景色を見るには，凸鏡にも長いフードを付け，これにシボリを設け，斜入光線をカットしなければならない．こうしたフードとシボリで斜入光線をカットするため，低倍率使用には周辺減光を相当程度許して行うので天体用では使用不適となる．

第5　その他の凸鏡テスト

テスターによるニュートンフリンヂテスト以外でアマチュアにも実行可能のテストに図221の各種がある．

1 図 A

同口径程度のニュートン式反射望遠鏡があれば，その焦点位置に人工星を置き，カセグレン焦点でナイフエッヂテストができる．

このテストで凸鏡は部分的な影の見えない平坦な面，すなわち球面のフーコーテストによるように修正すればよい，いわゆるナルテストの一種である．

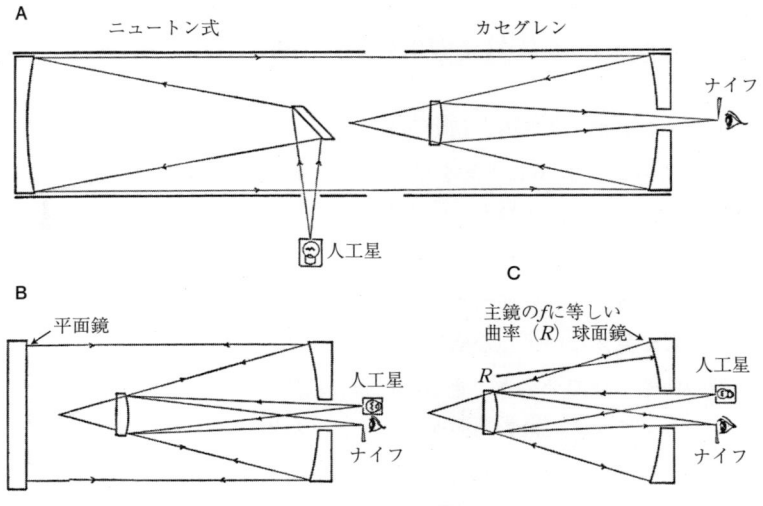

図221 カセグレン凸鏡のテスト

ニュートン式反射望遠鏡をコリメーターとして使用するテストであり，テストの精度はその焦点距離及び光学面の精度に比例する．テストする凸面鏡がメッキしてなくても明るく見えるのでテストが行いやすい．

実際のテストは双方の望遠鏡を，筒口を接して取り付けられる長い枠を木製か鉄アングルで作って，カセグレンの主鏡部近くに簡単な移動と固定できる支持具をつけ，光軸が一致しやすくすれば，前記の図219に示した凸鏡研磨ハンドルを使用した整型が行いやすい．

ニュートン式反射望遠鏡を用いたコリメーターはアマチュアにも種々利用範囲が広い．

枠を設けたコリメーターはオプチカルベンチの一種でもあり，望遠鏡は筒だけでよいので費用もあまり要しなく自作できる．

2　図 B

平面鏡を使用するテストで，人工星を出た光は平面鏡で平行光線となるので，オートコリメーションテストといわれる．

ナルテストの一種であり，精度は平面の精度に比例する．

平面鏡はもちろんメッキして使用するが，凸鏡面を2回光が反射されるため像が暗く，特に明るい人工星が必要である．

凸面を2回光がとおるだけに影は倍加され，良面を使用すると精度の高いテストができる．

このテストもナルテストの一種である．

光軸修正は図Aより少し手数を要するが，簡単なオプチカルベンチを用いても光軸修正にはあまり手数がかからないようにできる．

3　図 C

主鏡の焦点距離に等しい曲率半径の球面鏡を用いた，ナルテストの一種であり，整型は影の見えない平坦な面に見えるように行う．

球面鏡の曲率半径でテストできる凸面鏡に制限を受けるので，1個しか作らないようなアマチュアには負担がかかりすぎ，利用ができがたい．

このテストも光が凸面に2回反射されるので明るい人工星が必要である．

同機種を多数製作するメーカーには有力なテスト方法である．

4　星像テスト

恒星のジフラクション像をアイピースでくらべ，凸面の状況を判断して修正する方法がある．

凸面の形状が直接にはわからないが，欠陥のあり方は鋭敏に示すので整型に方針を与える．

星像テストの判定はニュートン式反射望遠鏡のところで説明したとおりであるので説明を省略する．

望遠鏡が赤道儀で駆動装置付きであれば，明るい星を用いて接眼筒のところで焦点のナイフエッヂテストができる．

精度は暗室内のフーコーテストには劣るが凸面の型状がわかる．

但し，このテストで見える凸面の影は，凸面のみのものではなく，A及び

Bのときと同様に主鏡との合成による収差が影を生じるのである．

このテストで凸面が平坦に見えれば焦点内外のジフラクションリングに欠陥は見えても実用上の良鏡である．

第2章　ドール・キルハムの鏡系

カセグレン鏡系の製作を困難にするのは，強い非球面の小さな口径の凸鏡を作ることにある．

この問題点を解決するため，凸鏡を球面とし，これに対応して主鏡面のカーブをパラボラからはずし，合成して球面収差を除く考案がドール（Dall）及びキルハム（Kirkham）の二人によりそれぞれ独立してなされた．

これをドール・キルハムの鏡系という．

この鏡系ではカセグレンのように，凸鏡を取り換えて焦点距離を変更することはできない．また他の収差も多少かわるが，合成焦点距離の長い眼視鏡では実際上問題とする量ではない．

凸鏡を球面とする製作上の利益は大きく，光軸修正もカセグレンに比べて行いやすい．

第1　設　計
1　凸鏡と凹面主鏡の組合わせ

光学系は図222-Aに示すように，カセグレン鏡系と全く同じである．

図において符号を次のとおりとする．

　　f＝主鏡の焦点距離

　　m_1＝主鏡焦点より凸鏡頂点までの距離

　　m_2＝凸鏡頂点より合成焦点までの距離

　　C＝凸鏡の曲率半径

　　R＝主鏡の曲率半径

A ドール・キルハム鏡系の構成

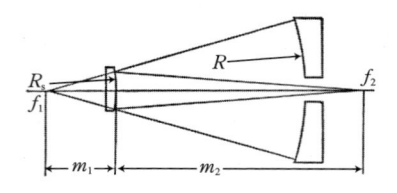

B 主鏡ナルテスト

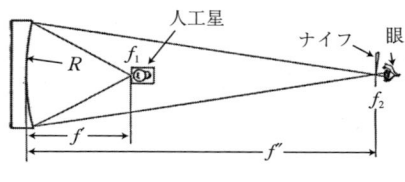

図222 ドール・キルハム鏡系

凸鏡の曲率半径は次の式で求める．
$$C = \frac{2m_1 m_2}{m_2 - m_1}$$
すなわち，カセグレンの凸鏡頂点の曲率半径と同じである．

2 主鏡面の変形量

主鏡面の変形量は，パラボラを基準としてそのパーセンテージで求められる．

主鏡のパラボラに対する変形割合すなわちパラボラ倍率を P とすれば
$$P = 1 - \frac{4m_1^2(m_1+m_2)^2}{m_2^2 RC}$$
P は1より小さく，パラボラ曲線より負修正値，すなわち楕円面であることがわかる．

上式より，パラボラの収差式により計算して得た各帯の数値に P を乗じて主鏡の変形量が求められる．

すなわち，主鏡の半径を r，主鏡頂点の曲率半径を R とすれば，各帯の収差 Δr はパラボラでは
$$\Delta r = \frac{r^2}{2R}$$
である．

したがって，ドール・キルハム鏡系の主鏡の収差を Δx とすれば，Δx は次のとおりである．
$$\Delta x = \frac{r^2}{2R} \times P$$

但し，上式は人工星とナイフが共に一緒に移動する場合であって，人工星が固定されるときにはパラボラのときと同様に上記数値を2倍する．

第2 製 作

1 凸 鏡

凸鏡はカセグレン凸鏡製作のときと同じ要領で球面のテスターを作り，

ニュートンフリンヂで整型を行うのが最も簡単であるが，もちろん他のテスト方法によることもよい．

テスターはフーコーテストで影の見えない球面鏡を作るのであるから，テストが鋭敏となり良い精度が得やすい．

2　主鏡の製作

主鏡面の整型はフーコーテストを使用して帯試験で計算値の楕円面に作ることができる．パラボラ鏡製作のときととくに変わりはない．ただし副鏡で拡大されるのでニュートン式の主鏡より精密でないと同等の像が得られない．

第3　主鏡のナルテスト

ドール・キルハム鏡系の主鏡面は楕円面であるから，その焦点の一つに人工星を置き，他の焦点でナイフエッヂテストを行うことができる．

このとき，面が完全な楕円面であれば，面は球面鏡と同じように部分的な影は生じないで，ナイフの進行と共に鏡面は一様にかげる．

すなわちナルテストであり，帯テストは不要であり，フーコーテストが鋭敏で精密な鏡面整型ができる．

図222-B にそのレイアウトを示した．

図において，主鏡面中心より f_1 までの距離を f' とし，同 f_2 までの距離を f'' とすれば，f' と f'' は次式で求められる．

$$f' = \frac{R}{1+e} \qquad f'' = \frac{R}{1-e}$$

R は主鏡頂点の曲率半径である．

e は楕円の偏心率というもので，パラボラでは $e=1.0$ である．

楕円の e は次の式で求める．

楕円の $e = \sqrt{P}$

但し P は前述のものである．

これにより求めた位置に人工星を置く．このテストは光軸のセット及び人工星の位置のセットがそのままでは簡単にできないので，枠を作って，これに定置するようにする．

第3章　グレゴリー

グレゴリー鏡系は，スコットランドの数学者グレゴリーの考案したもので，彼はその考案を1663年に発表した．

当時は屈折望遠鏡は単レンズの時代であって強い色収差に悩まされていた．

これに対してグレゴリー式では色収差がなく，正立像が得られる特長があり，地上望遠鏡として珍重された．

カセグレン式と比べて筒長が著しく長くなる欠点があるため，天文用には使用されていない．

しかし副鏡は凹楕円面であること及びフーコーテストが整型に用いられる特長があり，作りやすく良面が得やすい．

第1　設　計

図223に鏡面組み合わせのレイアウトを示した．

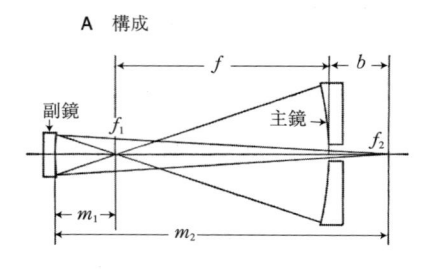

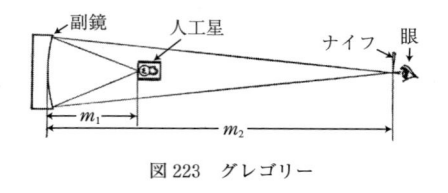

図223　グレゴリー

グレゴリー式の設計は，カセグレン式と少し異なった取扱いをするのが便利である．

符号を次のように定める．

f＝主鏡の焦点距離

b＝主鏡面から合成焦点までの距離
　　（焦点引出量）

M＝主鏡焦点距離の引伸し倍率で，$\dfrac{m_2}{m_1}$である．

m_1＝主鏡焦点より副鏡頂点までの距離

m_2＝副鏡頂点より合成焦点までの距離

$$m_1 = \frac{f+b}{M-1}$$

すなわち，グレゴリーの設計では，まず引伸し倍率 M を決定し，上式により m_1 を求めるのが便利である．

m_1 が決定すれば，m_2 が定まる．

m_1 と m_2 が定まれば，副鏡の頂点における曲率半径 c は

$$c = \frac{2m_1 m_2}{m_1 + m_2}$$

で求められる．

第2　副鏡の収差の計算

凹面の頂点の曲率半径 c は前述の式で計算される．

この c を基準として，副鏡の各帯の半径を r，収差を Δc とすれば，次式で求められる．

$$\Delta c = \frac{(m_2 - m_1)^2 \left(\sqrt{m_1 m_2} - \sqrt{m_1 m_2 - r^2}\right)}{2\sqrt{m_1 m_2}(m_1 + m_2)}$$

r に 0 から半径までの各帯の数値を入れて Δc を計算する．

$r=0$ のとき，$\Delta c=0$ となり，副鏡の鏡面中心が基準となることはパラボラの収差と同じであるが，フーコーテストで鏡周を 0 として整型作業を行うのが便利である．

上式で得られる Δc は，フーコーテストのとき，人工星及びナイフが共に移動するときの数値である．

従って，人工星を固定し，ナイフのみ移動するときには上記で得た数値を 2 倍する．

Δc の計算に当っては，カセグレンの凸鏡のテスター製作のさいに説明したパラボラに対する倍数を求め，パラボラの式で得た数値に乗じて求めるのが簡単である．

グレゴリーの副鏡ではパラボラ倍数は小数値となる．

第3　製　作

主鏡はパラボラ鏡であるので説明を略する．

副鏡はガラス材は副鏡用と盤用の 2 枚で，パラボラ鏡製作のときと同様に加

工すればよい．

整型はフーコーテストで帯試験で進めるのが簡便である．

しかし鏡面が小さく，曲率半径も短いものではフーコーテストも大変行いにくい．

人工星もできるかぎり小さくまとめたものが望ましい．

図224 グレゴリー鏡
口径10cmF 3.5鏡と直径3cmの副鏡 筆者

第4 副鏡のナルテスト

副鏡は楕円面であるから，その焦点の一つに人工星を置き，他の焦点でナイフエッヂテストを行い，影の見えない，凹面に整型を進めるナルテストができる．

図223-Bにそのレイアウトを示した．

鏡面より m_1 の位置に人工星を置き，m_2 の位置でナイフで影を見る．

これは精密なテストであるが，小さな径の副鏡では人工星が大きすぎて実行できないが，径が大きくなれば有力なテストとなる．

第4章 シュミットカメラ

シュミットカメラは，1930年ハンブルグ天文台にいた光学技術者のベルンハルト・シュミットにより発明され，彼自らによりその第1号機が製作された．

大口径で明るく広視野が得られる特質によって天文台用の大口径機が続々と作られ，さらにその数を増しつつある．

第1 構造

球面の主鏡の球心に補正板（Corecting Plate，略してC・Pという）を置き

球面収差を補正するもので，シュミットレンズともいう．

図226に光学構成を示した．

主鏡は球面の表面反射鏡であるから，色収差はなく，球心を通る光線には対称的に反射するので，非対称収差

図225　シュミットカメラ
C・P径15cm，主鏡径20cmF 1.7のシュミットカメラ．わが国で始めてアマチュアにより作られたものである．小島　信久氏

すなわちコマ収差はない．

また対称形であるので非点収差も生じない．

従って残る収差は球面収差と像面湾曲収差だけである．

補正板はこの収差のうち球面収差を除くために球心位置に置くもので，入射光線が主鏡のもつ球面収差量に応じ

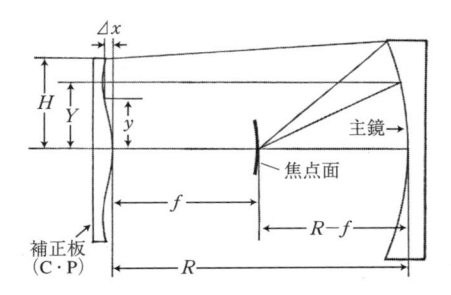

図226　シュミットカメラの構成

て，これを打ち消すように1面を変型した薄いガラス板で作られる．

C・Pを1枚のガラスで作ると，僅かな色収差を発生するが，F2より暗いものでは実用上の妨げになるように強くはない．

像面湾曲収差だけは何等の改善されることなく残されており，その量は主鏡の焦点距離に等しい曲率で主鏡に向って凸面となっている．

第2　C・Pの設計
1　C・Pの変形量

C・Pは1面を平面とし，他の面の変形量を Δx とすれば，Δx は次の式で与えられる．

$$\Delta x = \frac{y^4 - kH^2 y^2}{4(n-1)r^3}$$

k は常数で任意に選べるが，最も作りやすいのは $k=1$ のときで，C・Pの中央と端が同一平面上にあり（厚さが同じ），平面からのガラスのすり取り量が最少である．

色消しの条件は $k=1.5$ のときが最も良く，像面平坦化レンズを用いるときは $k=1.75$ がよいといわれる．

図226に示した符号に上式は対応する．

符号は次のとおりである．

$r=$ 主鏡の球面半径

$H=$ C・Pの半径

$Y=$ 中性帯と呼ぶもので，凹凸カーブの移行圏であり，ここを通る光線は直進する．

$y=$ 任意のC・Pの半径で，$H>y>0$

$k=$ 常　数

$n=$ C・Pのガラスの屈折率

2　中性帯（Y）と常数（k）

中性帯 Y の位置を定めるのが常数 k であり，Y と k の関係式は次のとおりである．

$$Y=\sqrt{\frac{k}{2}}\cdot H \quad 但し H はC・Pの半径$$

k は任意に選定できるが，C・Pの変形加工量が最も少なくなる $k=1.0$ のときの Y は次のようになる．

$$Y=\frac{1}{\sqrt{2}}\cdot H \quad 但し k=1.0$$

k の値の変化によるC・Pの断面は図227に示すように変化する．

3　設計例

例として，有効口径 150mm，F4，$k=1.0$ のC・Pをとり上げた．

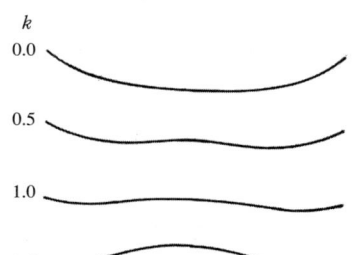

図227　k の値によるC・Pの変形面

少し暗いが，カメラの構造にニュートン式をとり，焦点位置を筒外に引き出

せること及びC・Pの製作が割合に楽で特殊なツールを使用しなくてよいので取り上げてみた．

設計の仕方については，明るいものでも全く同様の手続きで計算できる．

第2項の1で述べた Δx に関する式は，次のようにして計算するのが簡明である．

$n=1.52$ のガラスを用いるとき

$f=1 \quad F=4$ とすれば

$$r=2 \quad H=0.125$$

となる．この数値を Δx の右式に代入すると次のようになる．

$$\Delta x = -0.000939y^2 + 0.060096y^4$$

上式に y を 0 から 0.125（C・Pの最大半径）まで数帯に分けて計算する．

こうして算出した値に f の実数を乗ずると実数値を得る．（作例では 600mm であるので 600 倍する）その結果は次のようになる．

表15　シュミットカメラC・Pの変形量
　　　　有効口径150mm，F4，
　　　　$n=1.52$，$k=1.0$ のC・P変形量

y	実　数 y　mm	Δx　mm	備　　考
0.000	0.0	0.00000	実数 y_{mm} は $y \times 600$ で算出する
0.010	6.0	0.00006	
0.030	18.0	0.00048	
0.050	30.0	0.00109	
0.070	42.0	0.00190	
※0.088	52.8	0.00220	中性帯
0.110	66.0	0.00154	
0.118	71.0	0.00085	
0.125	75.0	0.00000	

最も深い中性帯においても，その量は約 3.8 波長にすぎず，大変小さな量である．

第3 主 鏡
1 主鏡の口径
主鏡の口径は，C・Pの口径と写野の広さで定まる．

いま主鏡径を D，C・Pの口径を d，写野の径を e とすれば，必要な D は次の式で求める．

$$D = d + 2e$$

上式は斜入光線を充分用いるときのものである．

アマチュアにはこれでは少し主鏡が大きくなりすぎて負担が重くなるので，多少周辺減光は許すこととして，最小C・Pの径に写野の径を加えた径以上に主鏡が作られている．

例示した 150mm のC・Pに直径 60mm の写野を使用するときには，主鏡は最低 210mm の直径に作る．

2 製 作
主鏡は F 数が小さく，凹ませるのに時間がかかる．

手磨きでパラボラ鏡のときと同じ方法で下向き研磨で作るのでよいが，使用する盤ガラスは厚いものでないと，鏡面を横にずらしたとき，台に鏡面が行き当るなどの障害が生じる．

主鏡については他に問題となるようなことはない．

第4 C・Pの製作
1 ガラス材
C・P用ガラス材は光学ガラスで，できれば高屈折低分散の硬い質のガラスが望ましいが，高価でまた入手できがたいので，小口径用では一般の青ガラスで色も少なく良質の厚板ガラスを使用することが多い．

厚さ 10mm 程度の色も少ない良質のガラスが輸入品にはみつかる．

シュピーゲル社の白ガラスなどはこうした目的にかなう．

サンゴバン社も色は少なく，ピルキントン社製も厚さ 10mm 前後のものでは，大変色の少ないものがある．

こうしたガラスを数枚購入する．

150mm 用では，径を 160〜165mm，厚さ 8〜10mm の傷のないものを 3〜5 枚求める．

2 ガラス材の検査

ガラス材の検査は図 228 に示すように，球面鏡の前にガラス材を密着しておき，フーコーテストでしらべるのが簡単である．

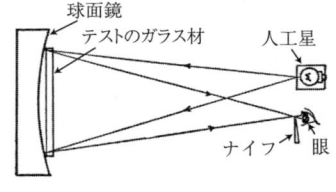

脈理の強いもの等は除く．

このテストは，ガラス面が乱れているとできないので，肉眼でガラスを斜にすかして灯火を見るなどして，比較的良さそうなものの両面を仮みがきして，平坦な面（平面でなくてもよい）にしてから調べなくてはならない．

図 228 C・P用ガラス材のテスト

テストに用いる球面鏡は主鏡に用いるものでも良く，或いは別のパラボラ鏡でも使用できる．

面を平坦になるよう仮磨きしたガラスを望遠鏡の筒口に置いて，ガラスを通して星像を見ても不良品はわかる．

球面鏡でフーコーテストを行うと，仮磨きでガラス面が凸となっているとパラボラのような影が見えて面白い．

3 厚み揃えと平面研磨

C・Pは厚さを厳密にそろえておかなくてはならない．

片例で厚さが 0.05mm も異なると像の片方でぼける．

少なくとも 1/100mm のマイクロメーターを使用して，0.01mm 以内に厚さを揃えなくてはならない．

a ツール盤　C・Pの厚み揃えと平面研磨に使用するガラスツールとして次のものをそろえる．

例　150mmC・P加工用

　a　直径はC・Pのガラス材と同径で，厚さ 15〜20mm のガラス材　3 枚

　b　C・Pのガラス径より直径で 15〜20mm 小さい厚さはa程度のガラス 1 枚

bはC・Pをピッチで貼りつけ，補強用として使用するものである．

この貼付については図229に示した．

径を小さくしたのは，厚み揃え等のためのマイクロメーター使用に便利のためである．

b 平面作成用すり合わせ　　C・Pの1面とaのツール盤2枚で平面鏡作成のときに行ったと同様すり合わせて平面に近い面に仕上ずりを行う．

C・Pはこのときbのツール盤に貼りつけて用いても，或いは150mmのC・Pでは両手で全面均等に圧力が加わるようにして，平らな台上などに新聞紙を敷いただけでのすり合わせでも可能である．

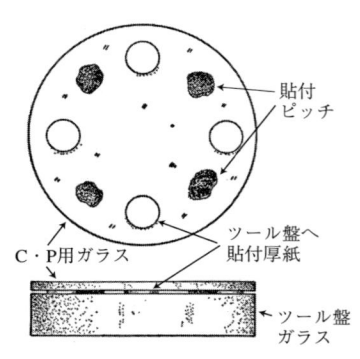

図229　ツール盤にC・P用ガラス材の貼付

c 厚み揃え　　このときには径の小さいツール盤に，3面を交互にすって平面近い面で仕上げずりをした面をピッチで貼りつけて作業するのがしやすい．最初3面ですり合わせて面を平坦にしておく．このときの砂は，面が大きく乱れていれば250番程度のエメリーを，或いは500番エメリーでも時間をかけると充分平坦化できるので，500番でもよい．

面が平坦になれば1/100mmのマイクロメーターを用いて端を計ってみる．

一般の板ガラスでは，相当強い厚薄があるであろう．

その差が5/100mmもあれば，250番で修正するのがよい．3/100以内なら500番で揃える．

揃え方は，C・Pを下におき，盤を上にして厚い側を手前に置き，研磨の第3運動を止め，厚い部を多くすって薄くする．

或いは厚い方へツール盤を横ずらすのもよい．

500番で1/100mmまで厚さを揃える．次の＃1000エメリーでは目測で厚さの差が5/1000mm以内になるようにする．

仕上ずりは＃2000で行うのがよい．

d 平面の磨き　　残りの同径の1枚のガラス材でピッチ盤を作る．もちろんピッチ盤はすり合わせた盤でできるが，変形面の作成に失敗したさいなどで

ピッチをはがす等の手数が大きいので，別にピッチ盤用ガラス材を用いるのがよい．

平面をまず完成させておいてから，変形面の加工にうつるのがテストなどで必要である．

平面の研磨はすでに説明したところであるので省略する．

平面の精度は1波長程度であれば充分である．

リング等のない平坦な面であることが必要である．

誤差は凹よりも凸の方が多少変形面のカーブをゆるめるのでよい．

4 変形面の加工と整型

例に示した口径150mm，F4用C・P変形量はD線の 3.8λ 程度であって大変少ない量である．

変形量が数波長或いは10波長程度であれば，変形面の加工と整型は固形のピッチ盤で行うことができ，敢えて弾力性を持たせたピッチ盤を使用する等の必要はない．

F数が小さく，変形面のカーブが強いものやカーブはゆるやかでもC・Pの口径が大きくなると1面の固形ピッチ盤（ソリッド盤）だけでの整型はできがたいので，弾力性のあるピッチ盤（フレキシブル盤）や部分研磨盤を用いる．

a 変形量の小さいC・P　　変形量が最大10波長以内であれば，ソリッドのピッチ盤で変形面の加工整型をピッチ研磨だけでできる．

これには，まず変形面を平坦なままで磨き完了する．

つぎにピッチ面を，直径をC・Pより小さくしてピッチ面を一部表面を浅く削り去る．外径は中性帯の径より少し大きくするのがよい．

その型状はカセグレンの凸鏡製作のときに，述べたように研磨される量が変形面になるようガラス面を磨き去る型に作る．

こうした形には一度で適度となることはないので，種々運動量と削る部分を変え，テストを行いながら整型を進める．

通常研磨の第1運動の量が手磨きでは大きくなる傾向がある．第1運動が少しでも大きくなると，C・Pの端の形状がくずれ，補正が充分でないものとなる．できればピッチ盤がC・Pよりはみ出ないくらいがよい．

C・Pの端のカーブは極めて作りにくいものであり，とくに第1運動を長くしてカーブをそこなうことが大である．

例とした150mmF4のC・Pでは，横ずらしによるC・Pの端のカーブを付けることも有力な整型方法の一つである．

ソリッドピッチ盤による整型は多大の時間がかかるものである．

例とした150mmF4のC・Pでも最低20時間以上は要するであろう．

アマチュアがC・Pの自作に成功するには多大の労力と時間に耐えなくてはならないのである．

b 変形量の大きいC・Pの加工と整型 カーブが強く，ガラス面の研削量が多いC・Pでは，ピッチ研磨のみでの加工成型はあまりにも時間を要して非現実的となるので，部分研削盤を使用してまず細いエメリー粉を用いて成型する．

まず変形面に成型するに先だち，面を k に応じた面，すなわち $k=1.0$ なら平面に，$k=1.5$ ならこれに応じた凸面に近く加工し，♯2000〜で仕上ずりを行っておく．

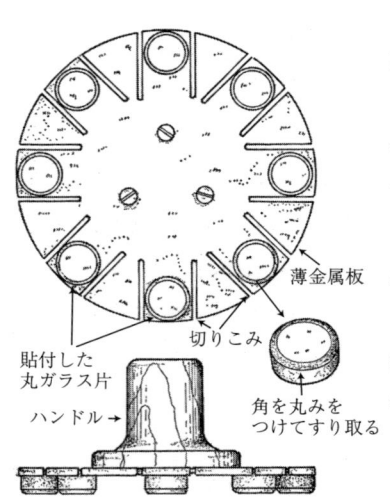

a 部分研削盤 図230に一例を示した手磨き用に使用するものの例であって，こうした弾力性のある部分研削盤で，細いエメリー砂または成型が微量となれば酸化セリウムを使用して変形面に成型する．

こうした部分研削盤は径の異なる数種を用意する．

例えば，150mmのC・P用では，外径がそれぞれ130mm，105mm，80mmの3個が少なくとも必要である．

この数は多いほど作業しやすくなる．

このツールの片枝にガラスの小片を貼りつけるには，ピッチよりもむしろ強力な2剤混合の接着剤がよい．

図230 部分研削盤

ピッチでは作業中ガラスがはがれて困るが上記のものではそれがない．

ガラス片は丸い型のものが良い．丸型が作りにくいときには長方型のガラス片の角や面の端をすり取って楕円型に近くして，長い方を同心方向に並べて用いるのがよい．

ツール盤ができたなら，平らなガラス面上で 500 番エメリー程度で表面の馴しを充分に行ってから C・P 加工に使用する．

c 部分研削盤による粗成形　マイクロメーターや球面計があれば，少し作業してみて，凹みを計ってみて極めてラフではあるが或る程度の見込み作業ができる．

或いは，三面すり合わせたツール盤でステンレス定規の 1 面を平面にとぎ出し，マイクロメーターを用いて鋼片の薄片を作り，C・P と定規のすき間に入れてみて凹みを計ることもできる．

シクネスゲージの薄いものを幅を狭くしてもある程度役立つ．

或いは，1 面を平面にとぎ出したステンレス定規を C・P 面に当て，横からすかして見ても或る程度の形状はわかる．

径 150mm の C・P でも F1.5 ともなると凹みは相当な量となって見える．

或る程度の粗成型ができれば，次のフレキシブルピッチ盤で仮り磨きしてテストする．

要は部分研削盤を用いた成型と，フレキシブルピッチ盤による仮磨きによるテストを繰りかえし，予定変形面に近づけ，磨きを進めつつ仕上げるのである．

d フレキシブルピッチ盤　カーブの強い C・P 用のピッチ盤は固定のピッチ盤では研磨運動さえ出来がたいので，弾力性のあるピッチ盤を使用しなくてはならない．

このようなフレキシブルピッチ盤の例を図 231 に示した．

図はコルク板をツール盤上に貼りつけ，その上にピッチをつけて使用するものである．

コルク以外にスポンジ板やゴム盤等も使用できる．

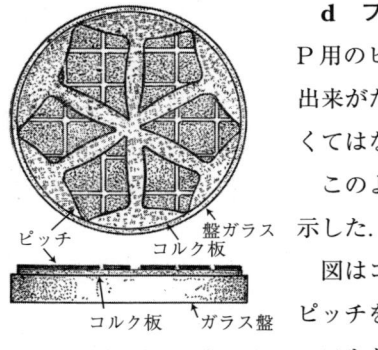

図 231　全面磨き用ピッチ盤

スポンジ板はあまり軟らかいものでは使用できないが，かなり硬い薄い下敷き用もある．

コルク板は模型店などで入手できる．巾の狭いものでも並べて貼付して用いるのであるから支障はない．

こうした弾力性のある板上に直接ピッチをつけるのも使用はできるが，ガラスの小片を並べてモザイク型にはりつけ，その上にピッチを電気ハンダゴテを用いてもりつけてピッチ盤を作り使用するのがよい．

はり付けるガラス小片は 4〜5mm 角で厚さ 3mm のものを間を 1mm ほどあけて並べて特に強くつく接着剤でコルクの表面にはりつける．

もり付けたピッチ面の馴しはＣ・Ｐとすり合わせたツール盤を用いる．

こうして作ったピッチ盤を用いて全面磨きを行い，テスト，部分研削盤での成型，ピッチ磨きをくりかえして整型を進める．

整型が微細な段階になれば，研削にはエメリーをやめて酸化セリウムを使用するのがよい．

酸化セリウムで研削すれば，いちいちＣ・Ｐを洗う要がないので作業がはかどる．

Ｃ・Ｐの変形面の成形には，テストを行うために補強用のツール盤を貼りつけて使用することができないので，Ｃ・Ｐの下に和紙などの軟らかい紙を敷き，さらにその下にゴム板などの弾力性のあるものを敷いて研磨台に取付けて加工するのがよい．

研磨材がＣ・Ｐの裏面に流れこむと面に傷などを作りやすいので，敷き紙が汚れたら取りかえる．

こうしてＣ・Ｐの整型を進め，最後はフレキシブル盤で全面研磨で磨き上げて完成する．

カーブが強いＣ・Ｐではピッチ磨きでの修正でリング等の修正は出来難いので，どうしても部分研削盤の使用が必要になる．

Ｃ・Ｐの整型は，機械研磨ではならい研磨法やＣ・Ｐとツールの回転による方法等もあるが，手磨ではおよそ上述の方法で時間をかけて行うのが確実である．

第5 C・Pのテスト

一般的なテストとして次の各種がある．

1 フーコーテスト

主鏡の前に接してC・Pを置き，フーコーテストを行う．

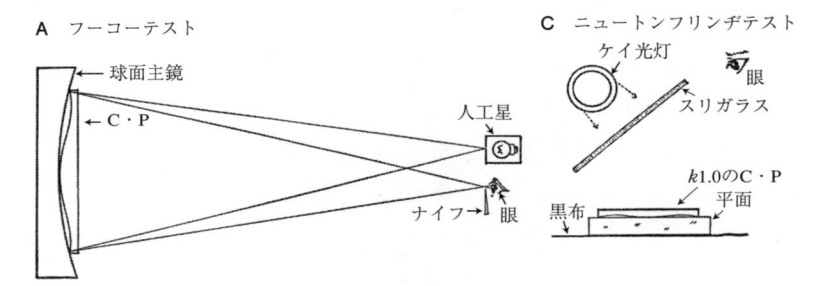

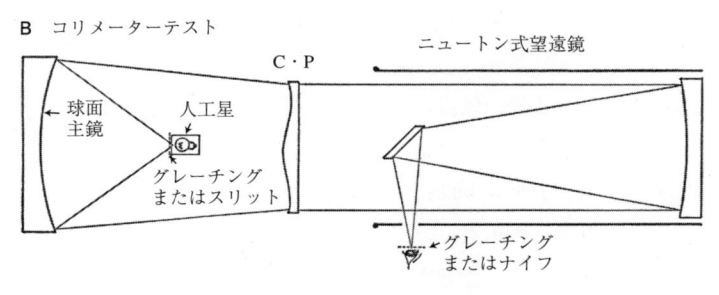

図232 C・Pのテスト

主鏡の球面半径を R，C・Pの半径を r とすれば，人工星とナイフが共に動くときの収差 Δr は次式で示される．

$$\Delta r = \frac{r^2}{R}$$

すなわち，パラボラのときの2倍の量となっている．C・P中を2回光が通過するからである．

もし人工星を固定し，ナイフのみ移動するときには

$$\Delta r = \frac{2r^2}{R}$$

としなくてはならない．

このテストでは短焦点のうえに収差が2倍となって現われるため，影はすご

く濃くでて帯試験は行いがたい．

むしろC・P上に研磨液でしるしを付して行うものがよい．

このテストでは，C・P上の凹凸はパラボラのときとは反対で，C・P上に凸リングがあると凹リングで現われるので注意を要する．

F数の大きい暗いものでは簡便で有力なテストである．

主鏡にメッキしておくと大変明るくてテストがしやすい．

2　コリメーターテスト

図232-Bにそのレイアウトを示した．

シュミットカメラの焦点位置に，ピンホール又はロンキーグレーチングをおき，C・Pを通った光線を望遠鏡で受けて，その焦点位置でナイフエッヂテスト又はロンキーグレーチングで見るものであり，ナルテストの一種である．

C・Pに収差があれば，影又は縞の曲りとなって現われる．

この場合にも，凸リングがC・P上にあれば凹リングに見えることに注意されたい．

このテストは逆に，望遠鏡の焦点に人工星を置き，望遠鏡をコリメーターとして使用することもできる．

そのときはナイフエッヂテストは行いがたいので，ロンキーグレーチングを使用し，シュミットカメラの焦点にはプリズムを置き，横から縞が見えるようにして，オペラグラスを改造した近くが見える低倍率の望遠鏡で見るとよい．

もちろんこのときもロンキーグレーチングを鏡面に対した直角プリズムの面に接して取り付けて用いる．

3　基準平面によるテスト

ニュートンフリンヂの曲りの量で判断するテストで，図232-Cに示した．

変形量の小さいC・Pに利用できる．

基準平面はC・Pと同径でなくてもよい．例えばC・Pの半分の口径の基準面を使用したときには，4本曲りの縞が生じると4波長の差となる．すなわち，比例してC・P径に引き直せばよい．

このテストは整型の中途で使用すると便利である．

4　その他

コリメーターの前にC・Pを置き，小穴を設けたスクリンでC・Pをおおい，小穴の像を投影して偏角を測定してC・Pのカーブを判定する方法等がある．

完成したもののテストには良いが，加工中には直接的にC・P面の状況がつかめないため，わたしたちアマチュアには使いにくいので詳細の説明を略した．

図233 シュミットカメラ
組立中のもので，C・P径25cm，主鏡径31.5cmF2.4のシュミットカメラとそのマウンチング．写野 5.5°×6.5° C・P変型面は $k1.7$ を用い，57時間を費やして完成された．
　　　　　　　　　　　小島　信久氏

第6　マウンチング

図234に構造の一例を示した．

主鏡セル等一般の望遠鏡と同様のものは説明を省略する．

1　C・Pのセル

C・Pは主鏡と共通の光軸上にあって（センターリング），光軸に垂直な平面と平行（スクエアリング・オン）していなければならない．

さらにC・Pは主鏡球心上に設置しなければならない．

図235にC・Pセル及び修正ネジの例を示した．

センターリングは，筒枠にセル取付けのとき，中心が合うように注意して組立てて行う．

スクエアリング・オン及び球心上に設置するためには修正ネジを用いる．

2　写真取枠及びピント調整

a　写真取枠　　シュミットカメラの焦点は，主鏡球面半径の1/2のところで，焦点距離に等しい球面上に生じ，凸面が主鏡に向いている．

したがって取枠はフイルム面が上記の凸面になるように，球面の一部にフイルム受け面を作り，枠でフイルムの端をおさえて凸球面とする．

理論的には，フイルム受面の曲率は，焦点距離よりフイルムの厚さだけ減じ

330　反射望遠鏡の作り方

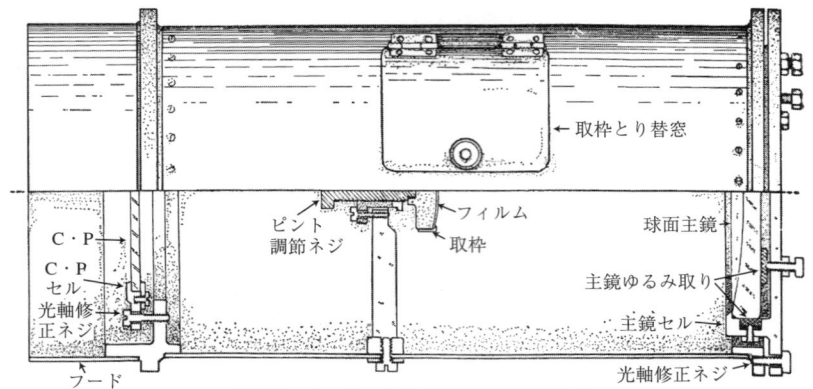

図234　シュミットカメラのマウンチング

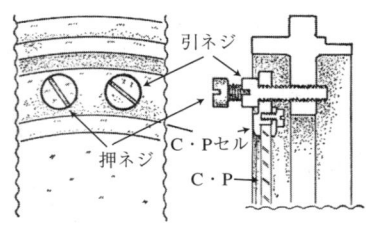

(ラベル: 取枠とり替窓, 球面主鏡, 主鏡ゆるみ取り, 主鏡セル, 光軸修正ネジ, フード, 光軸修正ネジ, C・Pセル, C・P, ピント調節ネジ, フィルム, 取枠)

↑図235　C・Pセル及び光軸修正

→図236　C・P取付例
C・P径 16cm F1.5 主鏡径 20cm のセルの光軸修正部　　　　　筆者

たものとして，フイルムを入れたとき，フイルム面の曲率が焦点距離に等しくなるように作るべきである．

しかし小口径用では焦点距離に等しい曲率半径で作っても実用上の差は生じない．

フイルム受けの凸面は，厚紙等を半径が焦点距離に等しい弧で切りとり，型紙を作り，旋盤で面を型紙に従って削り，最後はヤスリで仕上げて所要の凸面とする．

もし正確な面が得たいなら，丸ガラスで所要の凹面を作り，これとすり合わせる．

一般にそうまで正確に作る必要はないが，作ろうとすれば，こうした方法が

ある.

フイルム圧枠はネジで取り付けるのが工作がやさしい.

バヨネット式は迅速にフイルムの取りかえができるが，工作が難しい.

取枠には蓋を作って，明るいところでも取扱いができるようにする．蓋は薄い板金でハンダ付けして作り，黒ビロウド布を貼って光がもれないようにした簡単なものでよい.

b　ピント調整　　ピント調整機構はネジで行うように作るのが簡単である.

図 237 はその例で，取枠の光軸調整もあわせて行うものである.

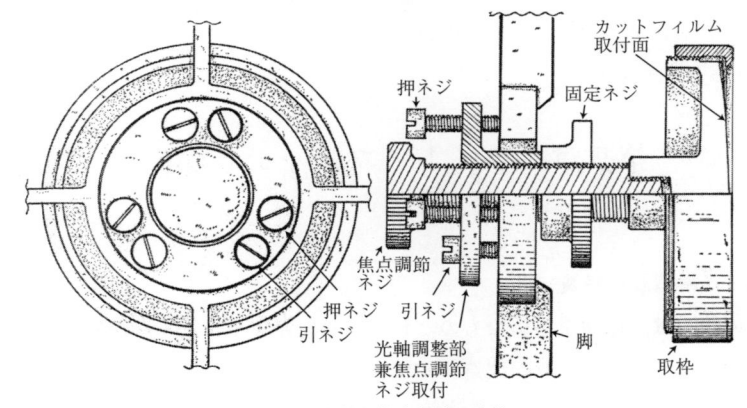

図 237　光軸と焦点調節，取枠

ピント調整ネジは径を太くし，ネジのピッチは小さく作る.

第 7　像面平坦化レンズ

F数の大きいシュミットカメラでニュートン構造にして焦点位置を筒外に引き出して使用するときには，平面のフイルム又は乾板が使用できる像面平坦化レンズが便利である.

1枚の平凸レンズで作るときには，次の式で求める.

$$\frac{2(n-1)\alpha}{n} - \frac{2}{r} + \frac{1}{n_2 f_2} = 0 \quad \cdots\cdots\cdots(1)$$

$$r_2 = (n_2-1)f_2 \quad \cdots\cdots\cdots(2)$$

但し

$n=$ C・Pガラスの屈折率

$\alpha = \dfrac{kH^2}{4r^3(n-1)}$

$r=$ 主鏡の球面半径

$n_2=$ 平坦化レンズの屈折率

$f_2=$ 平坦化レンズの焦点距離

$r_2=$ 平坦化レンズの球面半径

上記のデータにより(1)式でf_2が計算できるので,これにより(2)式より平凸レンズとしたときの凸面の球面半径r_2が求められる.

平坦化レンズはできるだけフイルム面に近く置くことが望ましい.また表面はコーティング(できれば3層のコーティング)が極めて望ましい.

第5章　ライト・フェイセレの鏡系

第1　構造及び特質

この鏡系は,像面を平坦なものとして,平面乾板やフイルムが使用できるもので,シュミットカメラの改造タイプである.

ライト(F. B. Wright)及びフェイセレ(Y. Väisälä)の両者により独立して考案された.

構造的には主鏡には凹面反射鏡と1枚のC・Pを組み合わせ,C・Pの位置を主鏡曲率半径の1/2のところに置き,主鏡は偏球面とし,この分の収差補正をC・Pの変形を強くして受持たせ,あわせて光軸より離れた位置での放射,同心像面の曲りが,絶対値が等しく符号が逆になるようにして互に打ち消し合うようにし,平均像面が平坦となるようにしたものである.

本来のシュミットカメラに比べ,平面のフイルムや乾板が使用できること,及び筒長が半分近くになる大変魅力的な特長がある.

その反面,大口径比のものでは光軸を離れるとアスチグマチズムが強く現われ,写野が大きく狭められること,主鏡を偏球面とすること及びC・Pの変形

量がシュミットカメラにくらべて2倍近くにも増大し製作しにくいことが欠点となっている.

口径比はF3以下が適するといわれている.

第2 設 計

図238に構成図と符号を示した. 以下同図により説明する.

1 主鏡面の変形

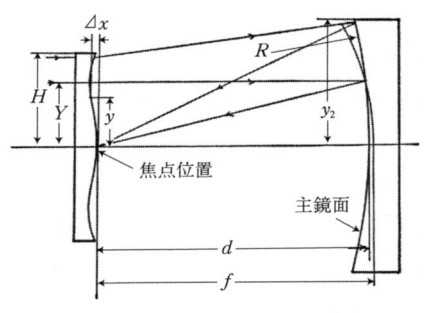

図238 ライト・フェイセレの鏡系

a $d=f$の場合 主鏡面の変形は, $d=f$, すなわちC・Pの頂点を主鏡の焦点に置くときには, フーコーテストで人工星とナイフが共に動くときの収差を $\varDelta R$ とすれば次のものとなる.

$$\varDelta R = -\frac{y_2^2}{2R}$$

但し y_2=主鏡の半径
R=主鏡の曲率半径*

すなわち, パラボラの収差式で算出した値と絶対値は等しく, 符号は逆に負となり, 鏡周より中央の曲率半径が長い偏球面となる.

b $d>f$の場合 C・Pを主鏡焦点の外部に置く場合である.

この場合の $\varDelta R$ は4次までの変形量は次のようになる.

$$\varDelta R = -\left(\frac{y_2^2}{2R}\right) + \left(\frac{y_2^4}{8dR^2}\right)$$

この場合は, 主鏡面上の各帯の曲率半径を R_2 とすれば

$$R_2 = \frac{\varDelta R^2 + y_2^2}{2\varDelta R}$$
$$\varDelta R_2 = 2(R - R_2)$$

となる.

但し, 人工星とナイフは共に移動する場合である.

2 C・Pの変形

C・Pの変形量を $\varDelta x$ とすれば, $\varDelta x$ は次の式で求める.

---

* $\varDelta R$ を負の符号としたのは, パラボラのとき正の符号としたため, これと相反することを表わすためであり, 一般の慣習とは逆であることを御了承いただきたい.

$$\varDelta x = \frac{y^4 - kH^2 y^2}{4(n-1)dR^2}$$

但し

　y＝C・P の任意の半径

　H＝C・P の半径

　n＝C・P ガラスの屈折率

　k＝常数で，C・P のタイプを定めるものであってシュミットカメラの k と同じである．

例として，C・P の径を 150mm，F4 とし，$n=1.52$，$k=1$，$d=f$ であれば，$R=2$，$H=0.125$ となり，計算しやすいよう上式を書きかえると次のようになる．

$$\varDelta x = -0.001878 y^2 + 0.1202 y^4$$

上式に y を 0 より 0.125 まで数帯に分け計算することはシュミットカメラのときと同じである．

これで算出した数値に f の絶対値（例の場合は 600）を乗ずれば実数がでる．

これで求めた $\varDelta x$ は，シュミットカメラの作例に用いたものの $\varDelta x$ の 2 倍の値となり，C・P 面製作は困難であることがわかる．

第3　アスチグマチズムの量

ライト・フェイセレ鏡系の写野を主として制限するアスチグマチズム（通常アスという）の量は，概算次の式で求められる．（図 238 に対応）

$$\theta = \frac{1}{4}\left(\frac{H}{f}\right) d \tan^2 \beta$$

　θ＝軸外のアスによる錯乱円の概算値

　β＝主鏡中心より写野の端を結んだ線と光軸のなす角

　H＝C・P の径

　d＝主鏡と C・P の距離

　f＝焦点距離

以上で計算してみると，F4 鏡では写野半径 3cm 程度では相当小さく，同口径のパラボラのコマ収差の比ではない．

反射鏡使用各種望遠鏡の設計と製作　335

第4　主鏡の製作

例とした口径150mmF 4のC・Pに写野の径50mmを加えた主鏡でも口径20cmF 3鏡となり，深い面となる．

偏球面への修正は，下向き研磨ができる口径であれば，ピッチ面を少し縮小しカセグレンの凸鏡やC・Pの変形用ピッチ面削りと同様に偏球面を強制的に作るように削り，過修正の偏球面を故意に作る．

つぎにピッチ盤を新たに作り，横ずらして偏球面の度を減じつつ平坦な面として計算値にもどすようにするのがよい．

口径が増し，上向法で修正するには，ピッチ面を種々に削り，ピッチ盤の径も2種以上の径の異なるものを使用する．

上向研磨は機械研磨で行うのが普通であり一般にピッチ面の一部の削り取り及びピッチ盤の径の異なるものを用いて整型を行うのである．

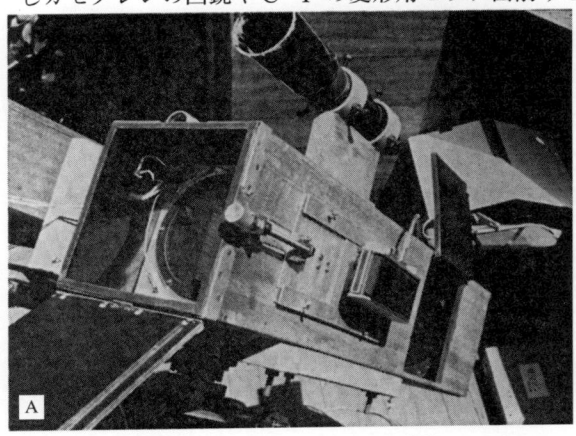

図239　ライト・フェイセレ写真鏡

A　わが国で始めてアマチュアにより自作されたライト・フェイセレ鏡系で，C・P径125mm，主鏡径150mm，F4.4．光学系は優秀でニュートン構造をとり焦点を筒外に引き出し，写真及び眼視にも使用
B　ライト・フェイセレ鏡駆動赤道儀で，選定した木材を使用して主体構造を製作している．リモコン差動装置付シンクロナスモーター駆動で赤緯微動もリモコン微動装置を付している．
宮本　幸男氏

第5　C・Pの製作

例としたC・Pの径150mmF 4では，シュミットカメラのC・P製

作で説明したソリッドピッチ盤が限度に近いがなお使用できる．

　しかし径が増して変形加工量が大きくなったり，F数が小さくなり，曲面が深くなれば部分研削盤とフレキシブルピッチ盤を使用しなくてはならなくなる．これらはシュミットカメラのところで説明したので，ここでは省略する．

第6　ニュートン式構造の写真装置

　F4カメラではニュートン式構造をとり，平面斜鏡を用いて筒外に焦点を引き出すと写真装置に非常に便利である．

　このときのピント調整は，普通の接眼筒を用いたのでは，焦点引出量が増し，平面に大きな径が必要となる不利が大きい．

　従って接眼部はスライド装置をとって最小限の直径の平面鏡を使用するように作るのがよい．

第6章　マクストフ式カメラ

　マクストフ式は，1941年モスクワの国立光学院のマクストフ（D. D. Maksutov）により考案された．

　光学構造は曲率の強い，ほとんど厚さの等しい1枚の凹メニスカスレンズと球面主鏡を組み合わせた反射アプラナートである．

　メニスカスレンズはマクストフレンズともいわれ，長焦点の凹レンズで正の球面収差をもっていて，球面主鏡の負の球面収差と打ち消し合うようになっている．

　メニスカスレンズは中央と端の厚さがほとんど同じであるので色収差がほとんど発生しない．

　マクストフ式の特長は

（1）　メニスカスレンズ（以下C・Pという）の設置位置が，主鏡球心より相当鏡面に近よるので，筒長が短くなる．

(2) 筒口が密閉されるので筒内気流の妨げがない．

(3) 光学面はすべて球面の組み合わせであり，製作が容易であり，機械研磨で作れるので，小型のものは量産できる．

欠点としては

(1) メニスカスの曲率が強く，ガラス材も厚くなり光学ガラスを必要とし，加工に手数がかかる．なお像面は主鏡に向って凸に彎曲している．

(2) F数の小さい明るいものでは，極めて深い曲率（F2で曲率半径はほぼその直径に等しくなる）のメニスカスとしなくてはならず，口径の大きなものは製作が困難であり，収差も増す．

およそ以上のような特質をもっている．

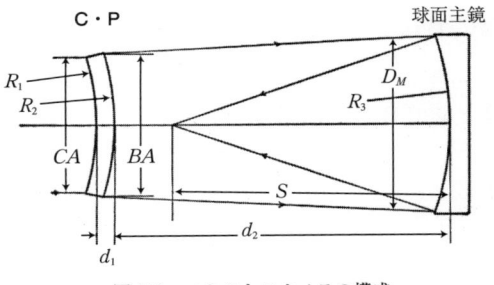

図240 マクストフカメラの構成

第1 設 計

図240に光学構成を示した．以下図の符号によって説明する．

1 設計の前提条件

C・Pの設計にあたって，次のことを前提とする．

(1) 使用ガラス材をBK7とする．

BK7ガラス　　$\eta d = 1.5163$

$\nu = 64.1$

(2) C・Pの中心の厚さdと有効口径$c・A$の比を次のとおりとする．

$$d/c・A = 0.1$$

2 計 算

図240の符号に従って次のとおりとする．

$R_1 =$ C・Pの第1面の球面半径

$R_2 =$ C・Pの第2面の球面半径

$R_3 =$ 主鏡の球面半径

$d_2 =$ C・Pと主鏡頂点間の距離

$c \cdot A = $ C・P の有効口径

$F = $ F 数で有効口径で焦点距離を除した値である．

各数値は次の式で求める．負（−）の符号は球心が光軸上で光学面より左方にあることを示す一般に光学設計の約束によるものである．

$R_1 = -0.612 F^{0.66} \times c \cdot A$

$R_2 = -\left(0.612 F^{0.66} + 0.0565 + \dfrac{0.007}{F}\right) \times c \cdot A$

$R_3 = -2.107 F^{0.983} \times c \cdot A$

$d_2 = 1.11 F^{1.14} \times c \cdot A$

以上の式はマクストフが光線追跡による実験結果に基づいて得た一般式である．

BK 7 は最も一般的な光学ガラスの 1 種であるので，上式を用いて種々の口径や F 数のマクストフ式光学系が得られる．

3　計算例

C・P の有効口径 150mm，F 4 として BK 7 ガラス使用マクストフ式のデータは次のようになる．

$c \cdot A = 150$mm

$b \cdot A = 154.5$mm

$R_1 = -229.19$mm

$R_2 = -237.93$mm

$R_3 = -1234.75$mm

$d_1 = 15$mm

$d_2 = 808.65$mm

$s = 630$mm

$f = 600$mm

第 2　製作その他

F4 のマクストフ式のときでも，写真用に使用する写野のサイズは通常 $c \cdot A$ の 1/3 程度であるので，前述のように，主鏡（D_m）は $c \cdot A$ にその 1/3 を加えた程度に最小径を作る．

C・Pの曲率が非常に深いので，平面のガラス材からの加工には，ガラス材の厚さに余裕がないときには，同径のガラス盤とすり合わせる共ずりでカーブをつけることは，ガラス材の削り取られる量が多いため使用でき難い．

　他にC・Pと同じ曲率に1対の凹凸の盤をあらかじめ用意して，これを用いてカーブをつける．

　この盤は鉄製であれば最適であるが，ガラス材でもよい．ただガラスでは平らなC・P材を加工すると曲率が大きく変化するので，しばしば修正しつつ使用しなくてはならない．

　C・P用のガラス材を，計算値に近い曲率のメニスカスに粗成型したガラス材を光学ガラスメーカーが供給してくれると製作は非常に楽になる．

　アメリカではこうした既製品が販売されており，安価に入手できている．

　加工には，C・Pの球面半径及び中心の厚みをできるだけ計算値に近づけて製作しなくてはならない．これがマクストフ・カメラ製作上アマチュアが最も困難とするところである．

　このため，マイクロメーター類がどうしても必要となる．

　マウンチングは，F4ではニュートン式の構造をとって筒外に焦点を引き出せば写真に便利であり，低倍率広視野の眼視にも用いられる．

　本来のマクストフタイプの発展型式が種々マクストフ自身でも考案され発表されている．この中で最も多く利用されているのが，カセグレン型式のマクストフタイプである．

　カセグレンの凸鏡をメニスカスの凸面に代えて，中央部にアルミナイズして使用し，コンパクトで高性能の望遠鏡としてメーカーからも販売されている．

第7章　ブラキタイプ反射望遠鏡

　ブラキタイプは構造的にはカセグレンの変型様式で，19世紀末にウイーンで製造されていた．

当時のものは卓上型の小口径機で大変ユニークな外観をしていた．

筒内より第2鏡を除き，長焦点を得る構造として今日でもアマチュアの一部に使用されている．

第1　構成と特質

凹面の主鏡と凸面の副鏡は共に球面で同一の球面半径の組み合わせで非点収差が少なくなるよう考慮されている．

図241にその構成図を示した．主鏡，副鏡共に傾けているのでオブリークレフレクター（光軸外反射望遠鏡）といわれる．

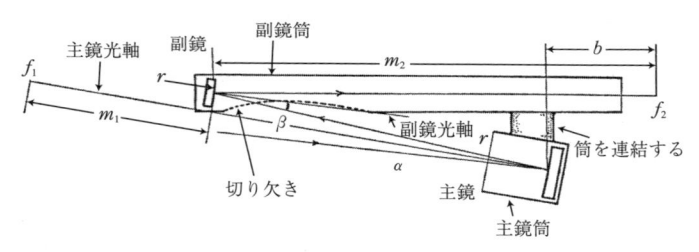

図241　ブラキタイプの構成

筒内より副鏡を除く有力な考案であるにもかかわらず，あまり利用されないのは，合成焦点距離において少なくとも実用的な星像を得るためには，F25というはなはだ長大な焦点距離としなければならないことにある．

第2　設　計

1　主鏡と副鏡の組合わせ

設計に当っては，まず主鏡のF数を任意に決定する．主鏡のF数は，15以上にしないと像が悪い．

F数が定まれば，球面半径 r が定まる．

次に主鏡面からの焦点引出量 b をきめる．

r 及び b が定まれば，図241において次の関係が成立する．

$$m_1 + m_2 = \frac{r}{2} + b \quad \cdots\cdots\cdots\cdots\cdots\cdots\cdots\cdots\cdots\cdots\cdots\cdots(1)$$

副鏡の球面半径は主鏡と同じであるから r である．従ってカセグレンの凸鏡

の曲率半径を定める式により次のとおりである.

$$r = \frac{2m_1 m_2}{m_2 - m_1} \quad \cdots\cdots\cdots\cdots\cdots\cdots\cdots\cdots\cdots\cdots\cdots\cdots(2)$$

(2)式に(1)式より $m_2 = \frac{r}{2} + b - m_1$ を代入すると次の式が得られる.

$$2m_1^2 - (3r + 2b)m_1 + \frac{r^2 + 2rb}{2} = 0$$

これは m_1 の二次方程式であり,根を求めると m_1 がわかる.従って m_2 もわかる.以上は主鏡と副鏡が傾いているため近似値となるが,次項の式からも求められこの程度の誤差は副鏡セル金具の光軸修正装置に少し余裕を持たせることで解決できる.

2 合成焦点距離

合成焦点距離はカセグレンの場合のように,引伸し率を主鏡焦点距離に乗じて得るよりも,表面反射鏡2枚の組み合わせの一般式で求めるのが近い数字が得られる.

2個の鏡面を組み合わせたときの合成焦点距離は次の式で求める.

$$f = -\left(\frac{2}{r_1} + \frac{2}{r_2} + \frac{4d}{r_1 r_2}\right)$$

$f =$ 合成焦点距離

$r_1 =$ 第1鏡の曲率半径

$r_2 =$ 第2鏡の曲率半径

$d =$ 2個の鏡面の頂点間の距離

但し,凹面は-(負)符号,凸面は+(正)符号とする.

3 副鏡の口径

図241の m_1 をニュートン式における平面鏡から焦点位置までの距離としてニュートン式の平面鏡の径を求める式によって算出すればよい.

通常主鏡の1/2程度かそれより少し大きくなる.

副鏡の直径を増すと,副鏡により主鏡がケラレないよう主鏡の傾きを増さねばならぬので工合いが悪い.

4 主鏡と副鏡の光軸からの傾き

主鏡の光軸の傾き(図241の α)は約3°,副鏡の光軸の傾き(図241の β)は主鏡の2倍の約6°以内になるようにマウンチングの構造を定める.

副鏡は光軸調整だけでなく，多少の位置が前後できる構造にセル金具を作っておくと焦点位置の調整が便利である．

第3 製作

主鏡は球面であるから別に問題はない．

副鏡は凸の球面で主鏡の球面半径と全く同じに作るのがよい．

従って，主鏡とすり合わせた盤の周囲を切りちぢめて作るのがひとつの方法である．

凸鏡テストは，主鏡面をテスターとすればほとんど同一球面半径のものが得られる．或いは，凸鏡は主鏡の1/2強程度の口径があるので，砂ずりのとき，主鏡面とすり合わせることをまじえて行うと，砂ずりで大変近い球面半径のものが得られるので，ピッチ磨きで修正し，主鏡をテスターとするニュートンフリンヂで球面半径を一致するように行う．

球面半径の僅少な差は許容されるので，前述のようにすり合わせた副鏡は，対する凹面を球面に作り，これをテスターとして修正することもできる．

第4 光軸修正

光軸修正は正しくてもアスチグマチズムが残存しているのであり不良であれば，像は著しく乱れるので，良く調整しておく．

まず主鏡の光軸の通る位置を副鏡金具の下部に指標をつけて表示し，合成焦点位置から副鏡に写る主鏡の中心に指標がくるようにするのがよい．

或いは副鏡の下部に主鏡光軸の通るべき位置にプリズムを設置し，横から主鏡をプリズムを通して見てまず主鏡の光軸修正を行い，ついで副鏡の光軸修正を行う．

V
研磨機とその使い方

研磨機

　小口径の反射鏡は研磨機がなくても作れる．しかし研磨機は長い時間にわたり，単調で精神的苦痛の多く，また労力も必要な研磨作業から製作者を解放してくれる利点は大きい．

　研磨機は実用的な機械がアマチュアの自作で容易にできるものであり，上手に材料を使用すれば大変安価にできる．今日ではまだ充分使用できる電気洗濯機等の廃品モーターなど廃材の入手にこと欠かない．多少深く反射鏡を研究してみたいアマチュアには自作をおすすめする．簡単な機械でもよいので1台あれば楽しい研究ができる．

第1章　研磨機の種類

　研磨機の種類は，ツアイスタイプとヒンドルタイプが反射鏡研磨には主として用いられている．

第1　ツアイスタイプ研磨機

　ドイツの有名な光学会社カール・ツアイスにおいて使用されて来た研磨機である．レンズメーカーで使用する研磨機は普通この型である．

　レンズ用のように深い曲率の小レンズの球面研磨に適するが，大きな口径用にまで使用されている．

　反射鏡用はレンズ用と同型のものや，或いは相当異なったものが用いられる．

　レンズ研磨用は普通第1運動が弧を画く型が用いられる．反射鏡用には直線運動から楕円運動まで研磨運動ができるものが用いられている．

　図242は後者の例でその構造を示した．図243はその実例である．

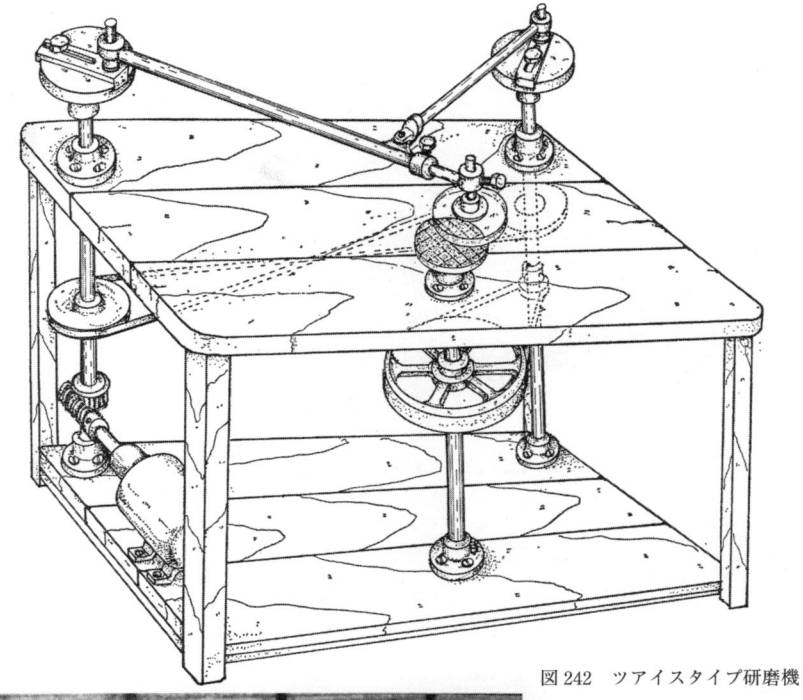

研磨機とその使い方　345

図242　ツアイスタイプ研磨機

図243　ツアイスタイプ研磨機
小型の研磨機で直線，弧，楕円，その他の研磨運動が行える．
15cm鏡以下に使用　　　　　　　　筆者

　小口径反射鏡では通常下向きに磨き，鏡材の回転は下の盤の回転による摩擦抵抗で回る自由回転である．鏡材を研磨機の中心軸に取り付けて上向き法による研磨も自由にできる．

　ツアイスタイプの特色は，深い曲面の研磨に適する他に，運動ピンの取り付けられた部分（俗に

カンザシという）が自由に上にはね上げられ，鏡材の取りかえ等や手磨きに切り換えが極めて迅速であること，加重用ウエイトの取り付けやすいことなどがある．

第2 ヒンドルタイプ研磨機

浅く大きい凹面を研磨するのに適した研磨機である．
特に大口径用にはこのタイプが構造上適しているため用いられている．
このタイプは，運動杆（バー）の動きにより分類される．

1 運動杆の動きが楕円形となるもの

このタイプは，いわばプロトタイプであり図244にその構造を示した．

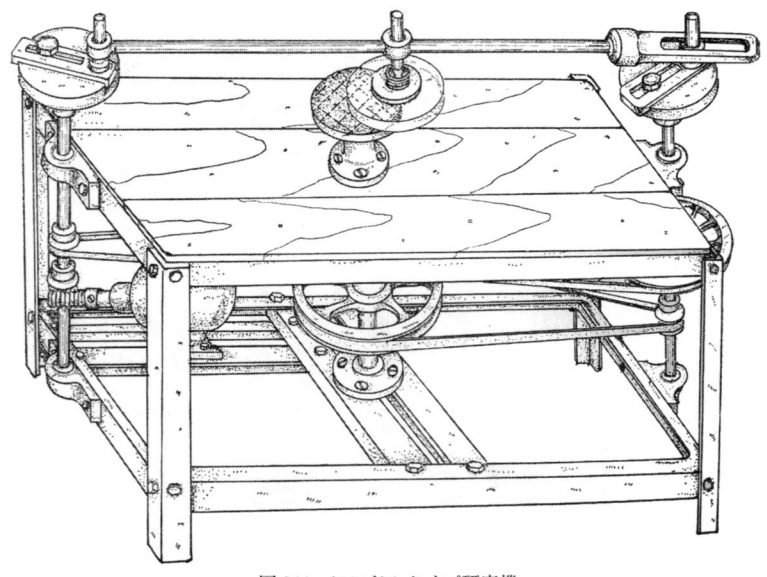

図244 ヒンドルタイプ研磨機

両方のクランクが回転するもので，クランクピンで運動を与える駆動クランクの回転数は運動杆がはまって摺動するクランクよりも早く回転するように作る．通常その回転比は5乃至10対1程度である．
鏡材は運動杆の穴にゆるくはいった運動ピンで動かされ，両クランクピンの動きにより楕円運動をする．

また鏡材は自由回転を行う．

大口径用では鏡材を下にして，盤を上にする上向研磨であり，盤を強制的に回転させるために運動杆上に独立してモーターを設置し運動ピンを回転させてこれに連結した盤を回転させる．

運動バーを直線形でなくて，長6角形に作り，両端をクランクに付けるようにしたクロコダイル型などもある．

一般には運動杆は，丸棒や肉厚パイプ或いはアングル材の組み合わせで作られる．

2 運動杆が直線運動を行うもの

運動杆の両端をピンに取り付け摺動して直線運動を行うようにし，杆の1個所にピンを設け，連結杆（コンネクチングロッド）でクランクピンと結び，運動杆を駆動するものである．（図245，246）

運動杆に設けるピンは，中心の研磨運動ピン近くか，或いはピン軸を延長し，その外側を使用する．

この研磨機では，運動が直線であり鏡面の研磨が全面的に大きな不均衡なくできる点，及びクランク装置の付いていない

図245　ヒンドル改良タイプ研磨機
運動バーが直線運動を行い，タンゼントスクリュー（写真左手端）で横ずらし量が研磨運動中自由に行える．小島　信久氏

図246　ヒンドル改良タイプ研磨機
運動ピン支持金具を設け鏡材のつけはずしに便利に改良しており，精密に作られている．取付けているのは15cm鏡材
山田　坂雄氏

側，例えば図245のように左方のピンをネジで横に移動できるように作り，横ずらしが研磨作業中自由に行える特長がある．

第3 運動杆が弧を画くタイプ

コンネクチングロッドを別に設けないで，運動杆にクランクピンを直接つけて駆動するものなどいろいろのタイプがある．図247に示す研磨機は摺動用のピンの取り付けられた台は回転させないで，ピンを横に移動するように作って横ずらし研磨ができるように作られている．

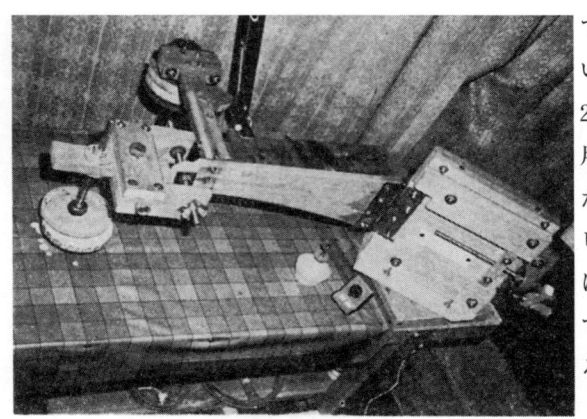

この構造では，横ずらしたときに鏡面がある幅で移動するが，クランクピンの運動量を小さくして，移動量を少なくすることで実用的には直線運動のものと差がないように使用される．ツアイスタイプの変形の一種である．

図247 研磨機
独自のスタイルの研磨機である．横ずらしは研磨中でも右手のタンゼントスクリューで自由に行える．ストロークは前方のアームで行う．　　　　　　　　　　　　宮本　幸男氏

機械研磨による下向き研磨の横ずらしは，中央部までは使用ができなくて，ある程度までしか使用できない．

通常鏡径の1/3程度の中央部までがその限界で，それよりも内部では鏡面の回転がおぼつかなくなって不能となる．

鏡周部においては，研磨運動が多少の曲線を画いてもその幅が小さいときには支障がない．

研磨運動ピンには重りを乗せられるように一部に段を設ける．

またピンは運動バーの中にさしこんだだけであって，鏡をとりはずすときなどにはピンを引きぬいて行えるように作る．

第4 ポータータイプ研磨機

有名なアメリカのアマチュアのポーターの考案になる研磨機であり，実際に使用された．

図248にその構造を示した．

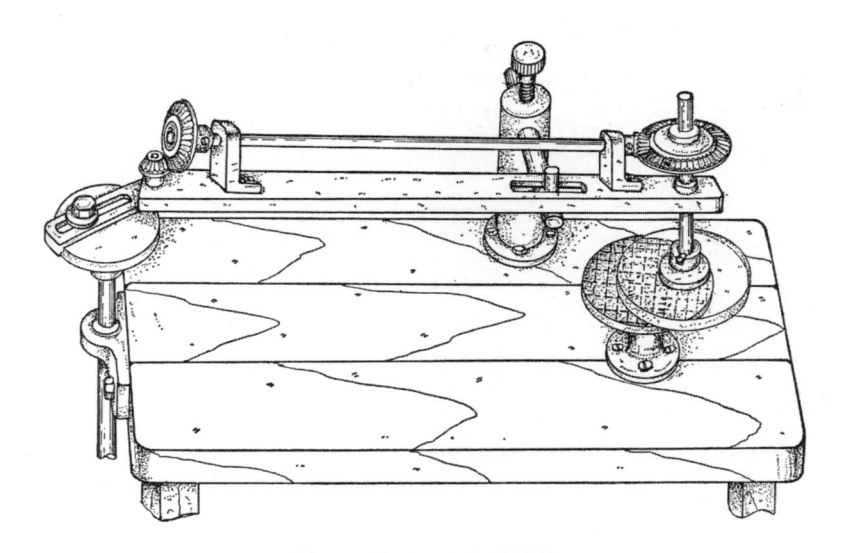

図248 ポータータイプ研磨機

このタイプの特長は，運動杆を駆動するピンの回転を用いて研磨運動ピンを回転して，鏡面を強制回転させるにある．

図の運動杆を支える金具をネジ或いはラックを切り，ピニオンギヤで前後させるようにして横ずらし研磨ができる．

或いはこのままでも支え金具を移動させてできるが，この金具を微動できるように作るとさらに便利になる．

研磨運動ピンで鏡材を強制回転させるには図のように運動ピンの鏡材に取り付けた金具（へた）にはいる部分にピンを設け，金具には切りわりをつけて嵌入して回すように作るか，へたにフック関接を取り付けて鏡面が自由に傾くようにして強制回転させる．

第5　簡単な研磨機

大変単純な研磨機の例を図249に示した．

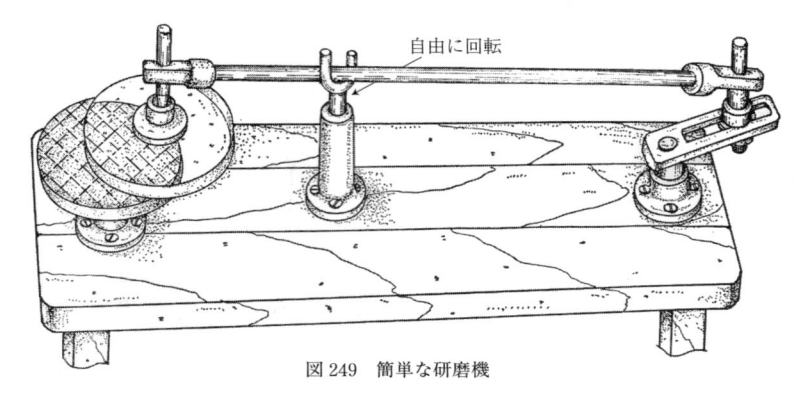

図249　簡単な研磨機

この研磨機ではセンター軸とクランク軸だけをモーターで駆動し，運動杆は単に自由に軸が回るフォークにはいっただけである．

構造は簡単であるが，人力では研磨に苦労する中口径鏡の製作には有力である．上向研磨では整型に横ずらしは用いないのでこれで役立つ．

研磨機の不備は人力でカバーすることで大きく重い鏡面製作にはこの程度のものでも大変有用である．

第2章　研磨機の製作例

図250にツアイスタイプの例を示した．

このタイプは研磨の第1運動が弧を画くもので，最も多くレンズ研磨用に使用されているものの大型の例である．

図の寸法では15cmより30cmまでの口径用として設計したものであり，最高は40cmまで使用できる．図256-Aの研磨機がその実物である．

設計に当って，まず決定しなければならないものに，リターンクランクシャフトと中心軸の回転数がある．

図 250　研磨機の製作例

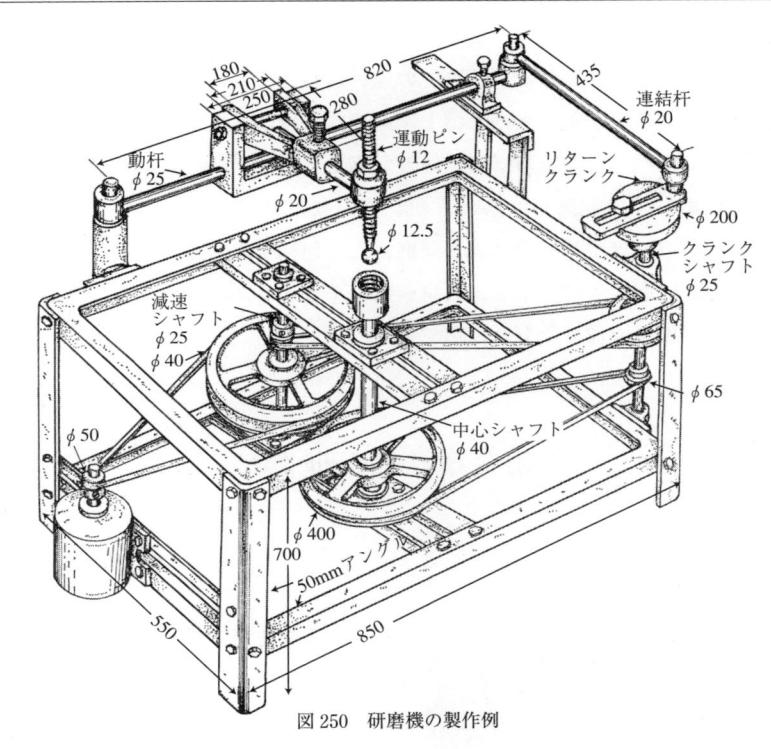

作例のものでは回転数は次の通りである．

加工対象鏡径 cm	クランク軸回転数 R.P.M	中心軸回転数 R.P.M
15	88強	11強
20	65〃	8強
30	42〃	5強

　クランク軸と中心軸の間の減速比は一定にして，8：1とした．

　クランク軸は，減速軸に径の異なるプーリー3個，クランク軸に同2個をつけ，合計6段に変速できるが，上記の3段で充分であった．

　減速伝導にはすべてプーリーとV型ゴムベルトを使用した．これだと音が静かにできる．

　上記の研磨運動の速度は手磨きにくらべると相当遅い．

研磨機では鏡材がリターンする際の抵抗が激しく，強い振動がでたり，運動ピンに強い力がかかるので，手ほどの速い運動はとり得ない．

研磨運動が楕円を画くものでは上記の速度を増すことができる．

下向き研磨のときの鏡面は自由回転である．

この研磨機では運動ピンがカンザシ部のはね上げにより上に上げられるので，鏡面の取りはずしや手による研磨に大変便利である．

またこの研磨機では，中心軸に早い回転を行わせ，鏡材のふちずりや，鉄皿をつけて平面鏡の加工などに使用できる．

第3章　回転研磨軸

第1　垂直回転軸

垂直に回転する研磨用の軸は大変便利で利用範囲が広い．

例えば鏡材のふちずり，鏡面の荒ずり，小レンズやC・Pの加工までに広く利用できる．

水平に回転させてのふちずりは多少異様に感じるが実際行ってみるとスムースに加工ができる．

平らな鉄皿をつけてこれにカーボランダムを用いておしつけて研削するようにすると，斜鏡の加工などに便利である．

この目的の鉄皿をつけたときの回転数は多少遅いが径30cmで1分間約80回転程度，径20で約100回転程度として，砂が強くとび散らないようにするのがよい．

図251　垂直回転荒ずり機
鏡材又は盤を取付け，中速回転させ盤又は鏡面をおしつけて速くカーブ付けを行う荒ずり機　　　　小島　信久氏

第2 水平回転軸

小口径の鏡材のふちずり，斜鏡加工などに便利である．

旋盤を用いるときには，チャックやバイト台等をビニールでおおい，カーボランダムの付着を防ぐことが必要である．

口径が大きな鏡材の旋盤での加工には，回転数を下げることはもちろんであるが，鏡材の自重や回転初めの慣性により，取り付けた金具のピッチがはがれるので，他面にも金具をピッチで付け，デッドセンターで押して取り付ける．

しかし一般には口径が大きくなると水平回転によって周囲の加工を行う．

第4章 鉄皿及び鏡用座金

第1 鉄 皿

手磨きでは，盤に鏡材と同径のガラスを用いてすり合わせを行うので，これを共ずり法という．

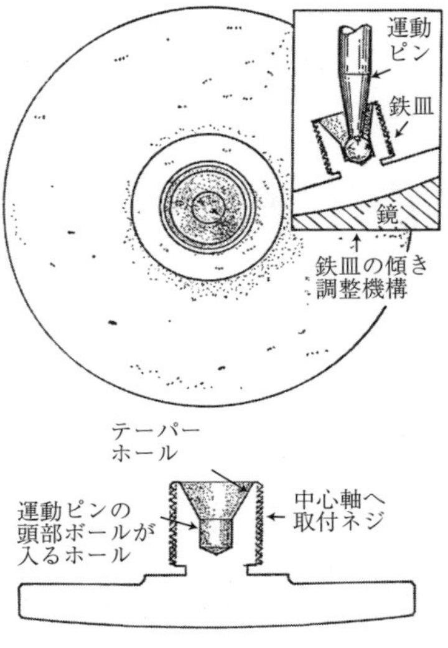

機械研磨でももちろん共ずりはできるが，普通能率の良い鉄製の盤を使用する．これを鉄皿と呼んでいる．

鉄皿は鋳鉄又は普通の鉄材で作り，径や曲率の異なるものを数多く具えるといろいろと便利である．

鉄皿は平面のものは作るのが簡単であるが曲面を作るには，旋盤に曲面切削装置がついていないときには，次のようにして作ることができる．

まず目的の曲率用の定規を前に説明したようにプラスチック板や薄いガラス等で作って用いる．

図252 鉄 皿

或いは水を用いないので硬い厚紙で作った定規でも注意して使用することができる．

この定規を用いて，バイトで鉄皿面を少しずつ削り，削り跡の凹凸があるまま切削面を定規面に近づけて粗仕上げする．

つぎにヤスリを当てて削り跡を消しつつ面を定規のカーブにできるだけ合わせて仕上げる．

鉄皿は図252に示すように裏面の中央に短い軸を付け，外部にネジを付け，研磨機の中心軸に取り付けることができるようにしておく．

また軸の中心には図のように運動ピンの入る穴を作り，鉄皿が傾斜してもピンがそのふちに行き当らないよう穴の中をテーパーに作ると共に，ピンもテーパーに加工する．

図253　鉄　皿　　　筆者

なおピンの先端は，ちょうど穴に入る径の球に作り，鉄皿が自由に傾きかつ回転するようにする．

鉄皿の曲率は使用すると変ってくるので，レンズ工場では修正用の反対の曲率の鉄皿を具え，ときどき曲率修正を行う．

反射鏡で，とくにアマチュアが趣味で作る場合には，それほどクリチカルにする必要はないので，反転ずりなどで適当に修正するようにしてよい．荒ずりでは曲率が変るのが早いので一般に荒ずり専用の鉄皿を用いる．

鉄皿の溝は付けるのがよい．特に荒ずり用のものでは溝は是非必要である．

溝をつけていないと，荒ずりでは中央部の砂が早く細分化され，周りの荒い砂とかきまぜられないまま，荒い砂は盤外におし出されてしまい，作業能率も

悪く砂も多量に必要となる.

溝はジスクグラインダーで作るのが簡単である．溝は少し大きい方が砂がよくかきまぜられる．

レンズ類では最後まで鉄皿で砂ずりを行うが，反射鏡では口径も大きく，かつ曲率が浅いので，鉄皿で最後まで行うことは無理である．たとえ荒ずり用とは別の鉄皿を用いても口径20cm鏡ではどうしても中央が砂穴の細い不同のある仕上り面になる．

従って，荒ずりだけ鉄皿を用い，中ずり以後は共ずりに切り換え，同径のガラス盤を使用することが適当である．

第2 座 金（へた）

鏡材の裏面にピッチで貼りつけ，鏡材を中心軸に取り付けたり，或いは下向き研磨のときの運動ピンがはいって研磨運動を行う．またハンドルを取り付け手で研磨や整型に使用する．

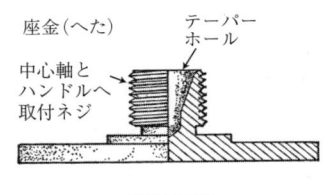

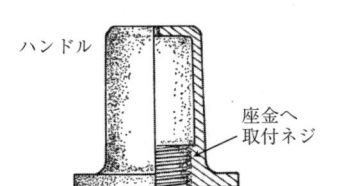

図254にその例を示した．形状は鉄皿を小さくして面を平にしたものと同じ形状である．

鋳鉄や一般の鉄で作り，鏡材に取り付ける面の径は，鏡径に応じて作る．

通常鏡径の1/3よりも大きいものを用い，ピッチは松ヤニとピッチをまぜたものを用い，座金の全面べた貼りには通常付けないで，数個所に付けて（仁たん貼りを大きくして）用いる．

図254 座金（へた）とハンドル

座金は，あたかも柿のへたのように鏡材に付着しているので「ヘタ」というユーモラスな異名がある．

へたには手作業用のハンドルを付ける．

ハンドルは黄銅やアルミなどで図のように作る．

口径の大きな鏡用には，金属製の金具の上に硬い木で作ったハンドルをかぶ

せて取り付けると，当りが軟らかく手の感触がよい．

第5章　研磨機による上向き研磨

　小口径研磨に工合のよい下向き研磨は，口径が大きくなるとガラス材の著しい重量のために行い得なくなる．
　従って中口径鏡以上では上向き研磨が普通の研磨法となっている．

第1　上向き研磨による凹面作成
　一般に行われる方法は，始めは小さな径の鉄皿を使用し，中央部をすって凹ませ，ぜんじに鉄皿の径を大きなものに代え，最終は同径の盤を用いて仕上ずりを行う．

1　荒ずり用鉄皿
　最初に使用するのは，鏡径の1/3程度の鉄皿で，そのカーブは製作する鏡面のカーブより少し強いものが適する．しかしこれは絶対の条件ではなく，同じカーブが，或は少しぐらい鉄皿の方がカーブが弱くても使用できる．
　次段に使用する鉄皿は，最初の鉄皿の$\sqrt{2}$倍程度か，それより少し小さいものを用い，その次も同様の倍率となるものを使用し，最後には鏡面と同径のガラス盤を用いる．
　最初と最後の間は口径に応じて2段以上設けるのが普通である．
　以下鏡面と同径の研磨盤を全面研磨盤といい，それより小さいものを部分研磨盤という．
　部分研磨盤はガラス盤でも使用できるが荒ずりでは効率が悪い．

2　荒ずり
　図255に荒ずりの要領を示した．
　荒ずりの最初は，鏡径の1/3程度の鉄皿で，前後運動量（振り）は鉄皿径の1/3より少し大きく，1/2程度まで振らせる．

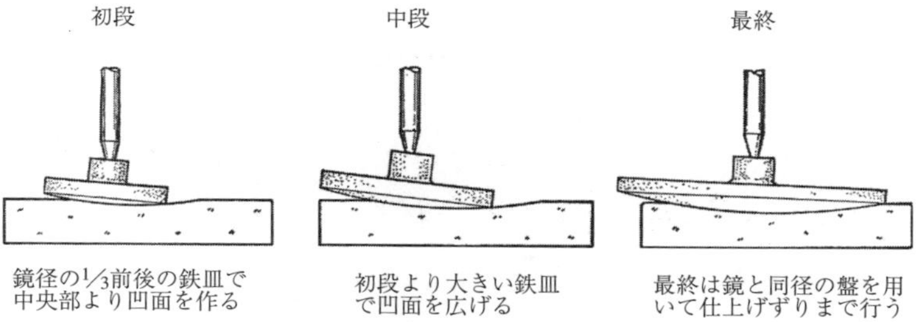

研磨機とその使い方　357

初段	中段	最終

鏡径の1/3前後の鉄皿で中央部より凹面を作る　　初段より大きい鉄皿で凹面を広げる　　最終は鏡と同径の盤を用いて仕上げずりまで行う

図255　凹面鏡の上向き荒ずり

凹みが鉄皿の径に近づいたら次の段に移る.

こうして凹みが直径の80％程度に及んだところでガラス製の全面研磨盤を使用するのが良い.

もし全面研磨盤がすでに曲率がつけてあるときには，鉄皿による凹みは100％近くまで作る.

2　迅速な凹面作成

ダイヤモンドツールを用いると極めて迅速に凹面が作成できる.

レンズ加工用のダイヤモンドカーブゼネレーター砥石が各種販売されているが高価である.

大口径鏡では凹ますためだけに多大の時間を要するが，その作業に比較的安価

図256
A　小鉄皿による荒ずり　　筆者
B　ダイヤモンドツールによる凹面作成
　　73cm鏡の凹面作成にジスクグラインダーに平削り用ダイヤモンド砥石を付けて作業　　　　田阪　一郎氏

なジスクグラインダー取付用の小口径の平削り用ダイヤモンド砥石を用い，ラフな凹面を迅速に作ることができる．

ダイヤモンドツールは大変良く切れ，深い痕や欠けを作りやすいので，常に作業は少な目に止め，とくに鏡周部は大きく余裕を残した加工を行うようにしないと，端に大きな欠けを作る．

深い傷痕や周辺に大きな欠けでも作ると，作業はかえって長い時間がかかる．また偏心して凹ませないよう注意する．

ダイヤモンドツールは回数数が低い方がアマチュアにはずっと使いやすい．ジスクグラインダーの1/2程度の回転数の研磨軸により使用すると使いやすいものとなる．

ジスクグラインダーのカーボランダム砥石による作業でも手ずりよりも相当早くラフな凹ましができる．用いる砥石はガラス用のものがある．

こうした高速回転砥石による作業では，砥石粒やガラス粉がとび散り，眼や口に入るのでその防除をする必要がある．

とび散る粒子のため，眼鏡などを傷つけるので，眼を遠ざけて作業することも必要であり，筆者はテレピン油を用いて粒子のとび散るのや過度の発熱を防ぎ作業の円滑化を図っている．或いは灯油も使用できる．

第2　ガラス製全面研磨盤

全面研磨盤を1枚のガラス盤で使用できればこれを用いるのが簡単である．このときには，図257のようにガラス面に溝をつけると使いやすい．

口径が大きくなると1枚板のガラス盤では著しい重量となって使用できなくなるので，ガラスブロックの全面研磨盤を用いる．

1　ガラスブロック盤

図258に一例を示した．

基盤はアルミ鋳物で作る．ガラスブロックを貼付する面は凹面カーブと同じ凸面が望ましいが，平面でも使用できる．

ガラスブロックが長時間使用のさい移動を生じないようセパレートピンを用いるのがよい．ピンは径5mm程度の黄銅かステンレスで作り，一端にネジを

切って基盤面に取り付ける．

このピンはガラスブロックよりずっと低くしておき，ガラス面がすりへっても表面に出ないようにしておく．

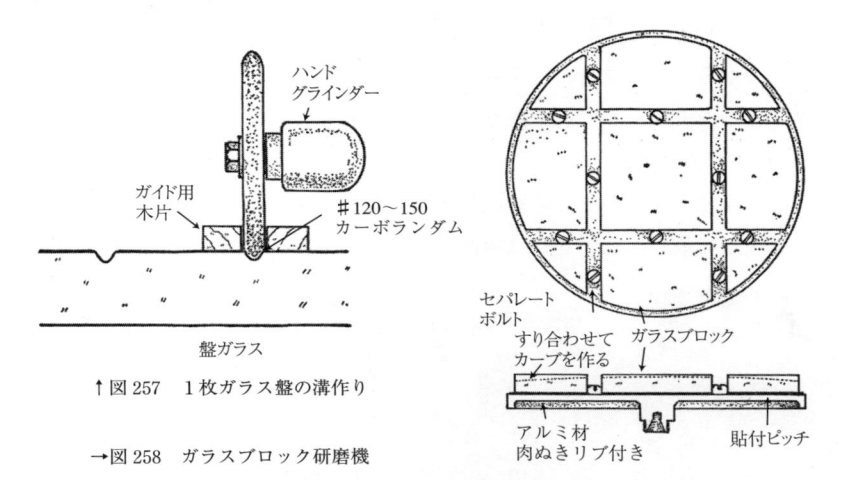

↑図257　1枚ガラス盤の溝作り

→図258　ガラスブロック研磨機

ガラスブロックの貼付は前述（平面鏡の項）の貼付用ピッチがよい．

ガラスブロックとセパレートピン間にすき間が生じるときは，黄銅の小片でクサビを作って止めておくとよい．

こうして出来上ったものに，溝の間に石膏を埋めて固め，石膏が乾いてからその表面をガラス面より凹ませ，水のしみないようニスを良く塗りこむとさらに丈夫なものとなる．

2　平面ガラス盤のカーブ付け

ブロック盤等の面が平らなままのときには，荒ずりで凹面を口径の約80%で止めておいた鏡面とすり合わせて，ブロック盤を凸面にしつつ鏡面のカーブを完成させる．

最初，平らなブロック盤面と約80%の径の凹んだ鏡面とのすり合わせは，図259に示したようにブロック盤を少

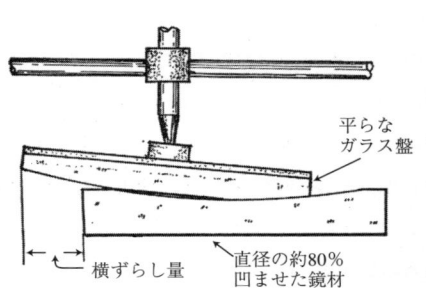

図259　平面ガラス盤のカーブ付け

し鏡面の外にずらして研磨するとブロック盤は周囲からカーブが生じてくる．

ブロック盤のカーブが或る程度進んだところで横ずらしを止め，正常の研磨にかえして全面にカーブが及ぶまで行う．

この作業を行うと，鏡面が浅くなるので部分研磨盤を使いわけて曲率の修正を行いながらブロック盤とのすり合わせを行う．

ダイヤモンドツールで端を残してラフな凸面を作っておくと作業は早い．

3 中ずり及び仕上ずり

各段の砂は手磨きのときのものと同じでよい．

この段階で最も注意すべきは鏡盤の喰いつきである．

口径の大きなものが喰いつくと鏡周を木槌で打つなどでとれるものではない．

思い切って温度差が40℃かそれより少しうえぐらいの湯と冷水で試みる．パイレックス系ではこの程度の差ではまず破れることはない．

一度で取れなければこれを繰返してみる．

図260 仕上ずり
全面ガラス盤による上向きの仕上ずり　　　筆者

口径が大きくなり，盤を青ガラスの1枚板で使用すると，この喰いつきは起きやすい．このときには，ガラス面に溝を作っておくと相当喰いつきが起きにくくなる．

喰いつきを防ぐ方法は手磨きのところで説明したが，機械研磨ではさらに次のことを行う．

(1) 砂を補給したら，盤をのせて手で少し盤を前後させ，砂が良く分布してから機械で動かす．

(2) 盤を横に少しずらして新しい砂の補給を行うときには，鏡面に水分がまだ充分にあるうちに早目に補給し，補給したら(1)のようにならしを行ってから

機械で動かす．以上を注意して行う．

機械研磨では，振り幅は鏡径の 1/3 は多すぎる．通常 1/4 以下で行う．

第3 ピッチ盤とピッチ磨き

ピッチ磨は全面研磨ピッチ盤で行う．

鏡材が重くなると，手磨きのとき説明した盤面にピッチを流しこんで鏡面での型取りが困難になる．こうした場合には，ピッチを板状に作り，盤面に貼りつけてピッチ盤を作る方法がある．

1 ピッチ板の貼りつけ

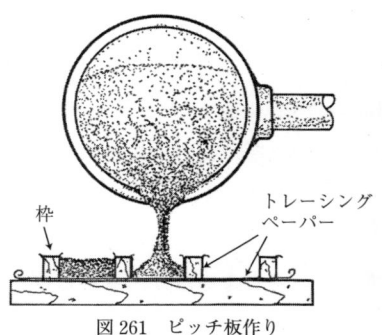

(1) ピッチ板は図261のように，枠を作ってピッチを流しこみ，冷えてから取り出してナイフで切り目を入れて折りとり，4角なピッチ板を作る．

(2) ガラス盤面にモビル油とシンナー油を混ぜたものでピッチを濃くとかし，これを布につけて盤面に塗付する．

図261 ピッチ板作り

(3) こうして塗付した盤面をプロパンバーナーのような煙の出ない炎で短時間に表面を撫でるようにして加熱するか電熱器を下向けて加熱し，ぬり付けたピッチを盤面によく馴ませると共に，油分を蒸発させてピッチを硬める．

ピッチが温い間に余分のピッチを盤面から扱い去る．

(4) ピッチ片をアルコールランプの炎に直接に少しの間あて，面をゆるませて盤面に並べてはり付ける．

(5) 貼り付けの終ったピッチ面をトレーシングペーパーでおおい，重りをのせて鏡面で圧して密着化を行う．このとき水は用いない．

(6) 或る程度密着してきたなら，鏡面を石ケンをとかした湯で温めて，型取りを行って完成させる．

ピッチの部分的な凹みなどには，電気ハンダごてを用いピッチの埋めこみ等を行い修正する．

2 ピッチ磨き

ピッチ盤が完成すれば，盤面に少し濃く研磨液を塗付し，鏡面にあててしばらく圧迫して馴じませ，手動でしばらくピッチ盤を動かして引っかかりが減少してから機械研磨を行う．

口径が大きくなると研磨運動が緩やかになるので，磨き上がるまでには時間がかかる．

何日かに分けて磨くときには，盤を鏡面に重ね，盤の周囲に充分水を与えておけば，研磨粉の充分馴じんだピッチでは鏡面にくっつかない．

ピッチ盤の周囲が乾いてくるとくっつくので，作業を休むときには，盤と鏡の合ったところの周りに水をたっぷり付けたスポンジゴムをまいたり，或いはガーゼに水を含ませたものをまきつけておく．

図262 ブロック研磨盤
36cm鏡用のアルミ基盤上に貼付したガラスブロック盤上に付けられたピッチ盤
小島　信久氏

もし出来れば，盤と鏡を重ねて水につけておくのが安全である．

3 ウッド系ピッチ

ウッド系ピッチを用いるときも，同じ方法でピッチ盤を作ることができる．

ウッド系ピッチはすりガラス面には大変付着しにくいので，貼り付けには盤面に少し多目にピッチを塗りつけて，充分ウッド系ピッチが付着するようにする．ウッド系ピッチはトレーシングペーパーともくっつきにくく，圧迫に良く順応して密着の良い盤が作りやすい．

第4 整 型

上向き研磨のときのパラボラ面への整型は，原則的には荒ずりのときに用いた方法と同じく，部分研磨用ピッチ盤でぜんじに中央より修正を進める．

1　部分研磨盤

最小径は鏡径の 1/4 かそれよりわずかに小さい径とし，次のものとの差は $\sqrt{2}$ 倍程度にとる．部分研磨盤は，曲率が鏡に等しいものにピッチを付けて用いる．平面の盤では，端のピッチがそり上り，ストロークの端で鏡面に強いステップを作りやすい．鏡面の曲率と全く同じ必要はないが，それに近いものを使用する．

盤用には鉄皿でもよいが，他に転用できるガラス盤でもあればこれを用いるのがよい．整型は次のようにして進める．

(1)　小径のピッチ盤を使用し，中央からぜんじに凹ませていく．

(2)　部分研磨盤では，盤周のピッチの当りが強く現われるので，ピッチ面の端を花弁状か星型にピッチ面を削り，磨きを弱め，振り幅もかえて凹リングやステップの発生を防ぐ．

(3)　必要に応じてピッチ面の削り取りを行う．

(4)　大小の研磨盤及び振り幅を使いわけて面を平坦にする．

以上フーコーテストを行いながら進める作業の原則的な例である．

口径が大きいので鏡面の温度変化も加わって整型は多くの時間と労力及び応用作業を必要とする．鏡径が大きくなるとフーコーテストのための鏡面のセットも容易でなくなる．

鏡面を斜めに起こして行うようにするとか，或いは研磨台を2重にして一端に大きな蝶つがいをつけて置き，鏡面を台ごと起こすなどのことをしてフーコーテストが行いやすいようあらかじめ作っておく．

以上は研磨機を用いた中口径鏡加工の概要を説明したが，大きな鏡の手磨きでもこうした方法の一部は応用できる．

例えば鏡面の凹ませ方は，手磨きでも応用でき，ピッチ盤作成も同じようにできる．

第6章　小口径鏡の機械研磨

　小口径パラボラ鏡の製作は，始めから終りまで機械を使用することはむしろ時間のロスが多い．
　荒ずりと整型は手磨きで行うのが適当である．
　荒ずりは，25cm以上では部分研磨用鉄皿を用いてぜんじに凹ませて行く上向研磨による荒ずりが労力をすくわれてよいが，少なくとも15cm鏡以下の荒ずりは手作業が早い．
　整型は手作業が自由で早く行うことができる．
　機械研磨での下向きの横ずらしは，鏡周から中間までくらいならよいが，それより内部にかけては鏡面の重心が盤端にかかりすぎ，鏡面回転が不整になってどうにもならなくなる．
　手はこうしたところを無意識に微妙に調整しているのであろう．
　研磨機では，通常第1運動（振り）は盤の前後に等しい量をはみ出すように鏡材の研磨運動を行う．
　しかしその量は，鏡径の1/3は大に過ぎ，それよりも小さい振りを砂ずりにもピッチ盤磨きでも使用する．
　研磨機では，熟練するとピッチ磨きは磨き上るまで振り幅は変えずに行うことが多く，このためステップやリング又は曲率の異なる2つの面がくっついたようになって磨き上がることが普通であるが，負修正面となるよう磨き上げるから整型には支障はない．
　機械研磨では，研磨加重を調整できることが良い点となる．手磨きでの加重は勘にたよるが，研磨機では重りを調整し，振り幅とあわせて多少のピッチの硬軟をカバーして鏡面を偏球面に磨き上げることができる．
　長い時間のピッチ磨きの苦痛から解放してくれることの次に研磨機の有用な点である．

付　録

参考書その他について
　反射鏡を作るときの参考書や相談するところとして，現在刊行中のものなどに次のものがある．

第1　国内発行の図書
1　新版反射望遠鏡の作り方　著者　木辺　成麿　発行所　誠文堂新光社
註　著者の3冊目の著書である．ピッチの研磨層についての深い研究等参考とすべき内容が多い．
2　レンズ・プリズムの精密加工　著者　ヴィリー・チョムラー　訳者　浅野　俊雄　発行所　恒星社厚生閣
註　著者は西ドイツにおける著名な光学技術者である．内容は実技的でレンズ研磨についての指導書であるが反射鏡製作上も参考となる点が多い．
3　月刊誌
　(1)　天文ガイド　誠文堂新光社
　(2)　天文と気象　地人書館

第2　外国図書
1　Amateur Telescope Making Book Ⅰ，Book Ⅱ，Book Ⅲ　編者　A.G.Ingalls
　　発行所　Scientific American INC.　New York
註　望遠鏡とそのアクセサリーについて広い範囲に渉り各専門家等により解説されている．
2　How to Make a Telescope　著者　Jean Texereau
　　発行所　Interscience Publishers, INC.　New York
註　著者は仏人で反射鏡研磨の名手である．
3　Making Your Own Telescope　著者　A. T. Thompson
　　発行所　Sky Publishing Corporation Mass U.S.A.
4　All About Telescopes　著者　S.Brown
　　発行所　Edmund Scientific Co. New Jersey. U.S.A.
5　(1) Optical Glass Working　(2) Prism and Lens Making
　　著者　F. Twyman, F.R.S.　発行所　Hilger & Watts Ltd.　London

註　前記チョムラーの著と並び称される英国における著名な著書である．(1)は(2)の一部についてまとめてある．
6　月刊誌
　　Sky and Telescope　発行所　Sky Publishing Corporation Mass. U.S.A.
註　毎月製作記事がのせられている．

第3　その他
1　反射鏡の製作相談や材料のあっせん等について下記がある．
　　　　　　　　　木辺特殊光学研究所　滋賀県野洲郡中主町木部
2　反射鏡材や光学ガラスの製造所
　　小原光学硝子製造所東京事務所　東京都港区赤坂1-9-15
　　保谷硝子光学営業部　東京都昭島市宮沢町美の宮台572
3　光学用ピッチ
　　九重電気株式会社伊勢原工場　神奈川県伊勢原市鈴川16

編集部注
復刻に際し，明らかな誤植，語句の統一をできるだけはかりました．
また，本書のデータは古い部分があります．
『レンズ・プリズムの精密加工』は，絶版です．
反射望遠鏡製作で，参考になる事業所を以下に記載いたします．

1　反射鏡の製作相談や材料の斡旋等について．
　　特殊光学研究所（代表　苗村敬夫）　滋賀県野洲市八夫1467
　　　　　　　　　　　　　　TEL/FAX：077-589-2509
2　反射鏡材や光学ガラスについて
　　株式会社　オハラ　　神奈川県相模原市小山1-15-30
　　　　　　　　　　TEL：042-772-2101　FAX：042-774-1071
3　光学用ピッチについて
　　九重電気株式会社　伊勢原事業所　神奈川県伊勢原市鈴川16番地
　　　　　　　　TEL：0463-94-5231　e-mail：isehara@kokonoeele.co.jp
4　鏡面のアルミメッキについて
　　ジオマテック株式会社　営業部
　　　　　　　　　横浜市西区みなとみらい2-2-1　横浜ランドマークタワー9F
　　　　　　TEL：045-222-5721　FAX：045-222-5731

索　引

あ　行

アイピース …………………… 17,279,287
青ガラス …………………………………… 21
アスチグマチズム ……………………… 334
アマニ油 …………………………………… 42
荒ずり …………………………… 33,51,299,356
アランダム ………………………………… 32
アルミメッキ ……………………………… 158
暗視野照明 ……………………………… 280
E 6 …………………………………………… 22
ウォームギヤ ………………… 212,213,233,237
ウォームホイル ……………… 213,217,233,256
上向き研磨 ……………………………… 48,356
ウッドピッチ ………………… 40,74,75,76,362
エアリータイプ赤道儀 ………………… 225
エメリー …………………………………… 32
エルフレアイピース …………………… 289
エルボウタイプ赤道儀 ………………… 224
オートコリメーションテスト …… 151,177,310
オーバーハング ………………………… 47
応用研磨運動 …………………………… 47
凹リング ………………………………… 123,328
オルソスコピックアイピース ………… 289
温度変化 ………………………………… 137

か　行

開口口径 ………………………………… 25
カセ・ニュートン式 …………………… 6
型直し ……………………………………… 86
カタヂオプトリック ……………………… 3
カセグレン ……………………………… 5,296
角の曲り ………………………………… 127
カーボランダム ………………………… 31,59
ガラスブロック盤 ……………………… 358,359

ガラス面の焼け ………………………… 131
基準平面 ………………………………… 164,328
基本研磨運動 …………………………… 44
球　面 …………………………… 96,310,317
球面計 ……………………………………… 55
球面定規 …………………………………… 54
球面半径 …………………………………… 54
鏡　材 ……………………………………… 25
鏡　筒 …………………………………… 182,250
極　軸 ………………………… 232,238,239,244
極軸クランプ …………………………… 235
曲率半径 ………………………………… 106,298
銀メッキ ………………………………… 155
銀鑞（ろう） …………………………… 203
クーデタイプ赤道儀 …………………… 229
クランプ装置 …………………………… 235
経緯台 …………………………………… 182,211
ケルナーアイピース …………………… 288
限界等級 …………………………………… 10
研磨運動 ………………………………… 44
研磨液 ……………………………………… 78,82
研磨加重 …………………………………… 81
研磨機 …………………………………… 344
研磨痕 ……………………………………… 98
研磨砂 …………………………………… 31,32
研磨速度 …………………………………… 87
研磨台 …………………………………… 49,163
研磨用ハンドル ………………………… 50
光軸修正 ………………………………… 209
光軸修正装置 ………………… 194,205,209
恒星時 …………………………………… 261
コウダースクリン ……………………… 103
コマ収差 …………………………………… 15
コリメーターテスト …………………… 328

さ 行

座　金 …………………………………355
差動装置 ………………………………266
酸化アルミニウム ……………………32
酸化セリウム …………………………36
サンゴバン ……………………………21
仕上ずり ……………………58,162,360
時角目盛 ………………………………248
実視野 …………………………………12
Ｃ・Ｐ ………………………316,317,320,335
指　標 …………………………………250
ジフラクションリング ………………152
射出瞳 …………………………………11
集光力 …………………………………9
収　差 ……………………………99,100
主鏡セル ………………………………188
シュミット・カメラ ………………8,316
焦線テスト ……………………………148
焦点距離 ………………………………142
常用時 …………………………………261
シンクロナスモーター ……262,263,272
針入度 …………………………………62
ステップ ………………………………124
ストレート・アスファルト …………40
砂ずり ……………………………44,162
スプリングフィールドタイプ赤道儀 ……229
スピンドル油 …………………………41
スラストベアリング …………………242
スリーク ………………………………132
整　型 ……………………107,135,166,301
星像収差 ………………………………106
星像テスト …………………………151,310
赤緯軸 ……………………………244,254
赤経軸 …………………………………223
赤経目盛 ………………………………248
石炭系ピッチ …………………………39
赤道儀 …………………………………223
石油系ピッチ …………………………39
Cer Vit（セルビット） ………………23

セロックス ……………………………36
双曲線面 …………………53,96,121,296
像面平坦化レンズ ……………………331
ソーダガラス …………………………20
ゾーンテスト …………………………101

た 行

第１運動 ………………………………44
第２運動 ………………………………45
第３運動 ………………………………45
帯測定 ……………………………101,105
ダイヤメトラルピッチ（Ｄ・Ｐ） …234
楕円研磨運動 …………………………48
ターンアップ・エッヂ ……………97,119
ターンダウン・エッヂ ……………97,120
炭化硅素 ………………………………31
段　層 …………………………………124
超低膨張ガラス ……………………23,139
ツアイスタイプ研磨機 ………………344
ツール盤 ………………………………321
鉄　皿 …………………………………353
テーパーローラーベアリング ………238
テレピン油 ……………………………42
貼付用ピッチ ……………………43,175
ドーズの限界 …………………………9
凸　鏡 ……………………………296,299,311
凸鏡セル ………………………………307
凸リング …………………………122,328
度盛環 …………………………………247
ドール・キルハムの鏡系 …………5,311

な 行

ナイフエッヂテスト …………………89
中ずり ……………………………56,360
ナルテスト ………………151,309,313,316,328
肉抜き鏡材 ……………………………24
ニュートンフリンヂ ………………164,165

は 行

ハイゲンアイピース …………………288

倍率	12
パイレックス	21
ハーセル式	7
ハーセル・ニュートン式	7
パラボラ（鏡）	3,98
バランスウエイト	247,251,259
バーローレンス	289
盤	26
バーンサイト	37
反転研磨	48
ピッチ	39
ピッチ盤	35,61,73,113,163,361
ビルキントン	20,21
ピロウブロックベアリング	238,239
ピンゾーン	102
ヒンドルタイプ研磨機	346
ファインダー	207
フォーク架台	211
フォークタイプ赤道儀	225
不規則斑	130
フーコー	3
フーコーテスト	3,88,89,144,327
部分研削盤	324
部分研磨盤	363
ブラキ（式）	7,339
フランジブロックベアリング	240
フリンヂ	165
フレキシブルピッチ盤	325
ブローン・アスファルト	39
分解能	8,9
平面鏡	160,161
へた	355
紅がら	35
偏球	96,119,332
偏心	129
硼硅酸系クラウンガラス	21,138
放射状痕	131
ポータータイプ研磨機	349
ボールベアリング	237

ま　行

マウンチング	181,329
マクストフ	8,336
松やに	41
窓明きスクリン	102
水分離	34
ミッテンゼーハイゲンアイピース	288
みつろう（蜜蟻）	42
明視野照明	281
目盛環	247
木質ピッチ	40
モジュールピッチ（M・P）	234

や　行

有効口径	25
有効倍率	13
ユニバーサルジョイント	265
溶融石英ガラス	23
ヨークタイプ赤道儀	226
横ずらし	47,109,111

ら　行

ライト・フェイセレの鏡系	332
ラジアルベアリング	241
ラムスデンアイピース	287
リッチー・クレティアンの鏡系	6
リング	122
レイリーの限界	139,140
レモン状斑	129
ローラーベアリング	237,294
ロンキーテスト	146

附

私と星野鏡

中野　繁（日本天文学会会員）

　7月2日，恒星社厚生閣から便りを頂いた．もう既に他界された星野次郎さんの『反射望遠鏡の作り方』の復刊を試みたいということであった．

　星野さんが逝ってもう何年になることか．今回の再刊も，初版の訂正だろうかと簡単に考えていたが，念のため新版を送っていただいてびっくりしてしまった．

　内容は初版とくらべると300頁にも増え，反射望遠鏡全般の，鏡の製作はいうまでもなく，自動式反射鏡の完全自作ガイドだった．全ページ，丁寧，細心．細密な材料の選択等々，この本の通りに工作を進めれば，完全な自動式反射鏡の完成にたどり着くことがわかる．この本には反射望遠鏡にとって必要な数値，図表，略図すべて重要な事柄が，また心得ておくべきことが悉く記載されている．この書一冊で反射望遠鏡完成用の教科書としてもよいと思う．

　部品の記述には，私の器械が出来上がるまで星野さんがいろいろ工夫されたことが，新しく記載されているのを発見し，大変懐かしい想いにかられた．

　都会から田舎の学校へ転校した私は，何も分からず，ただ星だけがきれいな唯一の友人であった．もちろん天体望遠鏡など縁のある筈もなかったが，それでも科学雑誌（子供用）や天文書を本屋で求めたりしていた．そのうち，大阪の伊達さんや，偶然とはいうが，佐伯恒夫氏と知り合いになり，木辺さんに頼んで口径10.2cm，f90cmの反射鏡を手にした．西村さん等々には，今でも感謝している．ところで，その反射鏡を得た私は，田舎でガキ大将から離れて，天体をのぞき，その不思議さに心を打たれてしまった．そして，煌めく星々の

世界に引き込まれていった．私のこの木辺鏡は，制作者が製作した45番目で，木辺さんの他の20cmと共に学校，転居地のどこにいってもこの器械は，私から離れなかった．しかし，軍隊の最後の任地,青森でなくなってしまった．困っていたが，幸いにものちに，私の手元に戻ってきた．私の大事な宝である．

　私が，東京に出たのは，戦後1～2年たってからであった．

　終戦後，前から出版されていた地人書館の「天文と気象」という雑誌が「月刊天文」と名を変えて発行されていた．昔からお世話して頂いている東京天文台の広瀬教授から，私に編集を手伝ってくれという話があり，またその編集長のお宅が，私の家に近かったものだから，私は時々ご訪問したものである．

　ある日のこと，この編集長の宅で偶然，星野さんにお目にかかった．お持ちになっていたのは，新しい設計の反射式天体望遠鏡の写真とそれで撮られた見事な天体写真であった．星野さんは，九州博多の市役所にご勤務とおっしゃっていた．福岡県田川市にお生まれになり，京都大学法学部ご出身で京都大学在学中によく西村製作所に通われた由，卒業後理化学研究所に勤務されていたとか．その頃，私は郷里に用件があり，郷里に往来していたので，お目にかかる機会も多かったのである．

　星野さんのお宅は，博多から急行電車で2つ目の駅くらいのところで，気持ちの良い田圃道を10分ばかり歩いたところにあった．よく訪ね，泊まらせていただいた．また私が東京に居るときは，良く来られて泊まっていかれた．

　そうした中で，25cm反射望遠鏡を作ってはという話が持ち上がり，ひどく面白く作業に没頭した．そして，25cm F 7.3のミラーで，他の部品すべて自作という素晴らしい反射鏡が完成した．また，この時撮影した天体写真が，丁度その頃誠文堂の田村栄さんが主任として編集しておられた「子供の科学」に掲載され，また，私の『初期の天文観測図』，そしてまた，『四季の天体観測』にも採用していただいた．出版後しばらくは，当時の子供たちの星愛好に役立ったかもしれない．

　ところで，星野さんは，「子供の科学」の模型電車の製作で優勝したというくらいだから，よくよく御器用な方であったと思う．すべて写真も他の作品も器用そのものであった．私自身もいろんな道具を持って帰って，ねじ切り等々

真似をしたことが多かったが，やはり器用さというのは人によって違うものだと思った．星野さんの天才器用ぶりには，誰でも出来るものではないと感じる．
　また，星野さんは，家の庭にレンガ作りの自作の観測室を作られたりもした．私も田舎に帰って同じようにまねして小屋を作ったことが思い出される．
　こうして書いているうちに，星野さんからの最後の便りを思い出している．もう終わりが近いことを告げ，字もものすごく大きく，もう眼鏡を紙スレスレに近寄せて書いておられたようだ．
　いろいろなことが思い出されてくる．誰しも老化現象はくるもので，もうあまり無理は出来ないと私は思い，小さな器械に変えてみることにしたが，星野さんの作品よりすぐれた鏡面は見いだせない．もちろん立派な鏡面にまだ出会ってないのかもしれないが．

　今回改めてこの本に接し，私の裡に今更のように星野さんへの尊敬の念，そしてすばらしい人柄への敬意がわき起こる．そして，何とか遺族の方にお目にかかりたく思っているがまだ果たせないことが残念だ．お会いできれば，また楽しい思い出が引き出されてくるだろう．
　かつて，多くのアマチュア天文家が，星野先生の本を読んで反射望遠鏡作りに熱中した．あまり便利でなかった時代，どのように望遠鏡を製作してきたのか，このことを知っていただければ幸いである．そして，今後も多くの方が自作の天体望遠鏡で煌めく星々との会話を愉しんでもらえたらと思う．

復刻
反射望遠鏡の作り方
─設計・鏡面研磨・マウンチング─

昭和49年7月15日	初版発行
平成21年8月10日	復刻版第1刷発行

著者　星野次郎
発行者　片岡一成
発行所　㈱恒星社厚生閣
〒160-0008　東京都新宿区三栄町8
TEL 03-3359-7371(代)
FAX 03-3359-7375
http://www.kouseisha.com/

印刷・製本　㈱シナノ
ISBN978-4-7699-1200-2　C3044
(定価はカバーに表示)